Kiehl Wirtschaftsstudium

Foit | Lorberg | Vogl (Hrsg.)

Elementare Mathematik für Wirtschaftswissenschaftler

Lehrbuch mit Online-Lernumgebung

Prof. Dr. Marc Kastner

kiehl

ISBN 978-3-470-**10211**-5

© NWB Verlag GmbH & Co. KG, Herne 2018
www.kiehl.de

Kiehl ist eine Marke des NWB Verlags

Satz: SATZ-ART Prepress & Publishing GmbH, Bochum
Druck: medienHaus Plump GmbH, Rheinbreitbach

Zur Reihe „Kiehl Wirtschaftsstudium"

Liebe Leserinnen und Leser,

wir freuen uns, dass Sie einen Blick in dieses Buch aus der Reihe „Kiehl Wirtschaftsstudium" werfen.

Die Reihe vermittelt diejenigen Inhalte, die typischerweise zu einem Studium der Betriebswirtschaftslehre an einer deutschen Hochschule gehören. Die einzelnen Bände fassen die verschiedenen Felder der Betriebswirtschaftslehre sowie die relevanten Bereiche der Volkswirtschaftslehre und deren praxisorientierte Anwendungsfelder und der Rechtswissenschaft im Zuschnitt eines typischen Kurses bzw. Moduls zusammen. Sie ermöglichen Studierenden an Hochschulen und Akademien und interessierten Praktikern einen leichten Einstieg in das grundlegende Wissen für Studium und Praxis – in einer lesefreundlichen Darstellung, die gleichzeitig das akademische Niveau wahrt.

Uns als Herausgebern und den Autoren der Reihe geht es darum, dass Sie die großen Zusammenhänge und die wesentlichen Details des jeweiligen Themenbereichs kennen lernen. Daher haben wir bewusst einen Umfang gewählt, der Sie nicht sofort verschreckt, und einen Stil, der Sie hoffentlich stets zum Weiterlesen motiviert. Alle Autoren greifen auf langjährige Erfahrung als Lehrende an Universitäten und Fachhochschulen zurück und gleichzeitig auf umfassende Kenntnisse der beruflichen Praxis, in der sie als Manager, Berater oder Anwälte tätig waren oder noch sind.

Das Layout der Werke ermöglicht Ihnen eine besonders komfortable Lektüre. So finden Sie relevante Begriffe nicht nur in einem Stichwortverzeichnis am Ende des Buches, sondern auch in der großzügigen Randspalte direkt neben dem jeweiligen Absatz. Gleichzeitig können Sie diese Randspalte für Ihre Notizen und Anmerkungen nutzen, um Ihre Gedanken direkt zu notieren. „Merke"-Symbole und „QV" (Querverweis) weisen auf besonders wichtige Informationen und Zusammenhänge hin, die Ihnen nicht entgehen sollten.

Die Reihe „Kiehl Wirtschaftsstudium" bietet Ihnen mehr als nur Lehrbücher! Zu jedem Band gehört ein passgenauer Online-Bereich, in dem Sie Aufgaben in verschiedenen Schwierigkeitsstufen und die dazugehörigen Lösungen finden. Damit können Sie die Lerninhalte noch weiter verinnerlichen und sich optimal auf Ihre Prüfungen vorbereiten.

Wir wünschen Ihnen eine motivierende Lektüre und freuen uns über Ihr Feedback zur Verbesserung und Weiterentwicklung der Reihe unter **feedback@kiehl.de**.

Mit allerbesten Grüßen

Die Herausgeber

Prof. Dr. Kristian Foit
Daniel Lorberg LL.M., M.A.
Prof. Dr. Bernard Vogl

Dozentenservice

Als besonderer Service für Dozenten steht zu diesem Titel ein kompletter **Folien-satz als Gratis-Download** zur Verfügung. Gehen Sie zum Download einfach auf **http://service.kiehl.de**. Hier können Sie sich mit einem bestehenden Benutzer-konto anmelden oder sich als Dozent/in neu registrieren. Sobald das Zusatzmate-rial Ihrem Benutzerkonto hinzugefügt wurde, erhalten Sie eine Bestätigung und Sie können den Foliensatz unter „Meine Anwendungen" → „Kiehl Zusatzmaterial für Dozenten" abrufen.

Vorwort

Dieses Buch soll Ihnen helfen, ökonomische Problemstellungen mathematisch zu lösen. Es behandelt die für angehende Wirtschaftswissenschaftler relevanten Methoden, Verfahren und Modelle, die üblicherweise in den ersten Semestern eines Bachelorstudiums an Universitäten und Fachhochschulen gelehrt werden und ist deshalb als vorlesungsbegleitendes Textbuch konzipiert. Mir ist es aus didaktischen Gründen sehr wichtig, dass meine Hörer den in der Vorlesung behandelten Lehr- und Lernstoff noch einmal „expressis verbis" nachlesen und aufarbeiten können. Eine gründliche Methodenkompetenz ist zu Beginn eines wirtschaftswissenschaftlichen Studiums besonders notwendig, da viele Fragestellungen im weiteren Studienverlauf sowie im Berufsleben mathematisch formuliert, modelliert und gelöst werden. Zweifellos sind viele Themen dieses Buches dem Schulstoff der gymnasialen Oberstufe sehr nahe, sodass sich gewisse (beabsichtigte) Überschneidungen zum propädeutischen Vorwissen ergeben. Ein wichtiges Ziel ist es ja gerade, die heterogene mathematische Vorbildung der Studierenden zum Studienbeginn zu nivellieren. Dem Leser bleibt es selbst überlassen, sich einzelne Teilgebiete, die aus der Schule eigentlich bekannt sein müssten, im Selbststudium zu erarbeiten. Das Lehrbuch bietet mit der begleitenden Online-Lernumgebung ausreichend Gelegenheit hierzu. Auf die Darstellung mathematischer Beweise wird zugunsten von anwendungsorientierten Beispielen aus der Betriebs- und Volkswirtschaftslehre verzichtet. Dadurch bleiben die Ausführungen übersichtlich und auf das Wesentliche konzentriert.

Das Buch behandelt in sieben Kapiteln die wichtigsten Teilgebiete der Mathematik für Wirtschaftswissenschaftler. Da zur Beantwortung ökonomischer Fragestellungen häufig Schlüsse aus bestimmten Sachverhalten gezogen werden müssen, werden im ersten Kapitel zunächst die Logik und die Mengenlehre dargestellt. Das zweite Kapitel widmet sich der Arithmetik und Kombinatorik. Hierzu gehören neben den elementaren Rechenoperationen auch die Behandlung von Gleichungen und Ungleichungen sowie die grundlegenden kombinatorischen Zählvorgänge. Im dritten Kapitel steht die lineare Algebra im Vordergrund. Es wird gezeigt, wie mithilfe der Matrizen- und Vektorrechnung lineare Gleichungssysteme und lineare Planungsmodelle gelöst werden können. Die Darstellung und die Anwendung reeller Funktionen bestimmen die Ausführungen des vierten Kapitels. Neben der Beschreibung der elementaren Funktionen und deren Eigenschaften wird auf Folgen und Reihen sowie deren Bedeutung für die Finanzmathematik eingegangen. Die funktionalen Zusammenhänge werden im fünften Kapitel wieder aufgegriffen und mittels der Differentialrechnung mathematisch näher untersucht. Das sechste Kapitel behandelt die Integralrechnung, mit der sich u. a. Marktsituationen ökonomisch bewerten und interpretieren lassen. Das Buch schließt im siebten Kapitel mit der linearen Optimierung, dem wohl bedeutendsten Verfahren des Operation Research.

Die erste Auflage eines Lehrbuchs soll sich weiterentwickeln. Dazu bin ich auf die Rückmeldungen der Lehrenden und Lernenden angewiesen. Ich wünsche Ihnen viel Spaß bei der Lektüre und freue mich über jedwede Kritik und Anregung!

Marc Kastner
Köln, im November 2017

INHALTSVERZEICHNIS

INHALTSVERZEICHNIS

Kapitel 4

Kapitel 5

Kapitel 6

Kapitel 7

Kapitel 1

1. Logik und Mengenlehre

1.1 Aussagenlogik

1.1.1 Aussagen

Logik
Das mathematische Modellieren wirtschaftswissenschaftlicher Frage-stellungen hat viel mit **Logik** zu tun. Logisches Denken bedeutet, ver-nünftige Schlüsse aus bestimmten Sachverhalten zu ziehen. Da ver-nünftiges Handeln situationsabhängig und subjektiv ist, ist die Logik traditionell ein Teilgebiet der Philosophie. In den für Wirtschaftswissen-schaftler relevanten Teilgebieten der Mathematik spielt die **Aussagen-logik** eine besondere Rolle, z. B. bei der Zusammenfassung von Ob-jekten (Mengenlehre), beim Auflösen von Gleichungen (Algebra), bei der Untersuchung von Funktionen (Analysis) oder beim Rechnen mit Wahrscheinlichkeiten (Stochastik).

Aussage
Wie der Name schon sagt, werden in dieser Denklehre Aussagen for-muliert, die logisch überprüft und entweder verifiziert oder falsifiziert werden können. Eine **Aussage** A ist die Beschreibung eines Sachver-halts, dessen Wahrheitsgehalt eindeutig bestimmbar ist. A kann wahr (w) oder falsch (f) sein. Der Sachverhalt wird meist verbal in Form ei-nes Satzes beschrieben, kann aber auch rein mathematisch durch Gleichungen oder Ungleichungen angegeben werden. Eine Aussage kann nicht gleichzeitig wahr oder falsch sein. Keine Aussagen im Sin-ne der Definition sind Ausdrücke, deren Wahrheitsgehalt nicht eindeu-tig feststellbar ist, oder Fragen. Eine Aussage, deren Wahrheitsgehalt (noch) nicht bekannt ist, heißt Vermutung.

Beispiel

Es werden die Aussagen A, B, C, D betrachtet.

A: Fixkosten entstehen unabhängig von der Ausbringungsmenge. (w)

B: Die Normalverteilung ist eine diskrete Wahrscheinlichkeitsvertei-lung. (f)

C: $1 + 1 = 2$ (w)

D: $3 < 2$ (f)

Variable
A und B sind verbale, C und D mathematische Aussagen. Häufig wer-den mathematische Aussagen durch die Verwendung von Variablen allgemeingültiger formuliert (vgl. *Wolik, 2015, S. 1*). Eine **Variable** ist ein Platzhalter in einem logischen oder mathematischen Ausdruck. Früher dienten Wörter oder Symbole als Variablen, heute verwendet man hierfür in der Regel Buchstaben – insbesondere die Groß- und Kleinbuchstaben am Ende des Alphabets (..., x, y, z). Dagegen stehen

die Buchstaben am Anfang des Alphabets (*a*, *b*, *c*, ...) für beliebige Zahlen und diejenigen in der Mitte (..., *i*, *j*, *k*, ...) werden als natürliche Zahlen zum Abzählen und in Indizes verwendet. Eine **Aussageform** ist ein Sachverhalt, der mindestens eine Variable enthält und durch Einsetzen geeigneter Begriffe anstelle des Platzhalters zu einer Aussage führt.

Beispiel

Der Ausdruck „$n < 10$" führt erst durch das Besetzen der Variable *n* mit konkreten Zahlenwerten zu einer Aussage. Dabei interessieren vor allem die Werte, die diesen Ausdruck zu einer wahren Aussage machen, beispielsweise die Zahl 5.

Jede Aussage *A* lässt sich durch das Wort „nicht" verneinen, wodurch ihr Wahrheitswert umgekehrt wird. Eine verneinte Aussage heißt **Negation**. Die Schreibweise für eine Negation lautet $\neg A$ (lies: nicht *A*). Statt $\neg A$ wird auch die Schreibweise $\overline{A}$ (Komplement zu *A*) verwendet.

Negation

Mit einer **Wahrheitstafel** wird festgelegt, in welcher Weise die Wahrheitswerte von logischen Aussagen bestimmt sind. Die Wahrheitstafel der Negation sieht wie folgt aus:

Wahrheitstafel

A	*w*	*f*
$\neg A$	*f*	*w*

Die Negation einer Aussage ist also immer dann wahr, wenn die Aussage falsch ist, und immer dann falsch, wenn die Aussage wahr ist.

Beispiel

Es werden die Aussagen *A*, *B*, *C*, *D* aus dem obigen Beispiel betrachtet.

$\neg A$: Fixkosten entstehen abhängig von der Ausbringungsmenge. (*f*)

$\neg B$: Die Normalverteilung ist keine diskrete Wahrscheinlichkeitsverteilung. (*w*)

$\neg C$: $1 + 1 \neq 2$ (*f*)

$\neg D$: $3 > 2$ (*w*)

Die doppelte Negation einer Aussage führt wieder zur ursprünglichen Aussage.

1.1.2 Verknüpfung von Aussagen

Aussagen-
verbindung

Durch eine Verknüpfung von mehreren Teilaussagen entstehen neue Aussagen, die mit Bindewörtern wie „und", „oder", „genau dann, wenn" usw. zusammengesetzt sind. Diese sogenannten **Aussagenverbindungen** lassen sich wiederum auf ihren Wahrheitsgehalt überprüfen. Man unterscheidet die Verknüpfungen Konjunktion, Disjunktion, Implikation und Äquivalenz, die im Folgenden für zwei Aussagen A, B dargestellt werden.

Konjunktion
(Und-Verbindung)

Eine Und-Aussagenverbindung heißt **Konjunktion**. Die Schreibweise für eine Konjunktion lautet $A \wedge B$ (lies: A und B). Die Konjunktion zweier Aussagen A, B ist streng, d. h. $A \wedge B$ ist nur dann wahr, wenn beide Aussagen wahr sind. Andernfalls ist $A \wedge B$ falsch, wie die Wahrheitstafel zeigt.

A	w	w	f	f
B	w	f	w	f
$A \wedge B$	w	f	f	f

Beispiel

A: Produkt 1 ist defekt.

B: Produkt 2 ist defekt.

$A \wedge B$: Beide Produkte sind defekt.

Die Aussagen A und B können jeweils wahr oder falsch sein. Sind beide Aussagen wahr, ist auch die Konjunktion wahr und beide Produkte sind defekt. Ist mindestens eine der beiden Aussagen falsch, sind nicht beide Produkte defekt und $A \wedge B$ muss falsch sein.

Disjunktion
(Oder-Verbindung)

Eine Oder-Aussagenverbindung heißt **Disjunktion**. Die Schreibweise für eine Disjunktion lautet $A \vee B$ (lies: A oder B). Die Disjunktion zweier Aussagen A, B ist nur dann falsch, wenn beide Aussagen falsch sind. Andernfalls ist $A \vee B$ wahr, wie die Wahrheitstafel der Disjunktion zeigt.

A	w	w	f	f
B	w	f	w	f
$A \vee B$	w	w	w	f

Beispiel

A: Produkt 1 ist defekt.

B: Produkt 2 ist defekt.

$A \lor B$: Mindestens ein Produkt ist defekt.

Angenommen, mindestens eine der beiden Aussagen *A*, *B* ist wahr, dann ist auch $A \lor B$ wahr. Sind beide Produkte funktionstüchtig, ist nicht mindestens ein Produkt defekt, und die Disjunktion ist falsch.

Die logische Oder-Verbindung wird auch als nicht-ausschließende Disjunktion bzw. **Adjunktion** bezeichnet. Sie unterscheidet sich damit von der umgangssprachlichen Bedeutung, die häufig ausschließenden Charakter hat. Wenn Sie beispielsweise eine Urlaubsreise machen wollen, ist Ihre Wahl des Verkehrsmittels ausschließend gemeint: Entweder ich nehme das Auto oder die Bahn. Das adjunktive „Oder" schließt dagegen das „Und" ein: Entweder ich fahre mit dem Auto oder mit der Bahn oder nutze eine Kombination aus beiden Verkehrsmitteln.

Adjunktion

Eine Wenn-Dann-Aussagenverbindung heißt **Implikation**. Die Schreibweise für eine Implikation lautet $A \Rightarrow B$ (lies: wenn *A*, dann *B*). Für eine Implikation $A \Rightarrow B$ sagt man auch (vgl. *Arrenberg et al., 2013, S. 36*):

Implikation

► aus *A* folgt *B*,

► *A* impliziert *B*,

► *A* ist hinreichend für *B* oder

► *B* ist notwendig für *A*.

Die Aussage „*B* ist notwendige Bedingung für *A*" bedeutet, dass aus *A* der Schluss *B* folgt. Gilt beispielsweise die Aussage „Es regnet.", dann ist notwendigerweise auch die Aussage „Die Erde wird nass." richtig. Die Aussage *A* heißt dabei **Prämisse** (Voraussetzung) und die Aussage *B* **Konklusion** (Schlussfolgerung). Die Implikation zweier Aussagen *A*, *B* ist nur dann falsch, wenn *A* wahr und *B* falsch ist. In allen anderen Fällen ist $A \Rightarrow B$ wahr. Die Implikation $A \Rightarrow B$ ist also immer dann wahr, wenn der Fall „*A* wahr und *B* falsch" nicht auftreten kann, wie die Wahrheitstafel der Implikation zeigt.

Prämisse, Konklusion

A	*w*	*w*	*f*	*f*
B	*w*	*f*	*w*	*f*
$A \Rightarrow B$	*w*	*f*	*w*	*w*

A: Ich bin über 18 Jahre alt.

B: Ich bin volljährig.

$A \Rightarrow B$: Wenn ich über 18 Jahre alt bin, dann bin ich volljährig. Falls man noch nicht 18 Jahre alt ist, ist man nach deutschem Recht nicht volljährig, sodass der Fall „*A* wahr und *B* falsch" hier gar nicht auftreten kann.

Verständnis-
probleme

Laut der obigen Wahrheitstafel muss $A \Rightarrow B$ immer wahr sein, unabhängig davon, ob *B* zutrifft oder nicht. Mitunter bereitet die Implikation Verständnisprobleme, falls *A* falsch ist. Man kann aber aus einer falschen Aussage alles Mögliche folgern. Folgendes Beispiel zeigt, dass $A \Rightarrow B$ auch wahr sein kann, wenn *A* falsch und *B* wahr ist (vgl. *Arrenberg et al., 2013, S. 34 f.*).

Beispiel

A: Die natürliche Zahl *n* lässt sich ohne Rest durch 4 teilen.

B: Die natürliche Zahl *n* lässt sich ohne Rest durch 2 teilen.

$A \Rightarrow B$: Wenn *n* ohne Rest durch 4 teilbar ist, dann lässt sich *n* auch ohne Rest durch 2 teilen.

n	4, 8, 12, …	2, 6, 10, …	1, 3, 5, …
A	w	f	f
B	w	w	f
$A \Rightarrow B$	w	w	w

Da es keine natürliche Zahl gibt, die zwar durch 4, aber nicht durch 2 teilbar ist, existiert der Fall „*A* wahr und *B* falsch" nicht. Die Implikation $A \Rightarrow B$ ist immer wahr, auch wenn *A* falsch ist.

Äquivalenz

Eine wechselseitige Implikation heißt **Äquivalenz**. Die Schreibweise für eine Äquivalenz lautet $A \Leftrightarrow B$ (lies: *A* gleichwertig *B*). Die Äquivalenz ist erfüllt, wenn beide Aussagen identische Wahrheitswerte haben, also entweder *A* und *B* wahr oder beide falsch sind. Andernfalls ist $A \Leftrightarrow B$ falsch. Bei Äquivalenz ist *B* nicht nur notwendige, sondern auch hinreichende Bedingung für *A*, und die Implikation gilt in beide Richtungen.

A	w	w	f	f
B	w	f	w	f
A ⇔ *B*	w	f	f	w

Beispiel

Der Deckungsbeitrag zur Begleichung der Fixkosten eines Unternehmens ist die Differenz zwischen den erzielten Umsatzerlösen und den variablen Kosten.

A: Der Deckungsbeitrag ist positiv.

B: Die Umsatzerlöse sind größer als die variablen Kosten.

Die Äquivalenz *A* ⇔ *B* ist wahr, weil entweder beide Aussagen wahr oder beide Aussagen falsch sind.

Die nachfolgende Tabelle zeigt mögliche Aussagenverbindungen und deren Wahrheitsgehalt im Überblick.

Aussageverbindungen im Überblick

Aussagenverbindung		*A*	w	w	f	f
		B	w	f	w	f
Konjunktion	*A* und *B*	*A* ∧ *B*	w	f	f	f
Disjunktion	*A* oder *B*	*A* ∨ *B*	w	w	w	f
Implikation	wenn *A*, dann *B*	*A* ⇒ *B*	w	f	w	w
Äquivalenz	*A* gleichwertig *B*	*A* ⇔ *B*	w	f	f	w

1.2 Mengenlehre

1.2.1 Mengenbeziehungen

Die **Mengenlehre** ist ein Teilgebiet der Mathematik, das von dem deutschen Mathematiker *Georg Cantor* (1845 - 1918) begründet wurde und sich mit der Zusammenfassung von Objekten beschäftigt. Da sich die meisten mathematischen Objekte, die in der Algebra, Analysis oder Stochastik behandelt werden, als Mengen definieren lassen, hat die Mengenlehre auch in der Wirtschaftsmathematik eine grundlegende Bedeutung. *Cantor* definierte den Mengenbegriff wie folgt (vgl. *Merz/ Wüthrich, 2013, S. 32*):

Mengenbegriff

Eine **Menge** M ist eine Zusammenfassung von bestimmten, wohlun-terscheidbaren Objekten unserer Anschauung oder unseres Denkens zu einem Ganzen.

Elemente

Die Objekte der Menge heißen **Elemente**, und man schreibt $a \in M$, falls a ein Element der Menge M ist und $a \notin M$, falls a kein Element der Menge M ist. Aus dieser Definition folgt unmittelbar, dass ein und das-selbe Objekt nicht zweimal in derselben Menge vorkommen kann und eindeutig feststeht, ob ein Objekt zur Menge gehört oder nicht. Die Mengendefinition ist sehr allgemein gehalten und beschränkt sich nicht auf die Zusammenfassung von Dingen, sondern erlaubt auch die Bil-dung von Mengen abstrakter Konstrukte wie beispielsweise Zahlen. Bei der Zusammenfassung der Elemente kommt es nicht auf die Rei-henfolge an, wohl aber auf deren Unterscheidbarkeit. Es ergibt keinen Sinn, identische Objekte zu einer Menge zusammenzufassen.

Arten von Mengen

Die **Mächtigkeit** gibt die Anzahl der Elemente einer Menge an und wird mit $|M| = m$ bezeichnet. **Endliche Mengen** bestehen aus einer be-grenzten Anzahl Objekten, was bei **unendlichen Mengen** nicht der Fall ist. So ist die Menge der natürlichen Zahlen $\mathbb{N}$ eine unendliche Menge, da sie nach oben nicht begrenzt ist. Zur Beschreibung einer Menge werden geschweifte Mengenklammern genutzt. Für eine **leere Menge**, die kein Element enthält, wird das Zeichen $\emptyset$ oder einfach $\{\ \}$ geschrieben. Häufig wird bei einer Anwendung der Mengenlehre auf eine konkrete Fragestellung eine **Grundmenge** angegeben, die defi-nitionsgemäß alle in der Problemstellung vorkommenden Mengen ent-hält und mit dem griechischen Großbuchstaben Ω bezeichnet wird.

Mengenangabe

Eine Menge kann auf zwei Arten angegeben werden (vgl. *Walter, 2013, S. 11*):

▶ **Aufzählende Mengenangabe:** Sämtliche Elemente der Menge wer-den aufgezählt. Dazu schreibt man alle Elemente, durch Kommata getrennt, auf und schließt sie in geschweifte Klammern ein. Die Men-ge aller Vokalbuchstaben der deutschen Sprache wird z. B. mit $M := \{a, ä, e, i, o, ö, u, ü, y\}$ beschrieben. Das Symbol $:=$ bedeutet „ist definiert als". Links neben der Definitionsgleichung steht die Be-zeichnung für das, was rechts davon aufgezählt oder beschrieben ist. Eine Aufzählung bietet sich vor allem bei endlichen Mengen an. Unendliche Mengen können zwar auch aufzählend angegeben wer-den, indem man weitere Elemente durch drei Punkte andeutet. Dann muss aber klar sein, wie die weiteren Elemente der Menge heißen. So kann die Menge aller positiven Quadratzahlen mit $\{1; 4; 9; 16; \ldots\}$ notiert werden.

▶ **Beschreibende Mengenangabe:** Die Menge wird durch eine Eigen-schaft beschrieben, die nur die Elemente dieser Menge haben sol-len. Ist M eine derart beschriebene Menge, schreibt man kurz $M := \{x \mid x \text{ hat die Eigenschaft } E\}$. In der Klammer steht links der

Senkrechten eine allgemein geforderte Eigenschaft, rechts davon eine Spezifizierung. Die möglichen Augenzahlen eines Würfels sind beispielsweise durch $M := \{x \in \mathbb{N} \mid x \le 6\}$ beschrieben. Die Augenzahl soll ein Element der natürlichen Zahlen und kleiner oder gleich Sechs sein.

Mengen können gleich oder verschieden sein. Zwei Mengen A, B sind in einem gegebenen Grundbereich **gleich**, kurz $A = B$, wenn jedes Element der Menge A auch Element der Menge B ist und umgekehrt. Die Schreibweise für zwei nicht gleiche Mengen A, B lautet $A \ne B$.

Gleichheit
von Mengen

Beispiel

$\Omega :=$ Augenzahl eines Würfels, $A := \{1, 3, 5\}$, $B :=$ ungerade Augenzahl, $C := \{1, 6\}$

$A = B$, $A \ne C$, $B \ne C$

Ein Vergleich zweier Mengen kann auch ergeben, dass eine dieser Mengen eine Untermenge der anderen ist. A ist eine **Teilmenge** von B, wenn jedes Element von A auch Element von B ist, kurz $A \subseteq B$ (lies: A ist Teilmenge von B). Dann ist gleichzeitig B eine **Obermenge** von A, kurz $B \supseteq A$ (lies: B ist Obermenge von A). In dieser Definition ist auch der Fall $A = B$ eingeschlossen. Wenn B Elemente einschließt, die nicht in A enthalten sind, so ist A eine **echte Teilmenge** von B. Dann schreibt man kurz $A \subset B$ bzw. $B \supset A$.

Teilmenge,
Obermenge

Die Menge aller Teilmengen einer Menge M heißt **Potenzmenge** und wird mit $\mathcal{P}(M)$ bezeichnet. Für eine endliche Menge mit der Mächtigkeit $|M| = m$ gilt:

Potenzmenge

$$|\mathcal{P}(M)| = 2^m \tag{1.1}$$

Beispiel

$A := \{1, 3, 5\}$

$\mathcal{P}(A) = \{\emptyset, \{1\}, \{3\}, \{5\}, \{1, 3\}, \{1, 5\}, \{3, 5\}, A\}$

$|\mathcal{P}(A)| = 2^3 = 8$

1.2.2 Mengenoperationen

Mengenoperationen verknüpfen Mengen zu neuen Mengen mit bestimmten Eigenschaften. Das Ergebnis einer Mengenoperation ist die logische Verknüpfung der Elemente der Ausgangsmengen. Im Folgenden werden die Operationen Komplement, Vereinigung, Durchschnitt und Differenz betrachtet.

Komplementär-
menge

Gegeben seien eine Grundmenge Ω und eine Teilmenge A von Ω mit $A \subseteq \Omega$. Die Menge aller Elemente, die in Ω, aber nicht in A enthalten sind, heißt **Komplementärmenge** von A bezüglich Ω und wird mit $\neg A$ bezeichnet (lies: nicht A). Das Komplement $\neg A$ ist das Ergebnis der logischen Negation der Mengenelemente von A. Es wird auch mit dem Symbol $\overline{A}$ bezeichnet. Man beachte, dass das Komplement einer Menge entscheidend von der Grundmenge Ω abhängt. Deshalb wird auch $\overline{A}^{\Omega}$ geschrieben.

Vereinigungsmenge

Die **Vereinigung** zweier Mengen A und B ist die Menge aller Elemente, die mindestens einer der beiden Mengen A oder B angehören. Man schreibt kurz: $A \cup B$ (lies: A oder B); $A \cup B$ ist das Ergebnis der logischen Adjunktion der Mengenelemente von A und B.

Schnittmenge

Der **Durchschnitt** zweier Mengen A und B, kurz $A \cap B$ (lies: A und B), ist die Menge aller Elemente, die sowohl A als auch B angehören. $A \cap B$ ist das Ergebnis der logischen Konjunktion der Mengenelemente von A und B. Gilt $A \cap B = \emptyset$, ist die Schnittmenge leer. Dann heißen die Mengen A und B **disjunkt** (fremd zueinander).

Differenzmenge

Die **Differenz** zweier Mengen A und B, kurz $A \setminus B$ (lies: A ohne B), ist die Menge aller Elemente von A, die nicht zu B gehören. $A \setminus B$ ist das Komplement von B in Bezug auf A, kurz $\neg B^{A}$. Sie ist nicht kommutativ, d. h. im Allgemeinen gilt $A \setminus B \neq B \setminus A$. Wenn $A \subset B$, dann gilt $B \setminus A = \neg A^{B}$.

Symmetrische
Differenz

Die **symmetrische Differenz** zweier Mengen A und B, kurz $A \Delta B$ (lies: A symmetrisch zu B), ist die Menge aller Elemente, die in genau einer der Mengen A und B enthalten sind.

Venn-Diagramm
QV

Zur Veranschaulichung werden Mengen und deren Beziehungen zueinander häufig in einem **Venn-Diagramm** dargestellt (vgl. Abbildung 1-1). In dieser nach *John Venn* (1834 - 1923) benannten Graphik werden die Elemente in Kreisen oder Ellipsen einzeln aufgeschrieben, sodass alle möglichen Beziehungen der vertretenen Mengen abgebildet sind. Die Kreise oder Ellipsen befinden sich in einem Rechteck, das sinnbildlich für den Raum aller Mengen Ω steht. Venn-Diagramme werden allerdings mit zunehmender Anzahl Mengen oder Elemente rasch unübersichtlich, sodass sie üblicherweise für die Darstellung von höchstens drei Mengen verwendet werden.

Echte Teilmenge

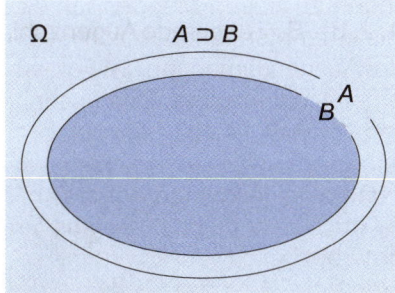

Komplementärmenge

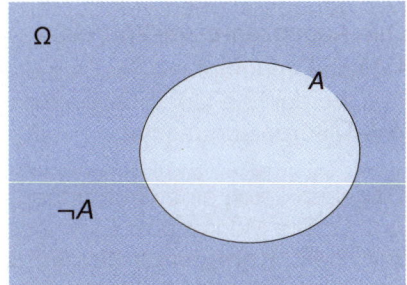

Vereinigungsmenge

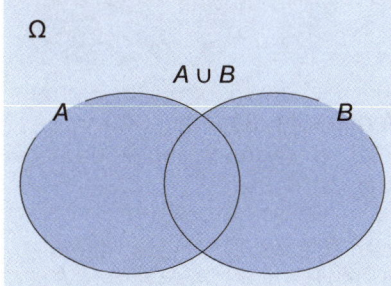

Schnittmenge

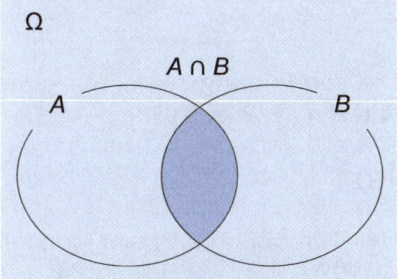

Differenzmenge

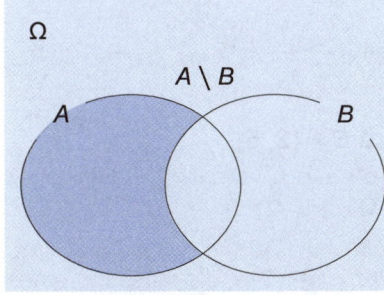

Symmetrische Differenzmenge

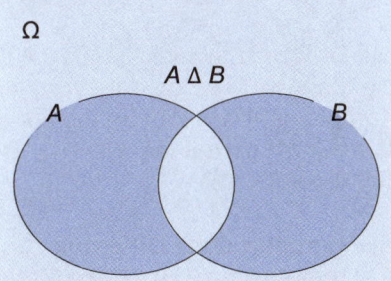

Abb. 1-1: Mengenbeziehungen im Venn-Diagramm

Beispiel

$\Omega :=$ Augenzahl eines Würfels, $A := \{1, 2, 3\}$, $B :=$ ungerade Augenzahl, $C := \{1\}$

$A \supset C$

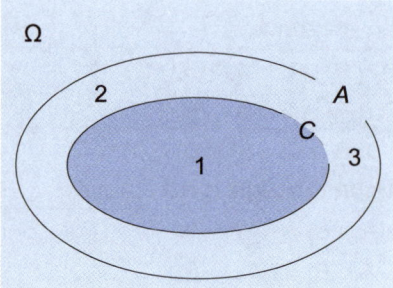

$\neg A := \{4, 5, 6\}$

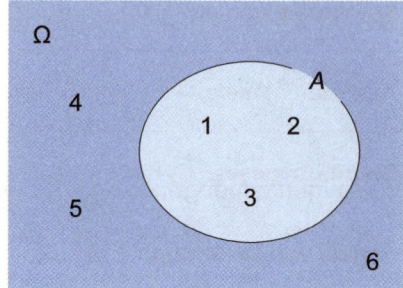

$A \cup B = \{1, 2, 3, 5\}$

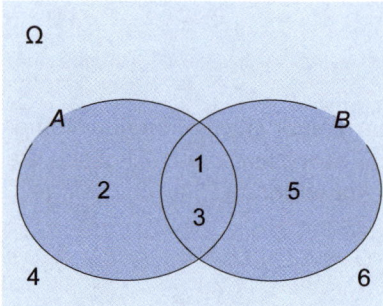

$A \cap B = \{1, 3\}$

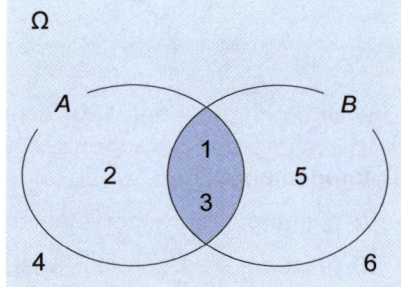

$A \setminus B = \{2\}$

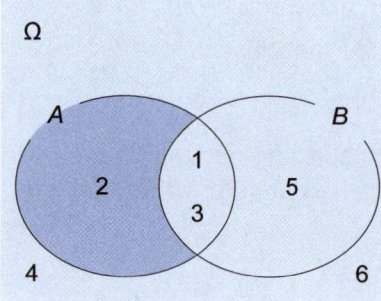

$A \triangle B = \{2, 5\}$

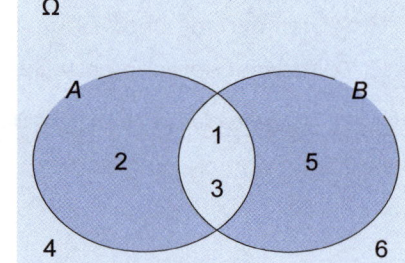

Abb. 1-2: Beispiele für Mengenbeziehungen

A, B, C seien beliebige Mengen. Dann gelten nachfolgende **Rechen-regeln für Mengenoperationen:**

Idempotenzgesetz	$A \cup A = A$	
	$A \cap A = A$	
Kommutativgesetz	$A \cup B = B \cup A$	
	$A \cap B = B \cap A$	
Assoziativgesetz	$(A \cup B) \cup C = A \cup (B \cup C)$	
	$(A \cap B) \cap C = A \cap (B \cap C)$	
Distributivgesetz	$A \cup (B \cap C) = (A \cup B) \cap (A \cup C)$	
	$A \cap (B \cup C) = (A \cap B) \cup (A \cap C)$	
Regeln von De Morgan	$\neg(A \cup B) = \neg A \cap \neg B$	
	$\neg(A \cap B) = \neg A \cup \neg B$	

Rechenregeln für Mengenoperationen

Die Mengenoperationen sollen abschließend an einem praktischen Beispiel mit drei Mengen erläutert werden.

Beispiel

Eine Umfrage unter den 120 Teilnehmern einer internationalen Konferenz, welche der Sprachen Deutsch, Französisch und Englisch sie fließend beherrschen, ergab folgende Antworten:

- ► 60 Teilnehmer sprechen Deutsch
- ► 40 Teilnehmer sprechen Französisch
- ► 90 Teilnehmer sprechen Englisch
- ► 10 Teilnehmer sprechen alle drei Sprachen
- ► 30 Teilnehmer sprechen Französisch und Englisch
- ► 15 Teilnehmer sprechen Deutsch und Französisch
- ► 15 Teilnehmer sprechen nur Deutsch.

Der Veranstalter möchte für die Organisation der Konferenz wissen, wie viele Teilnehmer nur Englisch bzw. keine der drei Sprachen sprechen.

Abbildung 1-3 stellt die Situation im Venn-Diagramm dar:

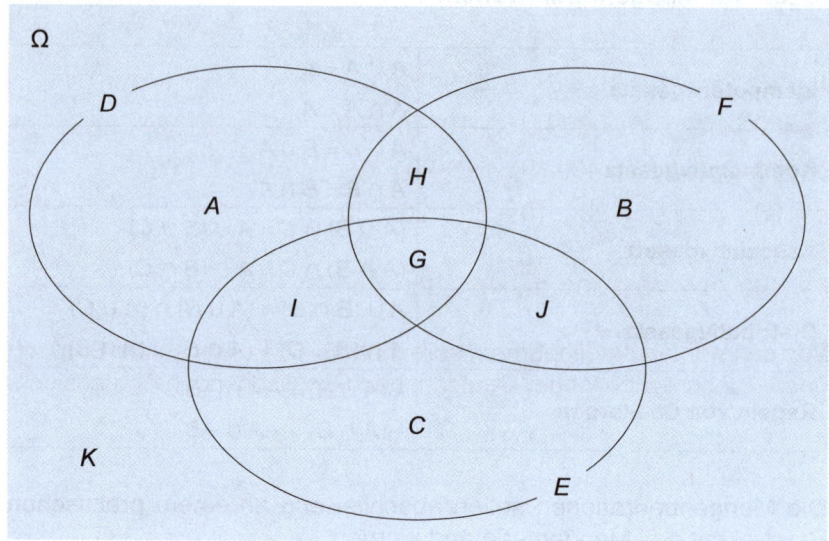

Abb. 1-3: Venn-Diagramm disjunkter Mengen *A* bis *K*

Dabei bezeichnet:

$\Omega :=$ Grundmenge der 120 Konferenzteilnehmer

$D := \{\omega \in \Omega \mid \omega \text{ spricht Deutsch}\}$

$E := \{\omega \in \Omega \mid \omega \text{ spricht Englisch}\}$

$F := \{\omega \in \Omega \mid \omega \text{ spricht Französisch}\}$

Die disjunkten Teilmengen seien *A, B, C, G, H, I, J*. Die Mächtigkeit der Mengen sei mit entsprechenden Kleinbuchstaben bezeichnet. Die Umfrageergebnisse ergeben folgende Zahlenwerte:

$|D| = a + g + h + i = 60$

$|F| = b + g + h + j = 40$

$|E| = c + g + i + j = 90$

$|G| = g = 10$

$|F \cap E| = g + j = 30$

$|D \cap F| = g + h = 15$

$|A| = a = 15$

$|\Omega| = a + b + c + g + h + i + j + k = 120$

Gesucht ist die Mächtigkeit der Mengen C und K, also c und k. Es ergeben sich folgende Berechnungen:

$j = 30 - g = 30 - 10 = 20$

$h = 15 - g = 15 - 10 = 5$

$i = 60 - a - g - h = 60 - 15 - 10 - 5 = 30$

$b = 40 - g - h - j = 40 - 10 - 5 - 20 = 5$

$c = 90 - g - i - j = 90 - 10 - 30 - 20 = 30$

$k = 120 - a - b - c - g - h - i - j$
$\quad = 120 - 15 - 5 - 30 - 10 - 5 - 30 - 20 = 5$

Von den Konferenzteilnehmern sprechen $c = 30$ Personen nur Englisch und $k = 5$ sprechen weder Deutsch, noch Englisch, noch Französisch.

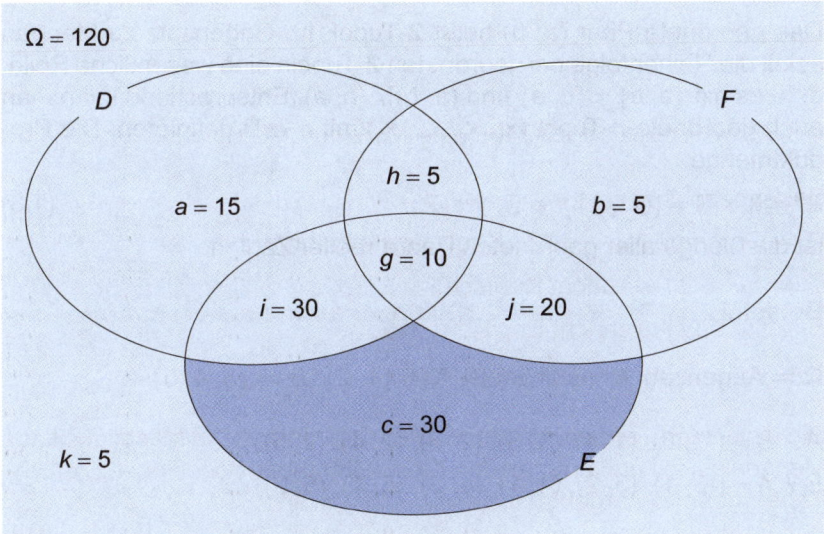

Abb. 1-4: Venn-Diagramm im Sprachen-Beispiel

1.2.3 Produktmengen

Produktmenge
Wie im vorangegangenen Abschnitt gezeigt, kann mit Mengen gerechnet werden. Eine Addition führt zur Vereinigungsmenge und eine Subtraktion zur Differenzmenge. Mengen können aber auch zu sogenannten Produktmengen multipliziert werden.

Kartesisches Produkt
Es seien A, B zwei nichtleere Mengen. Dann heißt die Menge aller geordneten Paare, deren erstes Element aus der Menge A und deren zweites Element aus der Menge B ist, **Produktmenge** von A und B, kurz $A \times B$ (lies: A kreuz B). Die Produktmenge wird auch als Kreuzmenge, Kreuzprodukt oder **kartesisches Produkt** bezeichnet. Die Komponenten eines geordneten Paars werden stets in runde Klammern eingeschlossen:

$$A \times B = \{(a, b) \mid a \in A, b \in B\} \tag{1.2}$$

Das geordnete Paar (a, b) heißt 2-Tupel. Im Gegensatz zu Mengen spielt die Reihenfolge bei geordneten 2-Tupeln eine wesentliche Rolle, d. h. es gilt $\{a, b\} = \{b, a\}$ und $(a, b) \neq (b, a)$. Entsprechend kann man auch geordnete n-Tupel $(x_1, x_2, \ldots, x_n)$ mit $n \in \mathbb{N}$ definieren. Die Produktmenge

$$\mathbb{R}^2 = \mathbb{R} \times \mathbb{R} = \{(x, y) \mid x \in \mathbb{R}, y \in \mathbb{R}\} \tag{1.3}$$

ist die Menge aller geordneten Paare reeller Zahlen.

Beispiel

$\Omega \coloneqq$ Augenzahl eines Würfels, $A \coloneqq \{1, 2\}$, $B \coloneqq \{3, 4, 5\}$

$A \times B = \{(1, 3), (1, 4), (1, 5), (2, 3), (2, 4), (2, 5)\}$
$B \times A = \{(3, 1), (3, 2), (4, 1), (4, 2), (5, 1), (5, 2)\}$

Relation
Wählt man aus dem kartesischen Produkt eine Teilmenge aus, gelangt man zu einer **Relation**:

Es seien A, B zwei nichtleere Mengen. Jede Teilmenge R aus der Produktmenge $A \times B = \{(a, b) \mid a \in A, b \in B\}$ heißt Relation zwischen A und B. A wird als Quellmenge, B als Zielmenge von R bezeichnet. Eine zweistellige Relation ist also eine Menge von 2-Tupeln, die geordnete Paare (a, b) bilden. In Abbildung 1-5 sind solche zugeordneten Paare durch Pfeile gekennzeichnet. Dabei muss einem Element aus A nicht zwingend ein Element aus B zugewiesen werden. Auch kann ein Element aus A zu mehreren Elementen aus B in Relation stehen.

QV

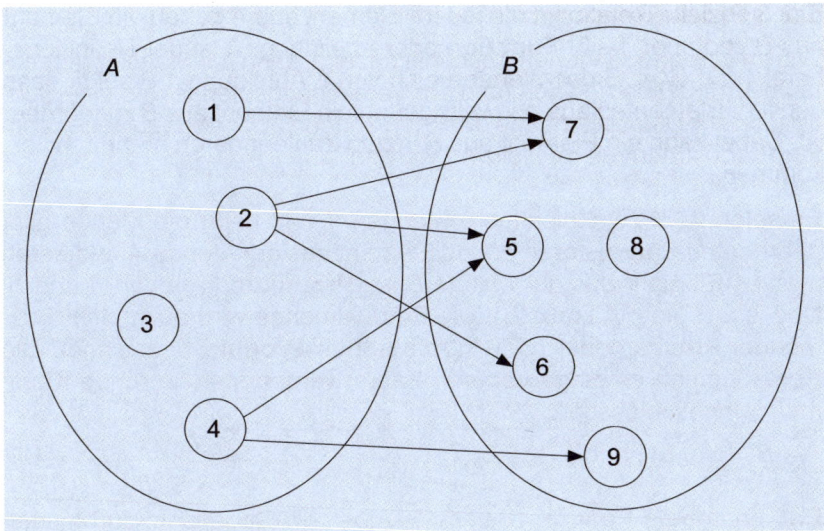

Abb. 1-5: Beispiel einer Relation

Beispiel

Drei Logistikdienstleister transportieren Güter per Lkw, Bahn oder Schiff. $U = \{1, 2, 3\}$ sei die Menge der Unternehmen, $V = \{$Lkw, Bahn, Schiff$\}$ die Menge der genutzten Verkehrsmittel. Alle Unternehmen-Verkehrsmittel-Kombinationen sind durch das kartesische Produkt $U \times V$ gekennzeichnet:

$U \times V = \{$(1, Lkw), (1, Bahn), (1, Schiff), (2, Lkw), (2, Bahn), (2, Schiff), (3, Lkw), (3, Bahn), (3, Schiff)$\}$

Angenommen, die Unternehmen haben sich wie folgt auf bestimmte Transportdienstleistungen spezialisiert:

Unternehmen	Transportleistung
1	Bahn, Schiff
2	Lkw
3	Lkw, Bahn

Die Relation $R = \{$(1, Bahn), (1, Schiff), (2, Lkw), (3, Lkw), (3, Bahn)$\}$ kennzeichnet die möglichen Transportleistungen der drei Unternehmen.

Funkion   Eine spezielle Relation *f*, die jedem Element aus *A* genau ein Element aus *B* zuordnet, heißt **Funktion** oder Abbildung. *A* ist der Definitionsbereich D_f, $W_f \subset B$ der Wertebereich von *f*. Abbildung 1-6 zeigt, dass den fünf Elementen aus *A* jeweils genau ein Element aus *B* zugeordnet ist. Dabei kann ein Element aus *B* in den Zahlenpaaren mehrfach vorkommen.

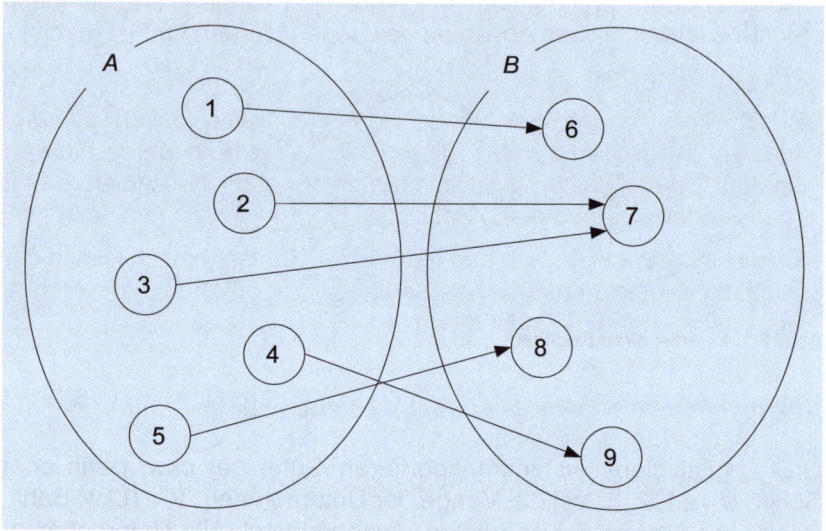

Abb. 1-6: Beispiel einer Funktion

Beispiel

Im vorigen Beispiel wäre etwa die Relation $R = \{(1, \text{Bahn}), (2, \text{Lkw}), (3, \text{Lkw})\}$ eine Funktion, da jedem Unternehmen eine einzige Transportleistung zugeordnet ist. Dabei kann unterschiedlichen Elementen *a* dasselbe *b* zugeordnet werden.

QV   Eine detaillierte Behandlung von Funktionen und deren Bedeutung in den Wirtschaftswissenschaften erfolgt in Kapitel 4.

1.2.4 Zahlenmengen

Zahlenmengen sind in der Mathematik von besonderer Bedeutung und tragen deshalb feste Bezeichnungen. In den Wirtschaftswissenschaften sind folgende Zahlenmengen wichtig (vgl. *Wolik, 2015, S. 7 ff.*):

Zahlenmengen

▸ **Natürliche Zahlen:** Die kleinste natürliche Zahl ist die 1. Sie hat keinen natürlichen Vorgänger. Jede natürliche Zahl n hat einen Nachfolger $n + 1$. Die Menge der natürlichen Zahlen kann demnach durch ein unendliches Abzählen gewonnen werden und ist durch

$\mathbb{N}$

$$\mathbb{N} := \{1, 2, 3, \dots\} \tag{1.4}$$

beschrieben. Ist darüber hinaus die Null eingeschlossen, schreibt man $\mathbb{N}_0$ und es gilt $\mathbb{N}_0 = \mathbb{N} \cup \{0\} = \{0, 1, 2, \dots\}$. $\mathbb{N}$ ist abgeschlossen bezüglich der Addition: Addiert man zwei natürliche Zahlen, erhält man wieder eine natürliche Zahl.

▸ **Ganze Zahlen:** Fügt man den natürlichen Zahlen (einschließlich der Null) die negativen natürlichen Zahlen hinzu, erhält man die Menge der ganzen Zahlen. Sie ist durch

$\mathbb{Z}$

$$\mathbb{Z} := \{x \text{ oder } -x \mid x \in \mathbb{N}_0\} = \{\dots, -3, -2, -1, 0, 1, 2, 3, \dots\} \tag{1.5}$$

beschrieben. Es gilt $\mathbb{Z} = -\mathbb{N} \cup \mathbb{N}_0$. $\mathbb{Z}$ ist auch für die Subtraktion und die Multiplikation abgeschlossen.

▸ **Rationale Zahlen:** Die Menge der rationalen Zahlen ist durch

$\mathbb{Q}$

$$\mathbb{Q} := \{x \mid x = \tfrac{a}{b}; a \in \mathbb{Z}, b \in \mathbb{N}\} \tag{1.6}$$

beschrieben und umfasst alle Brüche. Die Zahl a über dem Bruchstrich wird als Zähler, die Zahl b unter dem Bruchstrich als Nenner bezeichnet. Der Nenner eines Bruchs darf offensichtlich nicht null sein.

▸ **Reelle Zahlen:** Die Menge der reellen Zahlen ist durch das Symbol $\mathbb{R}$ gekennzeichnet und umfasst neben den rationalen Zahlen auch alle unendlichen nichtperiodischen Dezimalzahlen. In den Wirtschaftswissenschaften werden überwiegend reelle Zahlen und die damit möglichen Berechnungen betrachtet.

$\mathbb{R}$

▸ **Irrationale Zahlen:** Die Menge der unendlichen nichtperiodischen Dezimalzahlen wird als irrationale Zahlenmenge $\mathbb{I}$ bezeichnet. Es gilt:

$\mathbb{I}$

$$\mathbb{I} := \mathbb{R} \setminus \mathbb{Q} = \{x \mid x \neq \tfrac{p}{q} \text{ für alle } p, q \in \mathbb{Z} \text{ mit } q \neq 0\} \tag{1.7}$$

Die Kreiszahl $\pi = 3,14159\dots$, die Eulersche Zahl $e = 2,71828\dots$ und der Goldene Schnitt $\phi = 1,61803\dots$ sind bedeutende irrationale Zahlen.

▸ **Erweiterte reelle Zahlen:** Wird die Menge der reellen Zahlen um die Symbole $-\infty$ und $+\infty$ für eine unendlich große bzw. eine unendlich kleine Zahl erweitert, gelangt man zu den erweiterten reellen Zahlen $\overline{\mathbb{R}}$. Es gilt:

$\overline{\mathbb{R}}$

$$\overline{\mathbb{R}} := \mathbb{R} \cup \{-\infty, +\infty\} \tag{1.8}$$

Das positive Vorzeichen vor dem Unendlich-Symbol wird häufig weggelassen.

Komplexe Zahlen | Für die Zahlenmengen gelten die Beziehungen $\mathbb{N} \subset \mathbb{N}_0 \subset \mathbb{Z} \subset \mathbb{Q} \subset \mathbb{R} \subset \mathbb{R}$. In den Ingenieur- und Naturwissenschaften sind darüber hinaus die komplexen Zahlen $\mathbb{C}$ von Bedeutung, die den Bereich der reellen Zahlen um eine imaginäre Einheit erweitern, sodass auch die Gleichung $x^2 = -1$ lösbar ist. Auf die Menge der komplexen Zahlen wird in diesem einführenden Lehrbuch nicht weiter eingegangen.

Kapitel 2

2. Arithmetik und Kombinatorik

2.1 Elementare Rechenoperationen

2.1.1 Grundrechenarten

Arithmetik Die **Arithmetik** wurde als Wissenschaft von den Griechen bekundet und bedeutet wörtlich „Rechenkunst" (vgl. *Kluge, 2011, S. 59*). Sie wird auch Zahlenlehre genannt, weil sie sich mit Zahlen, ihren Verknüpfungen durch Rechenoperationen sowie den dabei geltenden Gesetzen und ihren Folgerungen beschäftigt (vgl. *Walter, 2013, S. 14*). Bereits unsere frühen Vorfahren mussten notwendigerweise zählen, indem sie verschiedene Mengen von Dingen wie beispielsweise Tiere, Pfeile oder Jagdgefährten miteinander verglichen (vgl. *Gottwald/Kästner/ Rudolph, 1995, S. 17*). Die heutige Arithmetik verwendet als **Zahlensystem** das Dezimalsystem, das ca. 500 n. Chr. in der indischen Zahlschrift entwickelt und durch arabische Vermittlung nach Europa weitergegeben wurde (vgl. *Merz/Wüthrich, 2013, S. 51*). Es basiert auf zehn einstelligen Zahlenwerten $z_k \in \{0, 1, 2, ..., 9\}$, die als **Ziffern** bezeichnet werden.

Zahl, Ziffer Eine **Zahl** z ist eine Aneinanderreihung von n Ziffern z_k $(k = 0, 1, ..., n)$ mit einem positiven (+) oder negativen (−) Vorzeichen und einem Komma als Trennzeichen zwischen z_0 und z_{-1}, falls es sich bei z nicht um eine ganze Zahl handelt. Es gilt:

$$z = \pm \, z_n z_{n-1} \, ... \, z_1 z_0, \, z_{-1} z_{-2} \, ... \, z_{-m} \tag{2.1}$$

Dezimalsystem Welchen Wert die Ziffer z_k in der Zahl bekleidet, hängt von ihrer Position im zugrunde liegenden Zahlensystem ab. Im **Dezimalsystem** wird z wie folgt dargestellt:

$$z = \pm (z_n \cdot 10^n + z_{n-1} \cdot 10^{n-1} + ... + z_1 \cdot 10^1 + z_0 \cdot 10^0 + z_{-1} \cdot 10^{-1} + ... + z_{-m} \cdot 10^{-m})$$

$$= \pm \sum_{i=-m}^{n} z_i \cdot 10^i \tag{2.2}$$

Dabei gibt z_0 die Einerstelle, z_1 die Zehnerstelle, z_2 die Hunderterstelle usw. an. Die Nachkommastellen beginnen mit z_{-1}. Zahlen sollen zur besseren Übersicht in Dreierblöcken dargestellt werden, also in Potenzen von Tausend (Tausendertrennung). In Deutschland ist jedoch auch ein Punkt zur Tausendertrennung üblich.

Beispiel

Für die Zahl $z = 7.635,48$ gilt:

$$z = z_3 \cdot 10^3 + z_2 \cdot 10^2 + z_1 \cdot 10^1 + z_0 \cdot 10^0 + z_{-1} \cdot 10^{-1} + z_{-2} \cdot 10^{-2}$$

$$= z_3 \cdot 1.000 + z_2 \cdot 100 + z_1 \cdot 10 + z_0 \cdot 1 + z_{-1} \cdot 0,1 + z_{-2} \cdot 0,01$$

Mit $z_0 = 5$, $z_1 = 3$, $z_2 = 6$ und $z_3 = 7$ sowie $z_{-1} = 4$ und $z_{-2} = 8$ ergibt sich:

$$z = 7 \cdot 1.000 + 6 \cdot 100 + 3 \cdot 10 + 5 \cdot 1 + 4 \cdot 0{,}1 + 8 \cdot 0{,}01 = 7.635{,}48$$

Häufig wird gefragt, wie genau ein Zahlenwert angegeben werden soll. Hierauf gibt es keine eindeutige Antwort. Handelt es sich um eine große Zahl, reicht meist eine ungefähre Angabe. Deutschland hat beispielsweise etwa 83 Mio. Einwohner. Geldbeträge werden üblicherweise auf zwei Nachkommastellen gerundet, damit Euro- und Cent-Beträge ersichtlich sind. Bei Wahrscheinlichkeiten, die als Dezimalzahl zwischen null und eins angegeben werden, bietet sich die Angabe von mehreren Nachkommastellen an. Ausschlaggebend für das **Runden** ist die Ziffer der ersten wegfallenden Nachkommastelle. Ist sie kleiner oder gleich vier, wird abgerundet, andernfalls aufgerundet. Die nachfolgenden Dezimalstellen werden dabei nicht berücksichtigt.

Runden von Zahlenwerten

Beispiel

Die Kreiszahl $\pi = 3{,}14159\ldots$ soll auf zwei bzw. drei Nachkommastellen gerundet werden.

Die dritte Ziffer hinter dem Komma ist eine eins, also ist $\pi = 3{,}14$ (auf zwei Nachkommastellen gerundet). Die vierte Ziffer hinter dem Komma ist eine fünf, also ist $\pi = 3{,}142$ (auf drei Nachkommastellen gerundet).

Soll eine reelle Zahl zu einer ganzen Zahl ab- oder aufgerundet werden, wird dies durch eine sogenannte **Gauß-Klammer** angezeigt. Für eine reelle Zahl a ist $\lfloor a \rfloor$ die größte ganze Zahl z, die kleiner oder gleich a ist:

Abrunden, Aufrunden

$$z = \lfloor a \rfloor = \{\max z \in \mathbb{Z} \mid z \le a\} \tag{2.3}$$

Das Symbol $\lfloor \ \rfloor$ heißt untere Gauß-Klammer.

Für eine reelle Zahl a ist $\lceil a \rceil$ die kleinste ganze Zahl z, die größer oder gleich a ist:

$$z = \lceil a \rceil = \{\min z \in \mathbb{Z} \mid z \ge a\} \tag{2.4}$$

Das Symbol $\lceil \ \rceil$ heißt obere Gauß-Klammer.

Beispiele

1. Die Eulersche Zahl $e = 2{,}71828\ldots$ soll auf die nächste ganze Zahl z abgerundet werden.

   $z = \lfloor e \rfloor = \lfloor 2{,}71828 \rfloor = \{ \max z \in \mathbb{Z} \mid z \le 2{,}71828 \} = 2$

2. Die Kreiszahl $\pi = 3{,}14159\ldots$ soll auf die nächste ganze Zahl z aufgerundet werden.

   $z = \lceil \pi \rceil = \lceil 3{,}14159 \rceil = \{ \min z \in \mathbb{Z} \mid z \ge 3{,}14159 \} = 4$

Ordnungsrelation

Die Zahlenmenge $\mathbb{R}$ enthält unendlich viele Zahlen. Jedoch kann für zwei Zahlen a und b stets angegeben werden, ob und wie sie sich unterscheiden. Dafür werden folgende **Ordnungsrelationen** verwendet:

► $a < b$: a ist kleiner als b

► $a \le b$: a ist kleiner oder gleich b

► $a = b$: a ist gleich b

► $a \ne b$: a ist ungleich b

► $a \ge b$: a ist größer oder gleich b

► $a > b$: a ist größer als b.

Intervall

Die zusammenhängende Teilmenge der reellen Zahlen, die zwischen a und b liegt, bezeichnet man als **Intervall**. Es gelte $a, b \in \mathbb{R}$ und $a < b$. Dann heißt

$[a, b] = \{ x \in \mathbb{R} \mid a \le x \le b \}$	geschlossenes Intervall von a bis b
$]a, b] = \{ x \in \mathbb{R} \mid a < x \le b \}$	linksseitig offenes Intervall von a bis b
$[a, b[= \{ x \in \mathbb{R} \mid a \le x < b \}$	rechtsseitig offenes Intervall von a bis b
$]a, b[= \{ x \in \mathbb{R} \mid a < x < b \}$	offenes Intervall von a bis b.

Epsilon-Umgebung

Ein offenes Intervall um eine Zahl a wird auch als **Epsilon-Umgebung** von a bezeichnet:

$$U(a) =]a - \varepsilon, a + \varepsilon[= \{ x \in \mathbb{R} \mid |x - a| < \varepsilon \} \tag{2.5}$$

QV

Die Epsilon-Umgebung spielt bei der Betrachtung von Grenzwerten eine wichtige Rolle (vgl. Abschnitt 4.5).

In den Wirtschaftswissenschaften werden überwiegend reelle Zahlen und die damit möglichen Rechnungen betrachtet. In der nachfolgenden Tabelle sind deshalb die wichtigsten **Rechenregeln für reelle Zahlen** ($a, b, c \in \mathbb{R}$) zusammengestellt (vgl. *Cramer/Nešlehová, 2015, S. 21*).

Kommutativgesetz	der Addition	$a + b = b + a$	Rechenregeln für reelle Zahlen
	der Multiplikation	$a \cdot b = b \cdot a$	
Assoziativgesetz	der Addition	$(a + b) + c = a + (b + c)$	
	der Multiplikation	$(a \cdot b) \cdot c = a \cdot (b \cdot c)$	
Distributivgesetz		$a \cdot (b + c) = a \cdot b + a \cdot c$	
		$(a + b) \cdot c = a \cdot c + b \cdot c$	
Vorzeichenregeln		$-(a) = (-a) = -a$	
		$-(-a) = a$	
		$-(a + b) = -a - b$	
		$-(a - b) = -a + b$	
		$-(a \cdot b) = (-a) \cdot b = -a \cdot b$	
		$(-a) \cdot (-b) = a \cdot b$	
Betrag einer Zahl		$|a| = \begin{cases} a & \text{für } a \geq 0 \\ -a & \text{für } a < 0 \end{cases}$	

Bei der Multiplikation kann auf das Produktzeichen verzichtet werden, falls Zahlen mit Variablen oder ausschließlich Variablen miteinander multipliziert werden. So schreibt man statt „$2 \cdot a$" auch „$2a$" oder statt „$a \cdot b$" auch „ab". Zwischen zwei Zahlen darf das Produktzeichen nicht fehlen, in Verbindung mit einer Klammer wird es zur besseren Lesbarkeit häufig gesetzt.

Bei Rechenvorgängen mit reellen Zahlen gilt die **Operatorrangfolge** „Potenzrechnung vor Punktrechnung vor Strichrechnung", falls nicht durch Klammern etwas anderes angezeigt wird:

Operatorrangfolge

1. Potenzierung (Potenzrechnung)
2. Multiplikation und Division (Punktrechnung)
3. Addition und Subtraktion (Strichrechnung).

Stehen Rechenoperationen in Klammern, so werden diese zuerst ausgeführt (Klammerregel). Dabei werden die Klammern von innen nach außen abgearbeitet. Stehen Operationen der gleichen Stufe ohne Klammern hintereinander, so werden sie von links nach rechts ausgeführt. Dabei ist das Produkt zweier reeller Zahlen mit demselben Vorzeichen stets positiv (plus mal plus = minus mal minus = plus), das Produkt zweier reeller Zahlen mit entgegengesetztem Vorzeichen stets negativ (plus mal minus = minus mal plus = minus).

Klammerregel

Die folgenden Beispiele verdeutlichen das Rechnen mit reellen Zahlen und Klammern noch einmal.

Beispiele

Die folgenden Ausdrücke sollen vereinfacht werden:

1. $-(5 - (7 + x)) = -(5 - 7 - x) = -5 + 7 + x = 2 + x$

2. $-(-(4 + a - 2 \cdot (-a)) - 3) = -(-(4 + a + 2a) - 3)$
    $= -(-4 - 3a - 3) = 4 + 3a + 3 = 3a + 7$

3. $12 \cdot (6x - y) - 10 \cdot (2x - 3y) - (-2x)$
    $= 72x - 12y - 20x + 30y + 2x = 54x + 18y = 18 \cdot (3x + y)$

2.1.2 Rechnen mit Brüchen

Bruchrechnung

Die Division ist die Umkehroperation zur Multiplikation. Es gilt:

$$\frac{a}{b} = a \div b = a \cdot b^{-1} = a \cdot \frac{1}{b} \quad (b \neq 0) \tag{2.6}$$

Der Ausdruck (2.6) wird als **Bruch** von a und b, die reelle Zahl a als **Zähler** oder Dividend und die reelle Zahl b als **Nenner** oder Divisor bezeichnet. Der Nenner darf nicht null sein. Ein Quotient $a \div b$ ist positiv, wenn a und b dieselben Vorzeichen haben, andernfalls ist er negativ.

Zwei Brüche werden addiert (subtrahiert), indem man zunächst den Nenner vereinheitlicht und dann die Zähler addiert (subtrahiert). Zwei Brüche werden multipliziert, indem man jeweils die Zähler und Nenner miteinander multipliziert. Ein Bruch wird durch einen anderen Bruch dividiert, indem man ihn mit dessen Kehrwert multipliziert.

Rechenregeln für Brüche

Die **Rechenregeln für Brüche** sind in nachfolgender Tabelle dargestellt ($a, c \in \mathbb{Z}$ und $b, d \in \mathbb{N}$).

Addition und Subtraktion	$\dfrac{a}{b} \pm \dfrac{c}{b} = \dfrac{a \pm c}{b}$
	$\dfrac{a}{b} \pm \dfrac{c}{d} = \dfrac{a \cdot d}{b \cdot d} \pm \dfrac{b \cdot c}{b \cdot d} = \dfrac{a \cdot d \pm b \cdot c}{b \cdot d}$
Multiplikation und Division	$\dfrac{a}{b} \cdot \dfrac{c}{d} = \dfrac{a \cdot c}{b \cdot d}$
	$\dfrac{\frac{a}{b}}{\frac{c}{d}} = \dfrac{a}{b} \div \dfrac{c}{d} = \dfrac{a}{b} \cdot \dfrac{d}{c} = \dfrac{a \cdot d}{b \cdot c}$

Beispiele

Es seien $a = 3$, $b = 4$, $c = 2$, $d = 5$.

1. $\dfrac{3}{4} + \dfrac{2}{4} = \dfrac{3+2}{4} = \dfrac{5}{4} = 1\frac{1}{4} = 1{,}25$

2. $\dfrac{3}{4} - \dfrac{2}{5} = \dfrac{3 \cdot 5}{4 \cdot 5} - \dfrac{4 \cdot 2}{4 \cdot 5} = \dfrac{15 - 8}{20} = \dfrac{7}{20} = 0{,}35$

3. $\dfrac{3}{4} \cdot \dfrac{2}{5} = \dfrac{3 \cdot 2}{4 \cdot 5} = \dfrac{6}{20} = \dfrac{3}{10} = 0{,}3$

4. $\dfrac{\frac{3}{4}}{\frac{2}{5}} = \dfrac{3}{4} \div \dfrac{2}{5} = \dfrac{3}{4} \cdot \dfrac{5}{2} = \dfrac{3 \cdot 5}{4 \cdot 2} = \dfrac{15}{8} = 1\frac{7}{8} = 1{,}875$

2.1.3 Rechnen mit Potenzen

Die Potenzrechnung wird in der Finanzmathematik benötigt, z. B. um das Endkapital zu berechnen, wenn ein Anfangskapital gegeben ist und die Zinsen in jeder Periode wieder mitverzinst werden. Wurzeln sind ebenfalls Potenzen und werden deshalb in diesem Abschnitt mitbehandelt. — *Potenzrechnung*

Die **Potenz** ist eine mehrfache Multiplikation einer Zahl a mit sich selbst:

$$a^n = \underbrace{a \cdot a \cdot \ldots \cdot a}_{n\text{-mal}} \text{ mit } a \in \mathbb{R},\ n \in \mathbb{N} \tag{2.7}$$

Die Zahl a^n (lies: a hoch n) ist die n-te Potenz von a. Die reelle Zahl a heißt **Basis** (Grundzahl) und die natürliche Zahl n **Exponent** (Hochzahl). Es gilt:

$$a^0 = 1 \text{ und } a^{-n} = \frac{1}{a^n} \text{ mit } a \in \mathbb{R} \setminus \{0\},\ n \in \mathbb{N} \tag{2.8}$$

Es gelten folgende **Rechenregeln für Potenzen** ($a, b, m, n \in \mathbb{R}$): — *Rechenregeln für Potenzen*

Multiplikation von Potenzen mit gleicher Basis	$a^m \cdot a^n = a^{m+n}$
Division von Potenzen mit gleicher Basis	$\dfrac{a^m}{a^n} = a^{m-n} \quad (a \neq 0)$
Multiplikation von Potenzen mit gleichem Exponenten	$(a \cdot b)^n = a^n \cdot b^n$
Division von Potenzen mit gleichem Exponenten	$\left(\dfrac{a}{b}\right)^n = \dfrac{a^n}{b^n} \quad (b \neq 0)$
Potenzieren von Potenzen	$(a^m)^n = (a^n)^m = a^{m \cdot n}$

Beispiele

1. $2^3 \cdot 2^4 = 2^{3+4} = 2^7 = 128$

2. $\dfrac{3^4}{3^2} = 3^{4-2} = 3^2 = 9$

3. $(a^2 b)^3 = (a^2)^3 b^3 = a^{2 \cdot 3} b^3 = a^6 b^3$

4. $\dfrac{(x-1)^5}{(1-x)^5} = \left(\dfrac{x-1}{1-x}\right)^5 = \left(\dfrac{x-1}{-(x-1)}\right)^5 = (-1)^5 = -1 \quad (x \neq 1)$

5. $((-2)^2)^3 = (-2)^{2 \cdot 3} = (-2)^6 = 64$

Auch hier gilt die Operatorrangfolge: Potenzrechnung geht vor Punktrechnung, geht vor Strichrechnung, sofern keine Klammern eine andere Rechenfolge anzeigen.

Radizieren Die Umkehrung des Potenzierens ist das **Radizieren** (Wurzelziehen). Die Auflösung der Gleichung $x^n = a$ ($a \in \mathbb{R}_0^+$, $n \in \mathbb{N}$) nach x heißt **n-te Wurzel** aus a:

$$x = \sqrt[n]{a} = a^{\frac{1}{n}} \tag{2.9}$$

Die Auflösung der Gleichung $x^n = a^m$ ($a \in \mathbb{R}^+$, $m \in \mathbb{Z}$, $n \in \mathbb{N}$) nach x ergibt:

$$x = \sqrt[n]{a^m} = a^{\frac{m}{n}} \tag{2.10}$$

Das Symbol $\sqrt{}$ wird Wurzelzeichen genannt, die Zahl a heißt Radikand und n Wurzelexponent. Für $n = 2$ erhält man als Spezialfall die **Quadratwurzel**, für $n = 3$ die **Kubikwurzel**. Für die Quadratwurzel wird statt $\sqrt[2]{a}$ auch nur $\sqrt{a}$ geschrieben.

Rechenregeln für Wurzeln Die **Rechenregeln für Wurzeln** entsprechen den Regeln für Potenzen und sind in der nachfolgenden Tabelle dargestellt ($a, b, m, n \in \mathbb{R}$, $a, b \geq 0$, $n \neq 0$).

Multiplikation von Wurzeln mit gleicher Basis	$\sqrt[m]{a^r} \cdot \sqrt[n]{a^s} = a^{\frac{r}{m}} \cdot a^{\frac{s}{n}} = a^{\frac{r}{m}+\frac{s}{n}}$
Division von Wurzeln mit gleicher Basis	$\dfrac{\sqrt[m]{a^r}}{\sqrt[n]{a^s}} = \dfrac{a^{\frac{r}{m}}}{a^{\frac{s}{n}}} = a^{\frac{r}{m}-\frac{s}{n}} \quad (a \neq 0)$

Multiplikation von Wurzeln mit gleichem Exponenten	$\sqrt[n]{a^r} \cdot \sqrt[n]{b^r} = a^{\frac{r}{n}} \cdot b^{\frac{r}{n}} = (a \cdot b)^{\frac{r}{n}} = \sqrt[n]{(a \cdot b)^r}$
Division von Wurzeln mit gleichem Exponenten	$\dfrac{\sqrt[n]{a^r}}{\sqrt[n]{b^r}} = \left(\dfrac{a^{\frac{r}{n}}}{b^{\frac{r}{n}}}\right) = \left(\dfrac{a}{b}\right)^{\frac{r}{n}} = \sqrt[n]{\left(\dfrac{a}{b}\right)^r} \quad (b \neq 0)$
Potenzieren von Wurzeln	$\sqrt[n]{\left(\sqrt[m]{a^r}\right)^s} = \left(a^{\frac{r}{m}}\right)^{\frac{s}{n}} = a^{\frac{r \cdot s}{m \cdot n}} = \sqrt[m \cdot n]{a^{r \cdot s}}$

Beispiele

1. $\sqrt{a^4} \cdot \sqrt[3]{a^2} = a^{\frac{4}{2}} \cdot a^{\frac{2}{3}} = a^{\frac{4}{2}+\frac{2}{3}} = a^{\frac{16}{6}} = a^{\frac{8}{3}} = \sqrt[3]{a^8}$

2. $\dfrac{\sqrt{24a^4b^4}}{\sqrt{6a^2}} = \sqrt{\dfrac{24a^4b^4}{6a^2}} = \sqrt{4a^2b^4} = 2|a|b^2 \quad (a \neq 0)$

3. $\sqrt{a^5} \cdot \sqrt{b^5} = (a \cdot b)^{\frac{5}{2}} = \sqrt{(a \cdot b)^5}$

4. $\dfrac{\sqrt[3]{a^2}}{\sqrt[3]{b^2}} = \left(\dfrac{a}{b}\right)^{\frac{2}{3}} = \sqrt[3]{\left(\dfrac{a}{b}\right)^2} \quad (b \neq 0)$

5. $\sqrt{\sqrt{a^4}} = \sqrt{\sqrt{(a^2)^2}} = \sqrt{a^2} = |a|$

2.1.4 Rechnen mit Logarithmen

Stellt ein Sparer die Frage, nach wie vielen Jahren n sich sein Kapital bei 5 % Zinseszinsen verdoppelt hat, muss er die Potenzgleichung $1,05^n = 2$ nach dem Exponenten n auflösen. Hierfür benötigt er den Logarithmus.

Logarithmus

Die Lösung der Gleichung $a^x = b$ ($a, b \in \mathbb{R}^+$, $a \neq 1$) nach x heißt **Logarithmus** von b zur Basis a. Man schreibt kurz:

$$x = \log_a(b) \tag{2.11}$$

Anders ausgedrückt: Der Logarithmus von b zur Basis a gibt an, mit welcher Zahl x die Basis a potenziert werden muss, um die Zahl b zu erhalten. Das Logarithmieren ist demnach die Umkehrung des Potenzierens.

Beispiele

1. $\lg(1.000) = \log_{10}(1.000) = 3$, da $10^3 = 10 \cdot 10 \cdot 10 = 1.000$

2. $\log_4(256) = 4$, da $4^4 = 256$

3. $\ln(7{,}389) = \log_e(7{,}389) \approx 2$, da $e^2 \approx 7{,}389$

4. $\log_2\left(\dfrac{1}{8}\right) = -3$, da $2^{-3} = \dfrac{1}{2^3} = \dfrac{1}{8}$

Bedeutende Logarithmen

Obwohl grundsätzlich alle positiven Basen $a \neq 1$ verwendet werden können, sind binäre, natürliche und dekadische Logarithmen am gebräuchlichsten. Man schreibt diese Logarithmen deshalb auch verkürzt:

▸ Binärer Logarithmus ($a = 2$): $\log_2(b) = \mathrm{lb}(b)$

▸ Natürlicher Logarithmus ($a = e$): $\log_e(b) = \ln(b)$

▸ Dekadischer Logarithmus ($a = 10$): $\log_{10}(b) = \lg(b)$

Umrechnen von Logarithmen

Viele Taschenrechner ermöglichen nur die direkte **Berechnung** des natürlichen und des dekadischen Logarithmus. Logarithmen zu anderen Basen lassen sich jedoch einfach umrechnen.

Für $a, c \in \mathbb{R}^+ \setminus \{1\}$, $b \in \mathbb{R}^+$ gilt:

$$\log_a(b) = \frac{\log_c(b)}{\log_c(a)} \tag{2.12}$$

Man kann sich also eine beliebige Basis aussuchen, z. B. $c = 10$ oder $c = e$, und den gesuchten Logarithmus mit dem Taschenrechner bestimmen.

Beispiel

$$\log_2(256) = \frac{\lg(256)}{\lg(2)} = \frac{\ln(256)}{\ln(2)} = 8$$

Über die Umrechnung hinaus gibt es weitere **Rechenregeln für Loga-**   Rechenregeln
rithmen, die in der nachfolgenden Tabelle dargestellt sind ($a \in \mathbb{R}^+ \setminus \{0\}$,   für Logarithmen
$b, c \in \mathbb{R}^+$ und $n \in \mathbb{R}$).

Logarithmus von Produkten	$\log_a(b \cdot c) = \log_a(b) + \log_a(c)$
Logarithmus von Quotienten	$\log_a\left(\dfrac{b}{c}\right) = \log_a(b) - \log_a(c)$
Logarithmus von Potenzen	$\log_a(b^n) = n \cdot \log_a(b)$

Beispiele

1. $\log_4(2) + \log_4(8) = \log_4(2 \cdot 8) = \log_4(16) = 2$

2. $\log_5(1.000) - \log_5(8) = \log_5\left(\dfrac{1.000}{8}\right) = \log_5(125) = 3$

3. $\log_e(20^4) = 4 \cdot \ln(20) \approx 4 \cdot 3 = 12$

Die eingangs gestellte Frage des Sparers, wann sich ein Kapital bei
5 % Verzinsung verdoppelt haben wird, lässt sich nun einfach beantworten:

$$1{,}05^n = 2 \quad \Leftrightarrow \quad \lg(1{,}05^n) = \lg(2) \quad \Leftrightarrow \quad n \cdot \lg(1{,}05) = \lg(2)$$

$$\Leftrightarrow \quad n = \frac{\lg(2)}{\lg(1{,}05)} \approx 14{,}2$$

Es dauert also gut 14 Jahre, bis sich das Kapital verdoppelt haben
wird.

2.2 Gleichungen und Ungleichungen

2.2.1 Terme und Äquivalenzumformungen

Ökonomische Zusammenhänge werden häufig durch Gleichungen   Gleichungen,
oder Ungleichungen beschrieben. Beispielsweise möchte ein Unter-   Ungleichungen
nehmen die Absatzmenge x bestimmen, bei der die Gesamtkosten K
für die Produktion der Güter durch den Umsatz U, der für die verkauften Produkte erzielt wird, gedeckt sind. Dies wird durch die Gleichung
$U(x) = K(x)$ ausgedrückt. Durch Auflösen der Gleichung nach x erhält
man die gesuchte Absatzmenge. Oder das Unternehmen möchte wissen, ab welcher Produktionsmenge x die Herstellung eines Produkts

in Werk *A* kostengünstiger ist als in Werk *B*. Diese Frage beantwortet die Lösung der Ungleichung $K_A(x) < K_B(x)$ nach x. Im Folgenden sollen deshalb die Grundregeln zur Lösung von Gleichungen und Ungleichungen dargestellt werden. Hierfür sind Kenntnisse über Terme und deren Umformungen vonnöten (vgl. *Arrenberg et al., 2013, S. 105*).

Term
: Ein mathematischer **Term** T ist ein Gebilde aus Zahlzeichen, Variablen, Operationszeichen und Klammern. Hängt ein Term von einer oder mehreren Variablen x_i ($i = 1, 2, \ldots, n$) ab, schreibt man $T(x_1, x_2, \ldots, x_n)$.

Beispiele

$$T_1 = 16,\ T_2 = 5 + 2,\ T_3 = 4 \cdot (10 - 2),\ T_4(x, y) = 2x^2 + 3y - 12$$

Terme dürfen mittels der bekannten arithmetischen Grundoperationen addiert, subtrahiert, multipliziert und dividiert werden, sofern nicht gegen spezielle Regeln verstoßen wird (z. B. Multiplikation mit null oder Division durch null). Zwei Terme T_1 und T_2 sind äquivalent, wenn sie durch arithmetische Umformung ineinander überführt werden können. Für die Termumformung gelten die bereits aufgezeigten Rechenregeln für reelle Zahlen, insbesondere das Kommutativ-, das Assoziativ- und das Distributivgesetz.

Polynomdivision
: Zur Vereinfachung von Bruchtermen ist es nützlich, die **Polynomdivision** zu beherrschen. Bei der Polynomdivision wird – ähnlich dem schriftlichen Dividieren – ein Term T_1 durch einen Term T_2 dividiert, indem man die Bestandteile von T_1 sukzessive durch die Bestandteile von T_2 dividiert und die Ergebnisse solange verrechnet, bis T_1 vollständig durch T_2 geteilt ist (vgl. *Arrenberg et al., 2013, S. 113*). Das folgende Beispiel veranschaulicht diese Vorgehensweise.

Beispiel

$$T = \frac{x^2 + 2x - 8}{x + 4}$$

Polynomdivision von T:

$$
\begin{array}{l}
(x^2 + 2x - 8) \div (x + 4) = x - 2 \\
\underline{-(x^2 + 4x)} \\
\quad\ -2x - 8 \\
\quad\ \underline{-(-2x - 8)} \\
\qquad\qquad 0
\end{array}
$$

Zunächst wird x^2 durch x dividiert und das Ergebnis x hinter dem Gleichheitszeichen notiert. Das Ergebnis von $x \cdot (x + 4) = x^2 + 4x$ schreibt man unter den ersten Term und zieht es von diesem ab. Es ergibt sich $-2x - 8$. Hiervon wird der erste Teil $-2x$ wiederum durch x dividiert und das Ergebnis -2 auf die rechte Seite geschrieben. Die Rückrechnung $-2 \cdot (x + 4) = -2x - 8$ zieht man wiederum vom linken Term ab, sodass kein Rest mehr bleibt. Damit lässt sich der Ausgangsterm wie folgt faktorisieren:

$$x^2 + 2x - 8 = (x - 2) \cdot (x + 4)$$

$$\Rightarrow T = \frac{x^2 + 2x - 8}{x + 4} = \frac{(x - 2) \cdot (x + 4)}{x + 4} = x - 2$$

2.2.2 Lösung von Gleichungen

Die Verbindung von äquivalenten Termen führt zur Definition einer Gleichung. Eine **Gleichung** ist die Verbindung zweier Terme T_1 und T_2 durch ein Gleichheitszeichen:

Gleichung

$$T_1 = T_2 \text{ (Term 1 gleich Term 2)} \tag{2.13}$$

Beispiel

$$(x + 4) \cdot (x - 2) = (x + 4) \cdot x + (x + 4) \cdot (-2) = x^2 + 4x + (-2x) + 4 \cdot (-2)$$
$$= x^2 + 2x - 8$$

Hängt ein Term – wie im obigen Beispiel – von einer Variablen x ab, muss definiert werden, welche Werte für x eingesetzt werden dürfen.

Gegeben sei die Gleichung $T_1(x) = T_2(x)$. Die **Grundmenge** der Gleichung ist die Menge aller Werte, die für die Variable x in die Terme $T_1(x)$ und $T_2(x)$ eingesetzt werden darf. Sie wird mit dem Symbol $\mathbb{G}$ bezeichnet. So ist beispielsweise in $T = 1/x$ eine Division durch null nicht erlaubt, sodass $0 \notin \mathbb{G}$ gilt. In wirtschaftswissenschaftlichen Anwendungen sind auch negative Variablenwerte häufig nicht sinnvoll, z. B. bei Mengen oder Preisen. Ohne Angabe einer Grundmenge wird $\mathbb{G} = \mathbb{R}$ angenommen.

Grundmenge

Gegeben sei die Gleichung $T_1(x) = T_2(x)$ mit der Grundmenge $\mathbb{G}$. Die **Lösungsmenge** der Gleichung ist die Menge aller Elemente aus $\mathbb{G}$, für die bei Einsetzen der Variablen x die Aussage $T_1(x) = T_2(x)$ wahr ist. Sie wird mit dem Symbol $\mathbb{L}$ bezeichnet.

Lösungsmenge

Lösbarkeit einer Gleichung — Enthält die Lösungsmenge mindestens ein Element, so ist die Gleichung **lösbar**; enthält sie genau ein Element, ist sie **eindeutig lösbar**. Ist die Lösungsmenge leer, ist die Gleichung **unlösbar**. Gilt die Aussage $T_1(x) = T_2(x)$ für jedes beliebige $x \in \mathbb{G}$, heißt die Gleichung **allgemeingültig** (vgl. *Eichholz/Vilkner, 2009, S. 34*).

Beispiele

Es gelte $x \in \mathbb{R}$.

1. $x^2 - 1 = 0 \quad \Leftrightarrow \quad x = -1 \lor x = 1$ (lösbare Gleichung)

2. $x - 1 = 0 \quad \Leftrightarrow \quad x = 1$ (eindeutig lösbare Gleichung)

3. $x^2 + 1 = 0$ (unlösbare Gleichung)

4. $x^2 - 1 = (x + 1) \cdot (x - 1)$ (allgemeingültige Gleichung)

Die Lösungsmenge einer Gleichung wird bestimmt, indem die Terme auf beiden Seiten des Gleichheitszeichens durch Rechenoperationen (**Äquivalenzumformungen**) soweit verändert werden, bis die Variable isoliert dasteht. Die Rechentechnik zur Bestimmung der Lösungsmenge hängt davon ab, welche Gleichungsform vorliegt.

Polynom n-ten Grades — Von besonderer Bedeutung für ökonomische Anwendungen sind sogenannte **algebraische Gleichungen** der Form

$$a_n x^n + a_{n-1} x^{n-1} + \dots + a_1 x + a_0 = 0 \quad \text{mit } a_n \neq 0 \text{ und } n \in \mathbb{N}_0 \qquad (2.14)$$

QV — (vgl. *Merz/Wüthrich, 2013, S. 73*). Die Parameter a_0, a_1, ..., a_n heißen Koeffizienten und der höchste Exponent n wird als Grad der algebraischen Gleichung bezeichnet. Entsprechend heißt (2.14) auch **Polynom n-ten Grades**. Ist $n = 1$, handelt es sich um eine lineare, für $n \geq 2$ um eine nichtlineare Gleichung. Bei $n = 2$ spricht man von einer quadratischen, bei $n = 3$ von einer kubischen Gleichung.

Normalform — Die Division von (2.14) durch den Leitkoeffizienten $a_n \neq 0$ (mit $b_i := a_i / a_n$) führt zu der sogenannten **Normalform** einer algebraischen Gleichung:

$$x^n + b_{n-1} x^{n-1} + \dots + b_1 x + b_0 = 0 \qquad (2.15)$$

Polynome ersten und zweiten Grades können relativ einfach gelöst werden. Für eine **lineare Gleichung** der Form

$$ax + b = 0 \quad (a \neq 0) \qquad (2.16)$$

ist die Lösung unmittelbar ersichtlich:

$$x = -\frac{b}{a} \qquad (2.17)$$

Eine **quadratische Gleichung**

$$ax^2 + bx + c = 0 \quad (a \neq 0 \text{ und } b^2 - 4ac \geq 0) \tag{2.18}$$

lässt sich mithilfe der sogenannten ***abc*-Formel** lösen. Es gilt (vgl. *Merz/Wüthrich, 2013, S. 76*):

$$x_{1,2} = \frac{-b \pm \sqrt{b^2 - 4ac}}{2a} \tag{2.19}$$

Der Term $b^2 - 4ac$ wird dabei als **Diskriminante** D bezeichnet. Für $D > 0$ besitzt die quadratische Gleichung zwei reelle Lösungen. Ist $D = 0$, gibt es nur eine reelle Lösung. Gilt $D < 0$, dann hat (2.18) keine reellen Lösungen.

QV

Schreibt man Gleichung (2.18) als Linearfaktorkombination, erhält man für den Fall $D > 0$:

QV

$$a \cdot (x - x_1) \cdot (x - x_2) = 0 \quad (a \neq 0) \tag{2.20}$$

Liegt eine quadratische Gleichung in der Normalform

$$x^2 + px + q = 0 \tag{2.21}$$

vor, vereinfacht sich die *abc*-Formel (2.19) zur sogenannten **pq-Formel**:

QV

$$x_{1,2} = -\frac{p}{2} \pm \sqrt{\left(\frac{p}{2}\right)^2 - q} \tag{2.22}$$

Beispiele

1. $x^2 + 4x - 5 = 0 \quad (x \in \mathbb{R})$

    $$x_{1,2} = -\frac{4}{2} \pm \sqrt{\left(\frac{4}{2}\right)^2 - (-5)} = -2 \pm \sqrt{9} \quad \Rightarrow \quad \mathbb{L} = \{-5, 1\}$$

    $D > 0$: Die quadratische Gleichung hat zwei reelle Lösungen.

2. $x^2 - 14x + 49 = 0 \quad (x \in \mathbb{R})$

    $$x_{1,2} = \frac{14}{2} \pm \sqrt{\left(\frac{14}{2}\right)^2 - 49} = 7 \pm \sqrt{0} \quad \Rightarrow \quad \mathbb{L} = \{7\}$$

    $D = 0$: Die quadratische Gleichung hat eine reelle Lösung.

3. $2x^2 - 16x + 36 = 0 \quad (x \in \mathbb{R})$

$$x_{1,2} = \frac{16 \pm \sqrt{(-16)^2 - 4 \cdot 2 \cdot 36}}{2 \cdot 2} = \frac{16 \pm \sqrt{-32}}{4} \quad \Rightarrow \quad \mathbb{L} = \{\ \}$$

$D < 0$: Die quadratische Gleichung hat keine reelle Lösung.

Satz von Vieta   Zur Kontrolle, ob zwei Werte tatsächlich die Lösungen einer quadratischen Gleichung sind, bietet sich der nach dem französischen Mathematiker *François Viète*, lat. *Franciscus Vieta*, (1540 - 1603) benannte **Satz von Vieta** an. Hiernach gilt für eine quadratische Gleichung in Normalform:

$$x_1 + x_2 = -p \quad \text{und} \quad x_1 \cdot x_2 = q \tag{2.23}$$

Im obigen ersten Beispiel gilt $x_1 + x_2 = -5 + 1 = -4 = -p$ sowie $x_1 \cdot x_2 = -5 \cdot 1 = -5 = q$.

Zur algebraischen Lösung einer **kubischen Gleichung** muss diese zunächst in die Normalform

$$x^3 + ax^2 + bx + c = 0 \tag{2.24}$$

gebracht werden. Sie wird sodann mittels Substitution durch

$$x = z - \frac{a}{3} \tag{2.25}$$

in die Gleichung

$$z^3 + pz + q = 0 \quad \text{mit} \quad p = b - \frac{a^2}{3} \quad \text{und} \quad q = \frac{2a^3}{27} - \frac{ab}{3} + c \tag{2.26}$$

Formel von Cardano   transformiert. Wie man sieht, ist der quadratische Term weggefallen. Die substituierte Gleichung (2.26) kann nun mittels der **Formel von Cardano**, die auf *Niccolò Tartaglia* (1499 oder 1500 - 1557) und *Gerolamo Cardano* (1501 - 1576) zurückgeht, gelöst werden (vgl. *Beutelspacher, 2015, S. 102 ff.*). Für eine von drei potenziellen Nullstellen gilt:

$$z = \sqrt[3]{-\frac{q}{2} + \sqrt{\left(\frac{q}{2}\right)^2 + \left(\frac{p}{3}\right)^3}} + \sqrt[3]{-\frac{q}{2} - \sqrt{\left(\frac{q}{2}\right)^2 + \left(\frac{p}{3}\right)^3}} \tag{2.27}$$

Leider führt das Einsetzen der Werte von p und q häufig zu Wurzeln aus negativen Zahlen, was die Verwendung der imaginären Einheit $i = \sqrt{-1}$ notwendig macht und zu weiteren Lösungsformeln für z führt. Da diese Berechnungen über das Niveau eines Einführungslehrbuchs hinausgehen, wird an dieser Stelle lediglich der Fall betrachtet, dass die

Diskriminante unter der Quadratwurzel – wie im folgenden Beispiel – positiv ist.

Beispiel

Zu lösen sei die kubische Gleichung $-4x^3 + 2x^2 - 6x + 8 = 0$, die durch Division mit -4 zunächst in die Normalform gebracht wird:

$$x^3 - 0,5x^2 + 1,5x - 2 = 0 \quad \text{mit} \quad a = -0,5; \; b = 1,5; \; c = -2$$

Die Parameter p und q der substituierten Gleichung lauten:

$$p = b - \frac{a^2}{3} = 1,5 - \frac{(-0,5)^2}{3} = \frac{17}{12}; \quad q = \frac{2a^3}{27} - \frac{ab}{3} + c$$

$$= \frac{2 \cdot (-0,5)^3}{27} - \frac{(-0,5) \cdot 1,5}{3} + (-2) = -\frac{95}{54}$$

Daraus folgt:

$$z^3 + \frac{17}{12}z - \frac{95}{54} = 0$$

Die Formel von Cardano liefert eine Nullstelle für z:

$$z_1 = \sqrt[3]{-\frac{q}{2} + \sqrt{\left(\frac{q}{2}\right)^2 + \left(\frac{p}{3}\right)^3}} + \sqrt[3]{-\frac{q}{2} - \sqrt{\left(\frac{q}{2}\right)^2 + \left(\frac{p}{3}\right)^3}}$$

$$= \sqrt[3]{\frac{95}{108} + \sqrt{\left(-\frac{95}{108}\right)^2 + \left(\frac{17}{36}\right)^3}} + \sqrt[3]{\frac{95}{108} - \sqrt{\left(-\frac{95}{108}\right)^2 + \left(\frac{17}{36}\right)^3}} = \frac{5}{6}$$

Nun wird die Substitution rückgängig gemacht:

$$x_1 = z_1 - \frac{a}{3} = \frac{5}{6} - \frac{(-0,5)}{3} = 1$$

Eine Polynomdivision der kubischen Gleichung mit dem Nullstellen-term $(x - 1)$ liefert eine quadratische Gleichung, die auf weitere Nullstellen geprüft werden kann:

$$(x^3 - 0,5x^2 + 1,5x - 2) \div (x - 1) = x^2 + 1,5x + 2$$
$$\underline{-(x^3 - x^2)}$$
$$0,5x^2 + 1,5x$$
$$\underline{-(0,5x^2 - 0,5x)}$$
$$2x - 2$$
$$\underline{-(2x - 2)}$$
$$0$$

Die Diskriminante D der quadratischen Gleichung $x^2 + 1,5x + 2 = 0$ mit $a = 1$, $b = 1,5$ und $c = 2$ lautet:

$$D = b^2 - 4ac = 1,5^2 - 4 \cdot 1 \cdot 2 = -5,75$$

Es gilt $D < 0$, sodass diese quadratische Gleichung keine reelle Lösung hat. Daher ist $x = 1$ die einzige reelle Lösung der kubischen Gleichung $-4x^3 + 2x^2 - 6x + 8 = 0$.

QV Die Lösungen von Gleichungen vierter oder höherer Ordnung lassen sich aufgrund der Lösungskomplexität häufig nur durch Näherungsverfahren, wie z. B. das Regula-falsi- oder das Newton-Verfahren, bestimmen (vgl. *Merz/Wüthrich, 2013, S. 76*). Auf das Newton-Verfahren wird in Kapitel 5. noch näher eingegangen.

2.2.3 Lösung von Ungleichungen

Wirtschaftswissenschaftliche Zusammenhänge werden häufig mit Ungleichungen dargestellt. In Optimierungsproblemen geben Ungleichungen beispielsweise Kapazitätsbeschränkungen an, und bei der Ermittlung der Gewinnschwelle sucht man die Absatzmenge, für die das Unternehmen einen positiven Gewinn erzielt. Ungleichungen werden auch zur Eingrenzung von Größen benutzt, die nicht exakt berechnet werden können.

Ungleichung Eine **Ungleichung** ist die Verbindung zweier Terme T_1 und T_2 mit einem der Relationszeichen $<$, $\leq$, $>$, $\geq$ oder $\neq$:

$T_1 < T_2$ (Term 1 kleiner Term 2)

$T_1 \leq T_2$ (Term 1 kleiner oder gleich Term 2)

$T_1 > T_2$ (Term 1 größer Term 2)

$T_1 \geq T_2$ (Term 1 größer oder gleich Term 2)

$T_1 \neq T_2$ (Term 1 ungleich Term 2)

Umkehrregel Ungleichungen dürfen wie Terme und Gleichungen mittels Äquivalenzumformungen verändert werden. Neben dem simultanen Vertauschen der Seiten und des Ungleichungssymbols kann auf beiden Seiten einer Ungleichung ein Term addiert, subtrahiert, multipliziert oder dividiert werden. Bei der Multiplikation und Division einer Ungleichung mit einem negativen Term ist allerdings zu beachten, dass sich das Ungleichheitszeichen umkehrt.

Beispiel

Zu bestimmen sei die Lösungsmenge der Ungleichung $7 - x < 4$ mit $x \in \mathbb{R}$.

$7 - x < 4 \quad | -7$

$-x < -3 \quad | \cdot (-1)$

$x > 3$

$\mathbb{L} = \{x \in \mathbb{R} \mid x > 3\}$

Enthält eine Ungleichung Bruchterme, in denen eine Variable vorkommt, muss wegen der obigen Umkehrregel eine **Fallunterscheidung** vorgenommen werden, wie das folgende Beispiel zeigt.

Fallunterscheidung

Beispiel

Zu bestimmen sei die Lösungsmenge der Ungleichung

$$\frac{3x - 77}{x + 21} > 2 \quad \text{mit} \quad x \in \mathbb{R} \setminus \{-21\}.$$

Zur Lösung wird man zunächst beide Seiten mit dem Nenner $x + 21$ multiplizieren. Für $x > -21$ wird dieser positiv, für $x < -21$ negativ. Dies führt zu folgender Fallunterscheidung:

Fall 1: $x + 21 > 0$ mit der Ausgangsmenge $A_1 = \{x \in \mathbb{R} \mid x > -21\}$

$$\frac{3x - 77}{x + 21} > 2 \qquad | \cdot (x + 21)$$

$$3x - 77 > 2 \cdot (x + 21) \quad | -2x + 77$$

$$x > 119$$

$$A_1^* = \{x \in \mathbb{R} \mid x > 119\}$$

$$\mathbb{L}_1 = A_1 \cap A_1^* = \{x \in \mathbb{R} \mid x > 119\}$$

Fall 2: $x + 21 < 0$ mit der Ausgangsmenge $A_2 = \{x \in \mathbb{R} \mid x < -21\}$

$$\frac{3x - 77}{x + 21} > 2 \qquad | \cdot (x + 21)$$

$$3x - 77 < 2 \cdot (x + 21) \quad | -2x + 77$$

$$x < 119$$

$$A_2^* = \{x \in \mathbb{R} \mid x < 119\}$$

$$\mathbb{L}_2 = A_2 \cap A_2^* = \{x \in \mathbb{R} \mid x < -21\}$$

Zusammen ergibt sich:

$$\mathbb{L} = \mathbb{L}_1 \cup \mathbb{L}_2 = \{x \in \mathbb{R} \mid x < -21 \vee x > 119\}$$

2.3 Indizes, Summen und Produkte

2.3.1 Indizierte Variablen

Index Wirtschaftswissenschaftliche Problemstellungen sind häufig so komplex, dass man für deren quantitative Modellierung eine Vielzahl an Variablen benötigt. Hierfür reichen die Buchstaben des lateinischen und griechischen Alphabets mitunter nicht aus. Um aus einer praktisch unbegrenzten Variablenmenge schöpfen zu können, werden deshalb die Variablen mit Indizes versehen. Ein **Index** ist eine tiefergestellte Zahl, die durch einen Buchstaben aus der Mitte des Alphabets repräsentiert wird, häufig i, j, k, l, m oder n (vgl. *Merz/Wüthrich, 2013, S. 83*). Er dient zur eindeutigen Nummerierung mathematischer Objekte wie Parameter oder Variablen. Die **Indexmenge** kann endlich oder unendlich sein. Eine endliche Indizierung ist z. B. $i = 0, 1, 2, \ldots, n$ mit $i \in \mathbb{N}_0$. Die Menge der ganzen Zahlen $\mathbb{Z}$ ist dagegen eine unendliche Indizierung.

Doppelter Index Bei manchen Problemstellungen kann es sinnvoll sein, mehrdimensionale Indizes zu verwenden. Sollen beispielsweise die Transportmengen x zwischen einem Standort i und einem Lager j dargestellt werden, kann dies durch die **doppelt indizierte** Variable x_{ij} mit $i = 1, 2, \ldots, m$ und $j = 1, 2, \ldots, n$ geschehen. In der tabellarischen Darstellung repräsentiert der erste Index üblicherweise die Zeile, der zweite Index die Spalte. i und j werden direkt aneinander geschrieben, sofern die Indizes einstellig sind. Andernfalls trennt man sie durch ein Komma oder ein Semikolon.

	Eigenschaft $j = 1, 2, \ldots, n$				
	x_{11}	x_{12} $\cdots$	x_{1j}	$\cdots$	x_{1n}
	x_{21}	x_{22} $\cdots$	x_{2j}	$\cdots$	x_{2n}
	$\vdots$	$\vdots$ $\ddots$	$\vdots$	$\ddots$	$\vdots$
Eigenschaft $i = 1, 2, \ldots, m$	x_{i1}	x_{i2} $\cdots$	x_{ij}	$\cdots$	x_{in}
	$\vdots$	$\vdots$ $\ddots$	$\vdots$	$\ddots$	$\vdots$
	x_{m1}	x_{m2} $\cdots$	x_{mj}	$\cdots$	x_{mn}

Beispiel

Eine Spedition transportiert Güter von drei Fabriken F_i ($i = 1, 2, 3$) an vier Lagerstätten L_j ($j = 1, 2, 3, 4$). Die Transportmengen (in Stück) sind in der nachfolgenden Tabelle dargestellt.

	L_1	L_2	L_3	L_4
F_1	34	23	30	22
F_2	40	41	47	28
F_3	28	26	38	21

Die Variable x_{ij} gibt die Transportmengen an, die von Fabrik i nach Lager j geliefert werden, beispielsweise $x_{11} = 34$ Stück von Fabrik 1 zu Lager 1 oder $x_{24} = 28$ Stück von Fabrik 2 zu Lager 4.

2.3.2 Summen- und Produktzeichen

Indizes werden – in Verbindung mit dem griechischen Großbuchstaben Sigma (Σ) – auch zur vereinfachten Darstellung von Summen mit vielen Summanden verwendet.

Summenzeichen

Sind $m, n \in \mathbb{Z}$ mit $m \leq n$ und $a_m, a_{m+1}, ..., a_n \in \mathbb{R}$. Dann wird die **Summe** dieser reellen Zahlen wie folgt geschrieben:

$$\sum_{i=m}^{n} a_i = a_m + a_{m+1} + ... + a_{n-1} + a_n \quad (n \geq m) \tag{2.28}$$

Das Summenzeichen steht für eine mehrmalige Wiederholung des Additionszeichens. Dabei heißt i Summations- oder **Laufindex**. m ist die untere und n die obere Summationsgrenze, wobei $n \geq m$ gilt. Es gilt für die untere Summationsgrenze oftmals $m = 0$ oder $m = 1$. Die reellen Zahlen a_i werden üblicherweise nach einem bestimmten logischen Muster ermittelt. Geht der Laufindex klar aus dem Kontext hervor, wird auch auf die Angabe der Summationsgrenzen verzichtet und man schreibt:

Laufindex, Summationsgrenze

$$\sum_{i=m}^{n} a_i = \sum_{i} a_i = \sum a_i \tag{2.29}$$

1. $\displaystyle\sum_{i=1}^{n} i^2 = 1^2 + 2^2 + \ldots + n^2$

2. $\displaystyle\sum_{j=1}^{3} \frac{1}{2j} = \frac{1}{2\cdot 1} + \frac{1}{2\cdot 2} + \frac{1}{2\cdot 3} = \frac{1}{2} + \frac{1}{4} + \frac{1}{6} = \frac{11}{12}$

3. $\displaystyle\sum_{k=-2}^{1} \frac{3-k}{2+k^2} = \frac{3-(-2)}{2+(-2)^2} + \frac{3-(-1)}{2+(-1)^2} + \frac{3-0}{2+0^2} + \frac{3-1}{2+1^2} = \frac{5}{6} + \frac{4}{3} + \frac{3}{2} + \frac{2}{3} = \frac{13}{3}$

Rechnen mit Summen

Die wichtigsten **Regeln für das Rechnen mit Summen** lauten wie folgt (a_i, $b_i \in \mathbb{R}$ und $i = m$, $m+1$, …, n):

Summe gleicher Summanden	$\displaystyle\sum_{i=m}^{n} a_i = \underbrace{a + a + \ldots + a}_{(n-m+1)\text{-mal}} = (n-m+1)\cdot a$
Multiplikation mit einer Konstanten	$\displaystyle\sum_{i=m}^{n} c\,a_i = c \cdot \sum_{i=m}^{n} a_i$
Addition von Summen gleicher Länge	$\displaystyle\sum_{i=m}^{n} (a_i + b_i) = \sum_{i=m}^{n} a_i + \sum_{i=m}^{n} b_i$
Aufspalten einer Summe	$\displaystyle\sum_{i=m}^{n} a_i = \sum_{i=m}^{r} a_i + \sum_{i=r+1}^{n} a_i$ mit $r \in \mathbb{Z}$ und $m \le r \le n$

Zu beachten ist, dass im Allgemeinen die Summe des Produkts von reellen Zahlen ungleich dem Produkt der Summen ist, d. h. es gilt

$$\sum_{i=m}^{n} a_i b_i \neq \sum_{i=m}^{n} a_i \cdot \sum_{i=m}^{n} b_i \qquad (2.30)$$

wie folgendes Beispiel zeigt (vgl. *Merz/Wüthrich, 2013, S. 84*).

$$\sum_{i=1}^{2} a_i \cdot \sum_{i=1}^{2} b_i = (a_1 + a_2)\cdot(b_1 + b_2) = a_1 b_1 + a_1 b_2 + a_2 b_1 + a_2 b_2$$

$$\neq a_1 b_1 + a_2 b_2 = \sum_{i=1}^{2} a_i b_i$$

In den Wirtschaftswissenschaften werden häufig mehrfachindizierte Summen benötigt, z. B. bei der Transportplanung, um die Transportmengen zwischen Lieferanten und Abnehmern sowie die damit verbundenen Kosten anzuzeigen.

Seien a_{ij} doppelindizierte Summanden mit $i = m, m+1, \ldots, n$ und $j = k, k+1, \ldots, l$. Es gelte $n \geq m$ und $l \geq k$. Die Summe über alle diese Zahlen heißt **Doppelsumme**:

Doppelsumme

$$\sum_{i=m}^{n} \sum_{j=k}^{l} a_{ij} = a_{mk} + \ldots + a_{ml} + \ldots + a_{nk} + \ldots + a_{nl} \tag{2.31}$$

Dabei sind i, j Laufindizes.

Beispiele

1. $\displaystyle\sum_{i=1}^{3} \sum_{j=3}^{4} (i^2 + j) = (1^2 + 3) + (2^2 + 3) + (3^2 + 3) + (1^2 + 4) + (2^2 + 4) + (3^2 + 4)$

   $= 4 + 7 + 12 + 5 + 8 + 13 = 49$

2. $\displaystyle\sum_{i=A}^{C} \sum_{j=1}^{3} x_{ij} = x_{A1} + x_{A2} + x_{A3} + x_{B1} + x_{B2} + x_{B3} + x_{C1} + x_{C2} + x_{C3}$

Die Erweiterung auf Summen mit mehr als zwei Indizes erfolgt entsprechend der aufgeführten Terminologie.

Analog zu Summen wird zur vereinfachten Darstellung von Produkten der griechische Großbuchstabe Pi (Π) als **Produktzeichen** verwendet. Sind $m, n \in \mathbb{Z}$ mit $m \leq n$ und $a_m, a_{m+1}, \ldots, a_n \in \mathbb{R}$. Dann wird das Produkt dieser reellen Zahlen wie folgt geschrieben:

Produktzeichen

$$\prod_{i=m}^{n} a_i = a_m \cdot a_{m+1} \cdot \ldots \cdot a_{n-1} \cdot a_n \quad (n \geq m) \tag{2.32}$$

Das Produktzeichen steht für eine mehrmalige Wiederholung des Malnehmens. Dabei heißt i Multiplikations- oder **Laufindex**. m ist die untere und n die obere Multiplikationsgrenze.

Beispiele

1. $\displaystyle\prod_{i=1}^{4} i^2 = 1^2 \cdot 2^2 \cdot 3^2 \cdot 4^2 = 1 \cdot 4 \cdot 9 \cdot 16 = 576$

2. $\displaystyle\prod_{j=3}^{5} (j+2) = (3+2) \cdot (4+2) \cdot (5+2) = 5 \cdot 6 \cdot 7 = 210$

3. $\displaystyle\prod_{n=1}^{6} n = 6! = 1 \cdot 2 \cdot 3 \cdot 4 \cdot 5 \cdot 6 = 720$

4. $0! = 1$

2.3.3 Fakultät und Binomialkoeffizient

Fakultät Das Produkt von n natürlichen Zahlen wird in der Kombinatorik häufig benötigt. Deshalb wird hierfür mit dem Ausdruck $n!$ (lies: n Fakultät) ein eigenständiges Symbol verwendet. Die **Fakultät** von $n \in \mathbb{N}_0$ ist definiert als

$$n! = \begin{cases} 1 & \text{für } n = 0 \\ 1 \cdot 2 \cdot \ldots \cdot (n-1) \cdot n & \text{für } n \geq 1 \end{cases} \tag{2.33}$$

Die geschweifte Klammer zeigt an, dass das Ergebnis der Fakultätsberechnung davon abhängt, welchen Wert die Variable n annimmt. Für $n = 0$ gilt nach der oberen Zeile $0! = 1$, für $n \geq 1$ erfolgt die Berechnung entsprechend der unteren Zeile.

Beispiel

Drei Studenten A, B, C machen einen Wettlauf. Dann gibt es

$3! = 1 \cdot 2 \cdot 3 = 6$

mögliche Zieleinläufe: ABC, ACB, BAC, BCA, CAB, CBA.

Binomialkoeffizient Zur Lösung von kombinatorischen Fragestellungen, die in den Wirtschaftswissenschaften häufig vorkommen, ist der sogenannte **Binomialkoeffizient** nützlich. Er ist für zwei Zahlen n, $k \in \mathbb{N}_0$ mit $k \leq n$ definiert als

$$\binom{n}{k} = \frac{n!}{k!(n-k)!} \tag{2.34}$$

(lies: „*n* über *k*"). Für $k > 0$ ergibt sich hieraus einfacher:

$$\binom{n}{k} = \frac{n \cdot (n-1) \cdot \ldots \cdot (n-k+1)}{1 \cdot 2 \cdot \ldots \cdot k} \tag{2.35}$$

Beispiele

1. $\binom{n}{0} = \binom{n}{n} = 1$

2. $\binom{n}{1} = \binom{n}{n-1} = n$

3. $\binom{6}{4} = \frac{6!}{4! \cdot 2!} = \frac{6 \cdot 5}{1 \cdot 2} = 15$

Pascalsches Dreieck

Der französische Mathematiker *Blaise Pascal* (1623 - 1662) stellte die Binomialkoeffizienten in dem nach ihm benannten **Pascalschen Dreieck** dar (vgl. Abbildung 2-1). Die Binomialkoeffizienten sind darin derart angeordnet, dass jeder Eintrag die Summe der zwei darüberstehenden Einträge ist. *n* wird dabei als Zeilen- und *k* als Spaltenindex verwendet, wobei die Zählung mit $n = k = 0$ beginnt.

$$\begin{array}{ccccccccccc}
 & & & & & \binom{0}{0} & & & & & \\
 & & & & \binom{1}{0} & & \binom{1}{1} & & & & \\
 & & & \binom{2}{0} & & \binom{2}{1} & & \binom{2}{2} & & & \\
 & & \binom{3}{0} & & \binom{3}{1} & & \binom{3}{2} & & \binom{3}{3} & & \\
 & \binom{4}{0} & & \binom{4}{1} & & \binom{4}{2} & & \binom{4}{3} & & \binom{4}{4} & \\
 \vdots & & \vdots & & \vdots & & \vdots & & \vdots & & \vdots \\
\binom{n}{0} & & \cdots & & \binom{n}{k} & & \binom{n}{k+1} & & \cdots & & \binom{n}{n}
\end{array}$$

Abb. 2-1: Binomialkoeffizienten im Pascalschen Dreieck

Abbildung 2-2 veranschaulicht die **Berechnung der Binomialkoeffizienten** im Pascalschen Dreieck. Auch hier steht n für den Zeilen- und k für den Spaltenindex.

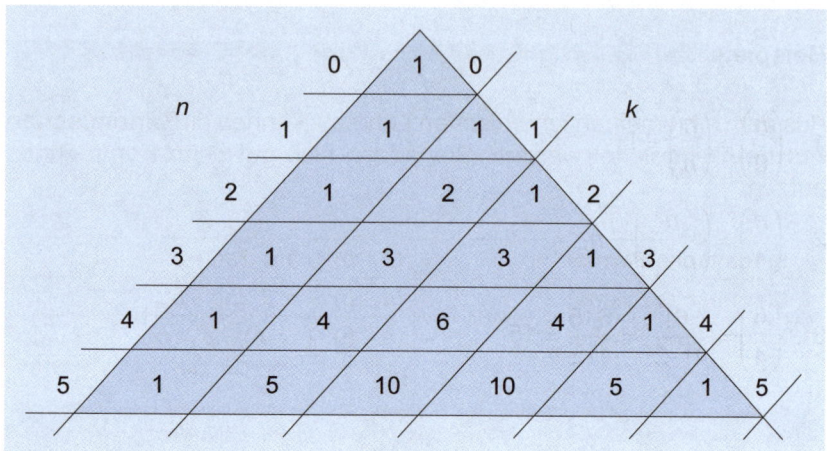

Abb. 2-2: Pascalsches Dreieck für $n = 1, 2, ..., 5$

2.3.4 Binomischer Lehrsatz

Binomischer Lehrsatz

Die Binomialkoeffizienten helfen beim Auflösen von binomischen Ausdrücken der Form $(a + b)^n$. Allgemein lautet der **binomische Lehrsatz** für $a, b \in \mathbb{R}$ und $n \in \mathbb{N}_0$:

$$(a + b)^n = \sum_{k=0}^{n} \binom{n}{k} a^{n-k} b^k \tag{2.36}$$

Beispiel

Man möchte das Binom $(a + b)^4$ auflösen. Mit $n = 4$ liefert die fünfte Zeile des Pascalschen Dreiecks die Koeffizienten der Terme:

$$(a + b)^4 = \sum_{k=0}^{4} \binom{n}{k} a^{n-k} b^k = \binom{4}{0} a^{4-0} b^0 + \binom{4}{1} a^{4-1} b^1 + \binom{4}{2} a^{4-2} b^2$$

$$+ \binom{4}{3} a^{4-3} b^3 + \binom{4}{4} a^{4-4} b^4$$

$$= a^4 + 4a^3 b + 6a^2 b^2 + 4ab^3 + b^4$$

Der Exponent von a fällt offensichtlich von n bis 0; der Exponent von b dagegen steigt von 0 bis n. Die Summe der Exponenten i und j ist in jedem Produkt $a^i b^j$ gleich n.

Für $a = 1$, $b = 1$ und $n \in \mathbb{N}_0$ ergibt sich speziell:

$$\sum_{k=0}^{n} \binom{n}{k} = 2^n$$

Aus dem allgemeinen binomischen Lehrsatz können die **binomischen Formeln** abgeleitet werden. Sie lassen sich gut beim Kopfrechnen nutzen.

Binomische Formeln

1. binomische Formel	$(a + b)^2 = a^2 + 2ab + b^2$
2. binomische Formel	$(a - b)^2 = a^2 - 2ab + b^2$
3. binomische Formel	$(a + b) \cdot (a - b) = a^2 - b^2$

Beispiele

1. $23^2 = (20 + 3)^2 = 400 + 120 + 9 = 529$
2. $39^2 = (40 - 1)^2 = 1.600 - 80 + 1 = 1.521$
3. $24 \cdot 16 = (20 + 4) \cdot (20 - 4) = 400 - 16 = 384$

2.4 Kombinatorik

2.4.1 Grundlegendes Zählprinzip

In den Wirtschaftswissenschaften ist es nützlich, kombinatorische Grundregeln zu kennen, da bei vielen ökonomischen Problemstellungen eine bestimmte Anzahl Objekte aus einer gegebenen Grundmenge nach definierten Regeln zu ermitteln ist (vgl. *Kastner, 2016, S. 94 ff.*). Das mathematische Teilgebiet, das sich mit den Prinzipien solcher Zählprozesse beschäftigt, ist die **Kombinatorik**.

Kombinatorik

So wird beispielsweise die Wahrscheinlichkeit für das Eintreten eines Ereignisses als Quotient aus der Anzahl der günstigen und der möglichen Ergebnisse eines Zufallsversuchs berechnet. Genaues Zählen ist hier offensichtlich von Vorteil. Nach dem **grundlegenden Zählprinzip** werden die Ergebnisse jeder Stufe miteinander multipliziert, um die Gesamtzahl der Ergebnisse n_{ω} zu erhalten. Allgemein gilt: Ein k-stufiger Prozess mit jeweils $n_1, n_2, \ldots, n_k$ Ergebnissen auf jeder Stufe hat insgesamt

Zählprozess mit k Stufen

$$n_{\omega} = n_1 \cdot n_2 \cdot \ldots \cdot n_k \tag{2.37}$$

Ergebnisse.

Ein Restaurant bietet drei Vorspeisen, vier Hauptgerichte und zwei Desserts für die Zusammenstellung eines Menüs an. Hieraus lassen sich

$n_\omega = 3 \cdot 4 \cdot 2 = 24$

Drei-Gänge-Menüs kreieren.

Auswahl von Objekten

Die Problemstellungen der Kombinatorik, auf die im Folgenden näher eingegangen wird, lassen sich danach unterscheiden, ob bei der Auswahl von k aus n Objekten

- alle n Objekte berücksichtigt werden sollen oder nicht
- die Reihenfolge der Objekte beachtet werden soll oder nicht
- die einzelnen Objekte wiederholt vorkommen dürfen oder nicht

(vgl. *Merz/Wüthrich, 2013, S. 96*). Werden alle Objekte berücksichtigt, handelt es sich um sogenannte **Permutationen**. Wird die Reihenfolge bei der Auswahl der Objekte beachtet, spricht man von **Variationen**, andernfalls von **Kombinationen**. Die drei kombinatorischen Fälle können entweder mit oder ohne Wiederholungen auftreten (eine weitergehende Darstellung der Kombinatorik gibt *Tittmann, 2014*).

2.4.2 Permutationen

Permutation

Permutationen sind dadurch gekennzeichnet, dass mit $n = k$ alle Objekte bei der Auswahl berücksichtigt werden. Sind keine Wiederholungen erlaubt, handelt es sich um die Anordnung von n unterscheidbaren Objekten und die Permutationen berechnen sich aus der Fakultät von n:

$$n! = \begin{cases} 1 & \text{für } n = 0 \\ \prod_{k=1}^{n} k = 1 \cdot 2 \cdot \ldots \cdot (n-1) \cdot n & \text{für } n \in \mathbb{N} \end{cases} \qquad (2.38)$$

5 Personen wollen in einem Pkw fahren, der 5 Sitzplätze hat. Es gibt insgesamt

$n_\omega = 5! = 1 \cdot 2 \cdot 3 \cdot 4 \cdot 5 = 120$

verschiedene Sitzplatzanordnungen.

Sind Wiederholungen erlaubt und damit n_1, n_2, ..., n_J Objekte jeweils gleich, errechnet sich die Anzahl Permutationen aus

$$\frac{n!}{n_1! \cdot n_2! \cdot ... \cdot n_J!} \qquad \text{mit} \quad \sum_{i=1}^{J} n_j = n \qquad\qquad (2.39)$$

Beispiel

Ein Student besitzt drei rote, vier blaue und fünf gelbe Hefte, die äußerlich nicht unterscheidbar sind. Er hat

$$n_\omega = \frac{n!}{n_1! \cdot n_2! \cdot n_3!} = \frac{12!}{3! \cdot 4! \cdot 5!} = 27.720$$

verschiedene Möglichkeiten, die 12 Hefte in seine Tasche zu stecken.

2.4.3 Variationen

Wird die Reihenfolge berücksichtigt, handelt es sich um sogenannte Variationen. Es werden von n unterscheidbaren Objekten k Objekte **mit Zurücklegen** ausgewählt. Dann gibt es

Variationen mit Zurücklegen

$$n_\omega = \underbrace{n \cdot n \cdot ... \cdot n}_{k\text{-mal}} = n^k \qquad (k \leq n) \qquad\qquad (2.40)$$

verschiedene Ergebnisse n_ω.

Beispiel

Eine EC-Karte ist mit einer vierstelligen PIN aus beliebigen Ziffern geschützt. Es gibt mit $n = 10$ Ziffern und $k = 4$ Stellen

$n_\omega = 10^4 = 10.000$

verschiedene Geheimzahlen.

Die Anzahl Variationen einer Auswahl von k aus n Objekten **ohne Zurücklegen** errechnet sich aus

Variationen ohne Zurücklegen

$$n \cdot (n-1) \cdot ... \cdot (n-k+1) = \frac{n!}{(n-k)!} \qquad (k \leq n) \qquad\qquad (2.41)$$

Angenommen, die vier Ziffern der EC-Karten-PIN sollen alle verschieden sein. Dann gibt es nur

$$n_\omega = \frac{10!}{(10-4)!} = \frac{10 \cdot 9 \cdot 8 \cdot 7 \cdot 6 \cdot 5 \cdot 4 \cdot 3 \cdot 2 \cdot 1}{6 \cdot 5 \cdot 4 \cdot 3 \cdot 2 \cdot 1} = 10 \cdot 9 \cdot 8 \cdot 7 = 5.040$$

verschiedene Geheimzahlen. Dieselbe Lösung erhält man mit dem Taschenrechner durch die Eingabe 10 $\boxed{\text{nPr}}$ 4.

2.4.4 Kombinationen

Kombinationen ohne Zurücklegen

In Abschnitt 2.3.3 wurde bereits auf den Binomialkoeffizienten eingegangen. Er gibt die Anzahl Kombinationen von k Objekten aus n unterscheidbaren Objekten an, die sich **ohne Berücksichtigung der Reihenfolge** und **ohne Zurücklegen** bilden lassen. Würde man bei einer Ziehung die Reihenfolge berücksichtigen, wären $n \cdot (n-1) \cdot \ldots \cdot (n-k+1)$ Ergebnisse möglich (Formel (2.41)). Die k Objekte werden jedoch „mit einem Griff" gezogen, sodass es auf die Reihenfolge nicht ankommt. Dann sind jeweils $k!$ Permutationen der gezogenen Objekte identisch, sodass der Ausdruck (2.41) durch $k!$ geteilt werden muss. Der resultierende Binomialkoeffizient lautet:

QV

$$\binom{n}{k} = \frac{n \cdot (n-1) \cdot \ldots \cdot (n-k+1)}{k!} = \frac{n!}{k! \cdot (n-k)!} \qquad (k \leq n) \tag{2.42}$$

Beim Lotto „6 aus 49" gibt es

$$n_\omega = \binom{49}{6} = \frac{49!}{6! \cdot 43!} = 13.983.816$$

Möglichkeiten, $k = 6$ aus $n = 49$ Kugeln zu ziehen. Demnach liegt die Wahrscheinlichkeit für einen „Sechser" im Lotto bei nahezu 1 zu 14 Mio. Mit dem Taschenrechner kann das Ergebnis durch die Tastenkombination 49 $\boxed{\text{nCr}}$ 6 berechnet werden.

Schließlich kann die Auswahl von Objekten **ohne Berücksichtigung der Reihenfolge** und **mit Zurücklegen** erfolgen. Im Binomialkoeffizienten der Formel (2.42) wird n um die zurückgelegten Objekte $k-1$ ergänzt:

Kombinationen mit Zurücklegen

QV

$$\binom{n+k-1}{k} = \frac{(n+k-1)!}{k! \cdot (n-1)!} \qquad (k \le n) \qquad (2.43)$$

Beispiel

Einem Händler stehen zur Befüllung eines Automaten 10 verschiedene Süßigkeiten zur Verfügung. Der Automat hat 8 Fächer, von denen mehrere oder alle auch mit der gleichen Sorte bestückt werden können. Die Reihenfolge der Fächerbelegung spielt dabei keine Rolle. Es gibt insgesamt

$$n_\omega = \binom{10+8-1}{8} = \frac{17!}{8! \cdot 9!} = 24.310$$

Möglichkeiten, den Automaten mit Süßigkeiten zu füllen.

2.4.5 Übersicht über die Anzahl kombinatorischer Ergebnisse

Nachfolgende Tabelle fasst die Anzahl der Ergebnisse bei der Anordnung von n Objekten sowie bei der Auswahl von k aus n Objekten zusammen.

Übersicht: Auswahl von Objekten

Permutationen (Anordnungen)	Variationen der Ordnung k (Auswahl *mit* Berücksichtigung der Reihenfolge)	Kombinationen der Ordnung k (Auswahl *ohne* Berücksichtigung der Reihenfolge)
verschiedene Elemente: $n!$	*ohne* Zurücklegen: $\dfrac{n!}{(n-k)!}$	*ohne* Zurücklegen: $\binom{n}{k} = \dfrac{n!}{k! \cdot (n-k)!}$
gruppenweise *identische* Elemente J: $\dfrac{n!}{n_1! \cdot n_2! \cdot \ldots \cdot n_J!}$	*mit* Zurücklegen: n^k	*mit* Zurücklegen: $\binom{n+k-1}{k}$

Kapitel 3

3. Lineare Algebra

3.1 Elementare Vektoralgebra

3.1.1 Matrizen und Vektoren

Lineare Algebra

In der Schulmathematik umfasst die **Algebra** alle Rechenregeln mit reellen Zahlen und Variablen zur Lösung einfacher Gleichungen. Neben dieser elementaren Auffassung gibt es weitere Teilgebiete der Algebra, zu denen die **lineare Algebra** gehört. Sie beschäftigt sich mit sogenannten Vektorräumen, deren Beziehungen zueinander mit linearen Gleichungssystemen und Matrizen abgebildet werden. Linear sind die Beziehungen immer dann, wenn die Variablen nur in der ersten Potenz auftreten. Ein **Vektorraum** ist eine nichtleere Menge (Zahlen, Vektoren, Matrizen), deren Elemente bestimmte Eigenschaften erfüllen (vgl. *Dörsam, 2014, S. 23*). Vektorräume sind in den Wirtschaftswissenschaften nützlich, weil es hiermit möglich ist, mehrere ökonomische Größen gleichzeitig als ein Objekt mit verschiedenen Komponenten zu betrachten und nicht etwa als unstrukturierte Menge von einzelnen Objektes (vgl. *Merz/Wüthrich, 2013, S. 137*). So lassen sich z. B. die in einem Produkt enthaltenen Rohstoffmengen anschaulich in einem Vektor oder die Input-Output-Beziehungen von mehreren Ländern übersichtlich in einer Matrix darstellen.

Matrix

Mehrdimensionale Daten werden häufig in einer Tabelle dargestellt, die aus einer bestimmten Anzahl Zeilen und Spalten besteht. Der Mathematiker *Arthur Cayley* (1821 - 1895) hat für solche Tabellen die Bezeichnung Matrizen eingeführt, die durch unterstrichene Großbuchstaben symbolisiert werden. Eine **Matrix** $\underline{A}$ ist ein rechteckiges Zahlenschema aus m Zeilen und n Spalten. Sie wird deshalb auch $(m \times n)$-Matrix genannt (lies: m Kreuz n). Die Buchstaben, die die Matrizen repräsentieren, werden zur besseren Unterscheidung von anderen Symbolen mit einem Unterstrich versehen. Die Einträge in einer Matrix werden in einer runden oder eckigen Klammer aufgeführt und sind reelle Zahlen a_{ij} mit $i = 1, 2, \ldots, m$ und $j = 1, 2, \ldots, n$, wobei der erste Index i die Zeilennummer und der zweite Index j die Spaltennummer angibt. Die Punkte stehen für die ausgelassenen Zeilen und Spalten.

$$\underline{A} = \begin{pmatrix} a_{11} & a_{12} & \cdots & a_{1j} & \cdots & a_{1n} \\ a_{21} & a_{22} & \cdots & a_{2j} & \cdots & a_{2n} \\ \vdots & \vdots & \ddots & \vdots & \ddots & \vdots \\ a_{i1} & a_{i2} & \cdots & a_{ij} & \cdots & a_{in} \\ \vdots & \vdots & \ddots & \vdots & \ddots & \vdots \\ a_{m1} & a_{m2} & \cdots & a_{mj} & \cdots & a_{mn} \end{pmatrix} \tag{3.1}$$

Die Zeilen und Spalten in einer Matrix werden im Allgemeinen nicht beschriftet.

In einer Matrix können Zeilen und Spalten vertauscht werden. Dieser Vorgang heißt Transposition. Die **transponierte Matrix** $\underline{A}^T$ zu einer $(m \times n)$-Matrix $\underline{A}$ ist eine $(n \times m)$-Matrix:

Transposition

$$\underline{A}^T = \begin{pmatrix} a_{11} & a_{12} & \cdots & a_{1j} & \cdots & a_{1n} \\ a_{21} & a_{22} & \cdots & a_{2j} & \cdots & a_{2n} \\ \vdots & \vdots & \ddots & \vdots & \ddots & \vdots \\ a_{i1} & a_{i2} & \cdots & a_{ij} & \cdots & a_{in} \\ \vdots & \vdots & \ddots & \vdots & \ddots & \vdots \\ a_{m1} & a_{m2} & \cdots & a_{mj} & \cdots & a_{mn} \end{pmatrix}^T = \begin{pmatrix} a_{11} & a_{21} & \cdots & a_{i1} & \cdots & a_{m1} \\ a_{12} & a_{22} & \cdots & a_{i2} & \cdots & a_{m2} \\ \vdots & \vdots & \ddots & \vdots & \ddots & \vdots \\ a_{1j} & a_{2j} & \cdots & a_{ij} & \cdots & a_{mj} \\ \vdots & \vdots & \ddots & \vdots & \ddots & \vdots \\ a_{1n} & a_{2n} & \cdots & a_{in} & \cdots & a_{mn} \end{pmatrix} \quad (3.2)$$

Um $\underline{A}^T$ zu erhalten, schreibt man zunächst die erste Spalte von $\underline{A}$ in der ersten Zeile von $\underline{A}^T$ auf, dann die zweite Zeile von $\underline{A}$ als zweite Spalte von $\underline{A}^T$ usw., bis die Matrix vollständig transformiert ist. Eine zweimalige Transposition ergibt wieder die Ausgangsmatrix $\underline{A}$:

$$\left(\underline{A}^T \right)^T = \underline{A} \quad (3.3)$$

Eine $(m \times 1)$-Matrix $\vec{a}$ heißt **Spaltenvektor**, eine $(1 \times n)$-Matrix $\vec{b}$ **Zeilenvektor**. Der Pfeil auf dem Buchstaben wird gesetzt, um einen Vektor von einer gewöhnlichen Variablen zu unterscheiden.

Vektor

$$\vec{a} = \begin{pmatrix} a_1 \\ a_2 \\ \vdots \\ a_m \end{pmatrix} \quad (3.4)$$

$$\vec{b} = \begin{pmatrix} b_1 & b_2 & \cdots & b_n \end{pmatrix}$$

Ein Zeilenvektor kann als transponierter Spaltenvektor dargestellt werden und umgekehrt. Vektoren haben nur einen Index. Eine Matrix vom Typ (1×1) ist eine reelle Zahl λ und heißt **Skalar**.

Skalar

Beispiel

Ein Industrieunternehmen stellt zwei Endprodukte E_1, E_2 her. Die Endprodukte werden aus zwei Rohstoffen R_1, R_2 mittelbar über drei Zwischenprodukte Z_1, Z_2, Z_3 gewonnen. Dieser zweistufige Produktionsprozess kann durch einen sogenannten **Gozintographen** dargestellt

werden. Ein solcher Graph beschreibt, wie die Materialien mengen-
mäßig miteinander verflochten sind. Dabei bezeichnen die Knoten die
Bestandteile, und die gerichteten Kanten geben an, wie viele Einheiten
eines Produktionsschrittes in eine Einheit eines nachgelagerten Produktionsschrittes einfließen.

Gozintograph

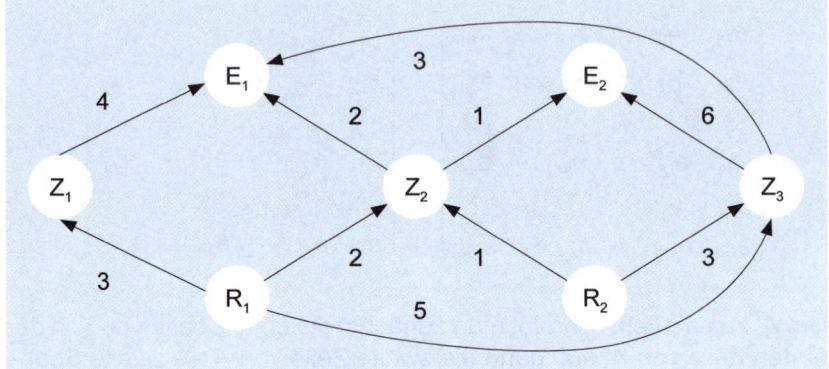

Abb. 3-1: Darstellung des Produktionsprozesses im Gozintographen

Die Materialverbräuche auf den beiden Produktionsstufen lassen sich
auch tabellarisch und in Matrixform erfassen:

	Z_1	Z_2	Z_3
R_1	3	2	5
R_2	0	1	3

	E_1	E_2
Z_1	4	0
Z_2	2	1
Z_3	3	6

$$\underline{A} = \begin{pmatrix} 3 & 2 & 5 \\ 0 & 1 & 3 \end{pmatrix} \quad \text{und} \quad \underline{B} = \begin{pmatrix} 4 & 0 \\ 2 & 1 \\ 3 & 6 \end{pmatrix}$$

Die Verflechtung von Rohstoffen und Zwischenprodukten werden
durch die (2 x 3)-Matrix $\underline{A}$, die Verflechtung von Zwischen- und Endprodukten in der (3 x 2)-Matrix $\underline{B}$ abgebildet. Das Element $a_{23} = 3$ (lies:
a zwei drei gleich drei) gibt beispielsweise den Bedarf von Rohstoff 2
für das Zwischenprodukt 3 an.

Die transponierten Matrizen lauten:

$$\underline{A}^T = \begin{pmatrix} 3 & 0 \\ 2 & 1 \\ 5 & 3 \end{pmatrix} \quad \text{und} \quad \underline{B}^T = \begin{pmatrix} 4 & 2 & 3 \\ 0 & 1 & 6 \end{pmatrix}$$

Der Vektor

$$\vec{a} = \begin{pmatrix} 3 \\ 2 \\ 5 \end{pmatrix} \quad \text{bzw.} \quad \vec{a}^T = \begin{pmatrix} 3 & 2 & 5 \end{pmatrix}$$

bildet beispielsweise die Mengen des Rohstoffs R_1 ab, die in die Zwischenprodukte Z_1, Z_2, Z_3 eingehen.

3.1.2 Spezielle Matrizen

Zur Modellierung und Lösung wirtschaftswissenschaftlicher Fragestellungen werden neben den Vektoren weitere spezielle Matrizen benötigt. Eine $(n \times n)$-Matrix heißt **quadratische Matrix**. Die Einträge a_{11}, a_{22}, ..., a_{nn} bilden die sogenannte Hauptdiagonale. Eine quadratische Matrix heißt **obere** bzw. **untere Dreiecksmatrix**, wenn alle Einträge unterhalb bzw. oberhalb der Hauptdiagonalen gleich null sind. Sind alle Elemente außerhalb der Hauptdiagonalen gleich null, handelt es sich um eine **Diagonalmatrix**. Eine Matrix, deren Diagonalelemente alle gleich eins sind, heißt **Einheitsmatrix**. Sie ist immer quadratisch, d. h. es gilt $m = n$. Die Einheitsmatrix wird auch als neutrales Element der Matrizenmultiplikation bezeichnet, weil das Produkt einer Matrix $\underline{A}$ mit der Einheitsmatrix $\underline{E}$ die Matrix $\underline{A}$ nicht verändert.

Spezielle Matrizen

Beispiel

Gegeben seien folgende Matrizen:

$$\underline{A} = \begin{pmatrix} 2 & 1 & 4 \\ -4 & 3 & 5 \\ 4 & 2 & 8 \end{pmatrix}, \quad \underline{B} = \begin{pmatrix} 3 & 0 & 0 \\ 4 & 9 & 0 \\ -2 & 1 & 7 \end{pmatrix}, \quad \underline{C} = \begin{pmatrix} -4 & -6 & 8 \\ 0 & 3 & -2 \\ 0 & 0 & 2 \end{pmatrix},$$

$$\underline{D} = \begin{pmatrix} 3 & 0 & 0 \\ 0 & -1 & 0 \\ 0 & 0 & 6 \end{pmatrix}, \quad \underline{E} = \begin{pmatrix} 1 & 0 & 0 \\ 0 & 1 & 0 \\ 0 & 0 & 1 \end{pmatrix}$$

$\underline{A}$ bis $\underline{E}$ sind quadratische Matrizen von Typ (3 x 3). Die Elemente $a_{11} = 2$, $a_{22} = 3$, $a_{33} = 8$ bilden die Hauptdiagonale von $\underline{A}$. $\underline{B}$ ist eine obere Dreiecksmatrix, $\underline{C}$ eine untere Dreiecksmatrix. $\underline{D}$ ist eine Diagonalmatrix und $\underline{E}$ die Einheitsmatrix.

Lineare
Abhängigkeit

Im Beispiel ist $\underline{A}$ eine (3×3)-Matrix, bei der die dritte Zeile das doppelte der ersten Zeile darstellt. Zwischen diesen Zeilen besteht also eine lineare Abhängigkeit. Die Spalten sind dagegen linear unabhängig voneinander, da sie nicht durch einen Faktor ineinander überführbar sind. Lineare Abhängigkeiten kann man durch Bildung der unteren Dreiecksmatrix überprüfen. Zunächst soll das Element $a_{12} = 0$ werden. Dazu wird das Doppelte der ersten Zeile zur zweiten Zeile hinzugefügt. Um auch $a_{31} = 0$ zu erhalten, wird von der dritten Zeile das Doppelte der zweiten Zeile abgezogen.

Zeile				Operation
①	2	1	4	
②	−4	3	5	
③	4	2	8	
④	2	1	4	①
⑤	0	5	13	② + 2 · ①
⑥	0	0	0	③ − 2 · ①

Matrix $\underline{A}$ lautet transformiert als untere Dreiecksmatrix:

$$\underline{A} = \begin{pmatrix} 2 & 1 & 4 \\ 0 & 5 & 13 \\ 0 & 0 & 0 \end{pmatrix}$$

Da die letzte Zeile ausschließlich aus Nullen besteht, besitzt $\underline{A}$ nur zwei unabhängige Zeilen. Dies lässt sich wie folgt verallgemeinern (vgl. *Wolik, 2015, S. 170* und *Kurz/Rambau, 2009, S. 39*).

Rang einer Matrix

Gegeben sei eine $(m \times n)$-Matrix $\underline{A}$. Dann ist der Zeilenrang von $\underline{A}$ die maximale Anzahl linear unabhängiger Zeilen und der Spaltenrang von $\underline{A}$ die maximale Anzahl linear unabhängiger Spalten. Man kann zeigen, dass Zeilen- und Spaltenrang immer gleich sind, und man spricht vereinfacht vom **Rang der Matrix** $\underline{A}$, rg$(\underline{A})$. Es gilt:

$$\text{rg}(\underline{A}) \leq \min(m,n) \tag{3.5}$$

Gilt rg$(\underline{A}) = \min(m,n)$, hat Matrix $\underline{A}$ den **vollen Rang**. Eine quadratische Matrix hat genau dann den vollen Rang, wenn die Inverse $\underline{A}^{-1}$ existiert.

Inverse Matrix

Die Inverse zur quadratischen Matrix $\underline{A}$ ist wie folgt definiert:

$$\underline{A} \cdot \underline{A}^{-1} = \underline{E} \tag{3.6}$$

Die inverse Matrix $\underline{A}^{-1}$ ist also diejenige Matrix, deren Multiplikation mit der Ausgangsmatrix $\underline{A}$ die Einheitsmatrix $\underline{E}$ ergibt. Eine invertierbare Matrix heißt **regulär**. Diese Eigenschaft lässt sich auch anhand der Determinante von $\underline{A}$ feststellen, worauf im übernächsten Abschnitt noch näher eingegangen wird.

3.1.3 Rechnen mit Matrizen und Vektoren

Mit Matrizen und Vektoren kann nach bestimmten Regeln gerechnet werden.

Rechnen mit Matrizen

Eine Matrix $\underline{A}$ wird mit einer reellen Zahl λ multipliziert, indem man jedes Element a_{ij} von $\underline{A}$ mit λ multipliziert:

$$\lambda \cdot \underline{A} = \begin{pmatrix} \lambda a_{11} & \lambda a_{12} & \cdots & \lambda a_{1n} \\ \lambda a_{21} & \lambda a_{22} & \cdots & \lambda a_{2n} \\ \vdots & \vdots & \ddots & \vdots \\ \lambda a_{m1} & \lambda a_{m2} & \cdots & \lambda a_{mn} \end{pmatrix} \tag{3.7}$$

Beispiel

Ein Automobilhersteller stellt in zwei Werken Kleinwagen, Limousinen und Sportwagen her. Die Produktionsmengen des Vorjahres (in Tsd. Stück) sind durch Matrix $\underline{A}$ gegeben. Die Werke sind zeilenweise, die Modellvarianten spaltenweise dargestellt.

$$\underline{A} = \begin{pmatrix} 20 & 10 & 0 \\ 30 & 5 & 15 \end{pmatrix}$$

Das Unternehmen plant, seine Produktion in diesem Jahr über alle Segmente hinweg um 20 % zu steigern. Dies entspricht einem Wachstumsfaktor von $\lambda = 1{,}2$. Die geplanten Produktionsmengen (in Tsd. Stück) betragen dann:

$$1{,}2 \cdot \underline{A} = \begin{pmatrix} 1{,}2 \cdot 20 & 1{,}2 \cdot 10 & 1{,}2 \cdot 0 \\ 1{,}2 \cdot 30 & 1{,}2 \cdot 5 & 1{,}2 \cdot 15 \end{pmatrix} = \begin{pmatrix} 24 & 12 & 0 \\ 36 & 6 & 18 \end{pmatrix}$$

Die Addition (Subtraktion) zweier Matrizen $\underline{A}$ und $\underline{B}$ zur Summe (Differenz) $\underline{C}$ erfolgt elementweise:

Addition, Subtraktion

$$\underline{C} = \underline{A} \pm \underline{B} \quad \text{mit} \quad c_{ij} = a_{ij} \pm b_{ij} \quad \forall\, i, j \tag{3.8}$$

$$\underline{C} = \begin{pmatrix} a_{11} & \cdots & a_{1n} \\ \vdots & \ddots & \vdots \\ a_{m1} & \cdots & a_{mn} \end{pmatrix} + \begin{pmatrix} b_{11} & \cdots & b_{1n} \\ \vdots & \ddots & \vdots \\ b_{m1} & \cdots & b_{mn} \end{pmatrix} = \begin{pmatrix} a_{11} + b_{11} & \cdots & a_{1n} + b_{1n} \\ \vdots & \ddots & \vdots \\ a_{m1} + b_{m1} & \cdots & a_{mn} + b_{mn} \end{pmatrix} \quad (3.9)$$

$\underline{C}$ ist nur für gleichartige Matrizen definiert, d. h. die Berechnung darf nur vorgenommen werden, wenn sowohl die Zeilenzahl beider Matrizen als auch deren Spaltenzahl übereinstimmen.

Beispiel

Ein Logistikdienstleister beliefert aus seinen Distributionszentren D_1 und D_2 die Kundenregionen Nord, Mitte und Süd. Die Anzahl an Lieferungen zwischen Distributionszentren und Kundenregionen im ersten und zweiten Halbjahr des vergangenen Jahres sind in den folgenden Tabellen angegeben:

I	Nord	Mitte	Süd
D_1	20	40	60
D_2	50	30	10

II	Nord	Mitte	Süd
D_1	25	45	70
D_2	50	35	20

Die Addition der zugehörigen Matrizen ergibt eine aggregierte Betrachtung der Lieferungen im Gesamtjahr $\underline{J}$:

$$\underline{J} = \underline{H}_I + \underline{H}_{II} = \begin{pmatrix} 20 & 40 & 60 \\ 50 & 30 & 10 \end{pmatrix} + \begin{pmatrix} 25 & 45 & 70 \\ 50 & 35 & 20 \end{pmatrix}$$

$$= \begin{pmatrix} 20+25 & 40+45 & 60+70 \\ 50+50 & 30+35 & 10+20 \end{pmatrix} = \begin{pmatrix} 45 & 85 & 130 \\ 100 & 65 & 30 \end{pmatrix}$$

Skalarprodukt Die Multiplikation eines Zeilenvektors $\vec{a}^T$ mit einem Spaltenvektor $\vec{b}$ wird als **Skalarprodukt** bezeichnet. Das Skalarprodukt ist eine reelle Zahl λ.

$$\lambda = \vec{a}^T \cdot \vec{b} = \begin{pmatrix} a_1 & a_2 & \cdots & a_n \end{pmatrix} \cdot \begin{pmatrix} b_1 \\ b_2 \\ \vdots \\ b_n \end{pmatrix} = a_1 b_1 + a_2 b_2 + \ldots + a_n b_n = \sum_{j=1}^{n} a_j b_j \quad (3.10)$$

Beispiel

Ein Produktionsbetrieb stellt auf vier Maschinen vier Produkte her. Jede Maschine kann technisch nur ein Produkt anfertigen. Im letzten Monat sind folgende Daten angefallen:

Maschine	Produktionsmenge (in Stück)	Kosten je Stück (in Euro)
M_1	10	3
M_2	20	4
M_3	15	2
M_4	5	1

Die Produktionsmengen können durch den Zeilenvektor $\vec{x}^T$, die Kosten je Einheit durch den Zeilenvektor $\vec{k}^T$ dargestellt werden:

$$\vec{x}^T = (10 \quad 20 \quad 15 \quad 5), \quad \vec{k}^T = (3 \quad 4 \quad 2 \quad 1)$$

Durch Berechnung des Skalarprodukts $\vec{x}^T \cdot \vec{k}$ erhält man die Gesamtkosten λ (in Euro):

$$\lambda = \vec{x}^T \cdot \vec{k} = \begin{pmatrix} 10 & 20 & 15 & 5 \end{pmatrix} \cdot \begin{pmatrix} 3 \\ 4 \\ 2 \\ 1 \end{pmatrix} = 10 \cdot 3 + 20 \cdot 4 + 15 \cdot 2 + 5 \cdot 1 = 145$$

Für die **Multiplikation** einer Matrix $\underline{A}$ mit einem Vektor $\vec{b}$ gilt:

Multiplikation einer Matrix mit einem Vektor

$$\underline{A} \cdot \vec{b} = \begin{pmatrix} a_{11} & a_{12} & \cdots & a_{1n} \\ a_{21} & a_{22} & \cdots & a_{2n} \\ \vdots & \vdots & \ddots & \vdots \\ a_{m1} & a_{m2} & \cdots & a_{mn} \end{pmatrix} \cdot \begin{pmatrix} b_1 \\ b_2 \\ \vdots \\ b_n \end{pmatrix} = \begin{pmatrix} c_1 \\ c_2 \\ \vdots \\ c_m \end{pmatrix} = \vec{c} \quad \text{mit} \quad c_i = \sum_{j=1}^{n} a_{ij} b_j \qquad (3.11)$$

Die Berechnung der Vektorelemente c_i erfolgt analog zu (3.10), d. h. jedes Matrixelement einer Zeile wird mit dem zugehörigen Element des Spaltenvektors multipliziert. Sodann wird die Summe dieser Produkte ermittelt.

QV

Beispiel

Ein Versandunternehmen hat drei Kunden K_1, K_2, K_3 mit vier Produkten P_1, P_2, P_3, P_4 beliefert und möchte nun die Rechnungen erstellen. Die gelieferten Mengen (in Stück) sind in der folgenden Tabelle angegeben.

	P_1	P_2	P_3	P_4
K_1	10	5	15	35
K_2	30	0	40	50
K_3	20	10	25	25

Die Verkaufspreise für die vier Produkte betragen 6 €, 2 €, 4 € und 5 €. Die Beträge k_1, k_2, k_3 der drei Kundenrechnungen lassen sich durch das Produkt der Mengenmatrix $\underline{X}$ mit dem zugehörigen Preisvektor $\vec{p}$ errechnen:

$$\underline{X} \cdot \vec{p} = \begin{pmatrix} 10 & 5 & 15 & 35 \\ 30 & 0 & 40 & 50 \\ 20 & 10 & 25 & 25 \end{pmatrix} \cdot \begin{pmatrix} 6 \\ 2 \\ 4 \\ 5 \end{pmatrix} = \begin{pmatrix} 305 \\ 590 \\ 365 \end{pmatrix} = \vec{k}$$

Beispielsweise muss der Kunde K_1 den Betrag $k_1 = 10 \cdot 6 + 5 \cdot 2 + 15 \cdot 4 + 35 \cdot 5 = 305$ € bezahlen.

Matrizenprodukt Auch Matrizen können miteinander multipliziert werden, wenn bestimmte Bedingungen erfüllt sind. So ist das **Matrizenprodukt** $\underline{A} \cdot \underline{B}$ nur definiert, wenn die Spaltenzahl von $\underline{A}$ gleich der Zeilenzahl von $\underline{B}$ ist. Das Element c_{ij}, das im Matrizenprodukt $\underline{A} \cdot \underline{B} = \underline{C}$ in der i-ten Zeile und j-ten Spalte steht, ist das Skalarprodukt der i-ten Zeile von $\underline{A}$ und der j-ten Spalte von $\underline{B}$:

$$c_{ij} = \sum_{k=1}^{r} a_{ik} b_{kj} = a_{i1} b_{1j} + a_{i2} b_{2j} + \ldots + a_{ir} b_{rj} \tag{3.12}$$

Falk-Schema Zur Vermeidung von Rechenfehlern kann das nach dem deutschen Ingenieur *Sigurd Falk* (1921 - 2016) benannte **Falk-Schema** verwendet werden. Dazu werden die Matrizen tabellarisch angeordnet. Die $(m \times r)$-Matrix $\underline{A}$ wird links, die $(r \times n)$-Matrix $\underline{B}$ oberhalb der Ergebnismatrix platziert. Wo sich die i-te Zeile von $\underline{A}$ und die j-te Spalte von $\underline{B}$ kreuzen, wird das entsprechende Skalarprodukt c_{ij} eingetragen, wie **QV** Abbildung 3-2 zeigt (in Anlehnung an *Merz/Wüthrich, 2013, S. 189*).

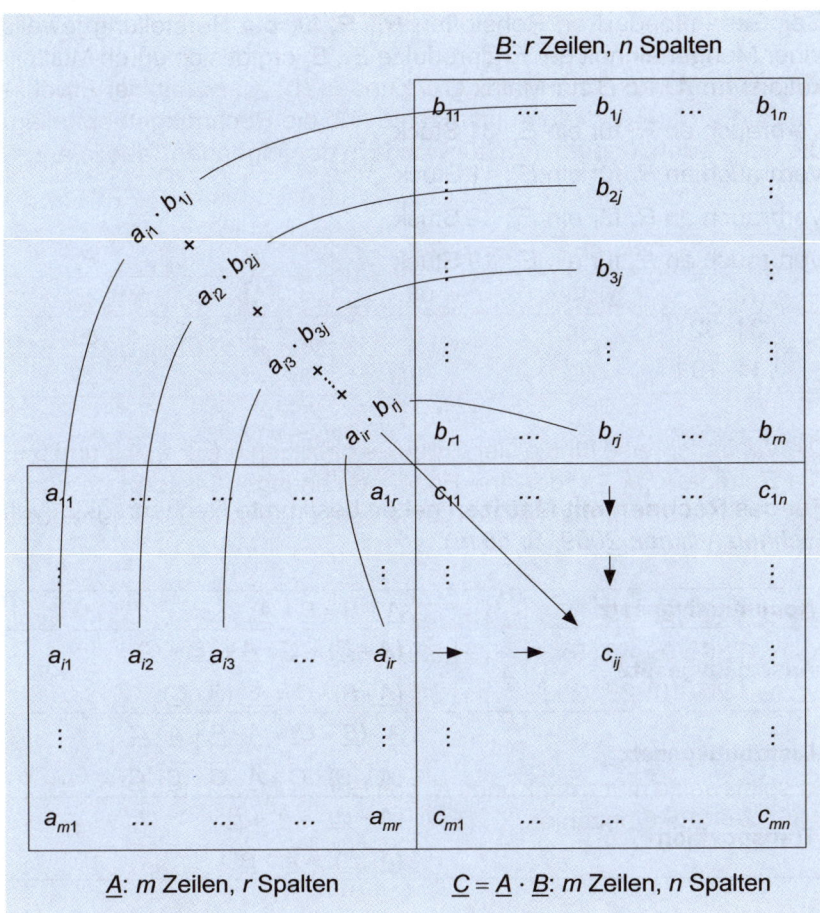

B: r Zeilen, n Spalten

A: m Zeilen, r Spalten   C = A · B: m Zeilen, n Spalten

Abb. 3-2: Falksches Rechenschema für die Matrizenmultiplikation

Beispiel

Greifen wir noch einmal das Beispiel zur Materialverflechtung aus dem vorigen Abschnitt auf. Matrix $\underline{A}$ stellt die Verflechtung von Rohstoffen und Zwischenprodukten dar, Matrix $\underline{B}$ die Verflechtung von Zwischen- und Endprodukten.

				E_1	E_2	
				4	0	Z_1
	$\underline{A} \cdot \underline{B} = \underline{C}$			2	1	Z_2
				3	6	Z_3
R_1	3	2	5	$3 \cdot 4 + 2 \cdot 2 + 5 \cdot 3 = 31$	$3 \cdot 0 + 2 \cdot 1 + 5 \cdot 6 = 32$	R_1
R_2	0	1	3	$0 \cdot 4 + 1 \cdot 2 + 3 \cdot 3 = 11$	$0 \cdot 0 + 1 \cdot 1 + 3 \cdot 6 = 19$	R_2
	Z_1	Z_2	Z_3	E_1	E_2	

Der Gesamtbedarf an Rohstoffen R_1, R_2 für die Herstellung jeweils einer Mengeneinheit der Endprodukte E_1, E_2 ergibt sich durch Multiplikation von $\underline{A}$ und $\underline{B}$ zur Matrix $\underline{C}$:

Verbrauch an R_1 für ein E_1: 31 Stück

Verbrauch an R_2 für ein E_1: 11 Stück

Verbrauch an R_1 für ein E_2: 32 Stück

Verbrauch an R_2 für ein E_2: 19 Stück

$$\underline{C} = \begin{pmatrix} 31 & 32 \\ 11 & 19 \end{pmatrix}$$

Rechenregeln für Matrizen

Für das **Rechnen mit Matrizen** gelten bestimmte Rechenregeln (vgl. *Eichholz/Vilkner, 2009, S. 58 ff.*).

Kommutativgesetz	$\underline{A} + \underline{B} = \underline{B} + \underline{A}$
Assoziativgesetz	$(\underline{A} + \underline{B}) + \underline{C} = \underline{A} + (\underline{B} + \underline{C})$
	$(\underline{A} \cdot \underline{B}) \cdot \underline{C} = \underline{A} \cdot (\underline{B} \cdot \underline{C})$
Distributivgesetz	$\underline{A} \cdot (\underline{B} + \underline{C}) = \underline{A} \cdot \underline{B} + \underline{A} \cdot \underline{C}$
	$(\underline{A} + \underline{B}) \cdot \underline{C} = \underline{A} \cdot \underline{C} + \underline{B} \cdot \underline{C}$
Transposition	$(\underline{A} + \underline{B})^T = \underline{A}^T + \underline{B}^T$
	$(\underline{A} \cdot \underline{B})^T = \underline{A}^T \cdot \underline{B}^T$

Das Kommutativgesetz der Multiplikation gilt im Allgemeinen nicht, d. h. $\underline{A} \cdot \underline{B} \neq \underline{B} \cdot \underline{A}$. Es macht also einen Unterschied, ob man eine Matrix $\underline{A}$ von links oder von rechts mit einer Matrix $\underline{B}$ multipliziert. Die Reihenfolge der Rechenoperationen verläuft bei der Matrizenrechnung analog zum Rechnen mit reellen Zahlen: Transposition vor Multiplikation vor Addition, falls nicht durch Klammern etwas anderes angezeigt wird.

Beispiel

Gegeben seien folgende Matrizen:

$$\underline{A} = \begin{pmatrix} 2 & 4 \\ 3 & 1 \end{pmatrix}, \quad \underline{B} = \begin{pmatrix} 3 & 1 \\ 0 & 2 \end{pmatrix}, \quad \underline{C} = \begin{pmatrix} 1 & 2 \\ 0 & 2 \end{pmatrix}$$

Dann gilt:

1. $\underline{A} + \underline{B} = \begin{pmatrix} 5 & 5 \\ 3 & 3 \end{pmatrix}, \quad \underline{B} + \underline{A} = \begin{pmatrix} 5 & 5 \\ 3 & 3 \end{pmatrix}$

$\Rightarrow \underline{A} + \underline{B} = \underline{B} + \underline{A}$

2. $(\underline{A}+\underline{B})+\underline{C} = \begin{pmatrix} 5 & 5 \\ 3 & 3 \end{pmatrix} + \begin{pmatrix} 1 & 2 \\ 0 & 2 \end{pmatrix} = \begin{pmatrix} 6 & 7 \\ 3 & 5 \end{pmatrix}$

$\underline{A}+(\underline{B}+\underline{C}) = \begin{pmatrix} 2 & 4 \\ 3 & 1 \end{pmatrix} + \begin{pmatrix} 4 & 3 \\ 0 & 4 \end{pmatrix} = \begin{pmatrix} 6 & 7 \\ 3 & 5 \end{pmatrix}$

$\Rightarrow (\underline{A}+\underline{B})+\underline{C} = \underline{A}+(\underline{B}+\underline{C})$

3. $(\underline{A}\cdot\underline{B})\cdot\underline{C} = \begin{pmatrix} 6 & 10 \\ 9 & 5 \end{pmatrix} \cdot \begin{pmatrix} 1 & 2 \\ 0 & 2 \end{pmatrix} = \begin{pmatrix} 6 & 32 \\ 9 & 28 \end{pmatrix}$

$\underline{A}\cdot(\underline{B}\cdot\underline{C}) = \begin{pmatrix} 2 & 4 \\ 3 & 1 \end{pmatrix} \cdot \begin{pmatrix} 3 & 8 \\ 0 & 4 \end{pmatrix} = \begin{pmatrix} 6 & 32 \\ 9 & 28 \end{pmatrix}$

$\Rightarrow (\underline{A}\cdot\underline{B})\cdot\underline{C} = \underline{A}\cdot(\underline{B}\cdot\underline{C})$

4. $\underline{A}\cdot(\underline{B}+\underline{C}) = \begin{pmatrix} 2 & 4 \\ 3 & 1 \end{pmatrix} \cdot \begin{pmatrix} 4 & 3 \\ 0 & 4 \end{pmatrix} = \begin{pmatrix} 8 & 22 \\ 12 & 13 \end{pmatrix}$

$\underline{A}\cdot\underline{B}+\underline{A}\cdot\underline{C} = \begin{pmatrix} 6 & 10 \\ 9 & 5 \end{pmatrix} + \begin{pmatrix} 2 & 12 \\ 3 & 8 \end{pmatrix} = \begin{pmatrix} 8 & 22 \\ 12 & 13 \end{pmatrix}$

$\Rightarrow \underline{A}\cdot(\underline{B}+\underline{C}) = \underline{A}\cdot\underline{B}+\underline{A}\cdot\underline{C}$

5. $(\underline{A}+\underline{B})\cdot\underline{C} = \begin{pmatrix} 5 & 5 \\ 3 & 3 \end{pmatrix} \cdot \begin{pmatrix} 1 & 2 \\ 0 & 2 \end{pmatrix} = \begin{pmatrix} 5 & 20 \\ 3 & 12 \end{pmatrix}$

$\underline{A}\cdot\underline{C}+\underline{B}\cdot\underline{C} = \begin{pmatrix} 2 & 12 \\ 3 & 8 \end{pmatrix} + \begin{pmatrix} 3 & 8 \\ 0 & 4 \end{pmatrix} = \begin{pmatrix} 5 & 20 \\ 3 & 12 \end{pmatrix}$

$\Rightarrow (\underline{A}+\underline{B})\cdot\underline{C} = \underline{A}\cdot\underline{C}+\underline{B}\cdot\underline{C}$

6. $(\underline{A}+\underline{B})^T = \begin{pmatrix} 5 & 5 \\ 3 & 3 \end{pmatrix}^T = \begin{pmatrix} 5 & 3 \\ 5 & 3 \end{pmatrix}, \quad \underline{A}^T+\underline{B}^T = \begin{pmatrix} 2 & 3 \\ 4 & 1 \end{pmatrix} + \begin{pmatrix} 3 & 0 \\ 1 & 2 \end{pmatrix} = \begin{pmatrix} 5 & 3 \\ 5 & 3 \end{pmatrix}$

$\Rightarrow (\underline{A}+\underline{B})^T = \underline{A}^T+\underline{B}^T$

7. $(\underline{A}\cdot\underline{B})^T = \begin{pmatrix} 6 & 10 \\ 9 & 5 \end{pmatrix}^T = \begin{pmatrix} 6 & 9 \\ 10 & 5 \end{pmatrix}, \quad \underline{B}^T\cdot\underline{A}^T = \begin{pmatrix} 3 & 0 \\ 1 & 2 \end{pmatrix} \cdot \begin{pmatrix} 2 & 3 \\ 4 & 1 \end{pmatrix} = \begin{pmatrix} 6 & 9 \\ 10 & 5 \end{pmatrix}$

$\Rightarrow (\underline{A}\cdot\underline{B})^T = \underline{B}^T\cdot\underline{A}^T$

8. $\underline{A}\cdot\underline{B} = \begin{pmatrix} 6 & 10 \\ 9 & 5 \end{pmatrix}, \quad \underline{B}\cdot\underline{A} = \begin{pmatrix} 9 & 13 \\ 6 & 2 \end{pmatrix}$

$\Rightarrow \underline{A}\cdot\underline{B} \neq \underline{B}\cdot\underline{A}$

3.1.4 Determinanten

Wie im vorigen Abschnitt gezeigt, können mithilfe der Matrizenrechnung ökonomische Zusammenhänge übersichtlich dargestellt werden. Sie helfen auch bei der mathematischen Formulierung und Lösung von linearen Gleichungssystemen. Bevor hierauf genauer eingegangen wird, ist zunächst die Einführung des Determinantenbegriffs notwendig.

Determinante

Eine **Determinante** ist eine Funktion, deren Definitionsbereich die Menge der quadratischen Matrizen und deren Wertebereich die Menge der reellen Zahlen ist. Anders ausgedrückt wird jeder $(n \times n)$-Matrix $\underline{A}$ eine reelle Zahl $\det(\underline{A}) = |A|$ zugeordnet. Mithilfe dieser Zahl ist erkennbar, ob ein lineares Gleichungssystem eindeutig lösbar ist. Die Anzahl Reihen oder Spalten gibt die Ordnung n der Determinante an.

Die Determinante wird für $n \leq 2$ wie folgt berechnet:

$$n = 1: \quad \underline{A} = (a_{11}), \quad \det(\underline{A}) = |a_{11}| = a_{11} \tag{3.13}$$

$$n = 2: \quad \underline{A} = \begin{pmatrix} a_{11} & a_{12} \\ a_{21} & a_{22} \end{pmatrix}, \quad \det(\underline{A}) = \begin{vmatrix} a_{11} & a_{12} \\ a_{21} & a_{22} \end{vmatrix} = a_{11} \cdot a_{22} - a_{21} \cdot a_{12} \tag{3.14}$$

Zur Bestimmung der Determinante für $n = 2$ wird das Produkt der Gegendiagonalen vom Produkt der Hauptdiagonalen abgezogen.

Beispiel

$$\underline{A} = \begin{pmatrix} 2 & -4 \\ 3 & 1 \end{pmatrix} \qquad \det(\underline{A}) = \begin{vmatrix} 2 & -4 \\ 3 & 1 \end{vmatrix} = 2 \cdot 1 - 3 \cdot (-4) = 14$$

Regel von Sarrus

Die Determinante einer (3×3)-Matrix lässt sich leicht mit der **Regel von Sarrus** berechnen, die nach dem französischen Mathematiker *Pierre Frédéric Sarrus* (1798 - 1861) benannt ist. Dazu fügt man zur Matrix $\underline{A}$ die ersten beiden Spalten rechts noch einmal an und bildet diagonal von links oben nach rechts unten sowie von links unten nach rechts oben die Produkte, wie in Abbildung 3-3 gezeigt.

QV

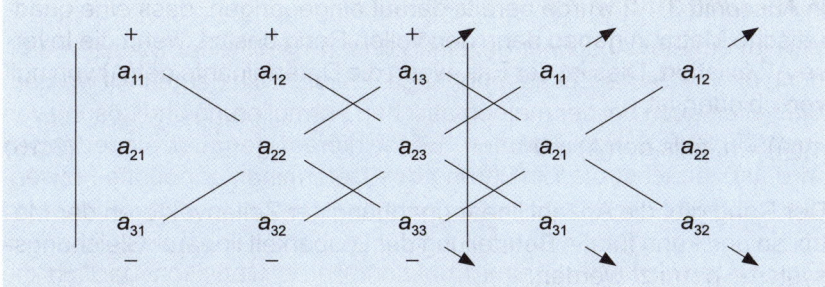

Abb. 3-3: Regel von Sarrus

Die Determinante von $\underline{A}$ ist dann die Summe der nach unten laufenden Produkte der Hauptdiagonalen abzüglich der Summe der nach oben laufenden Produkte der Gegendiagonalen:

$$\underline{A} = \begin{pmatrix} a_{11} & a_{12} & a_{13} \\ a_{21} & a_{22} & a_{23} \\ a_{31} & a_{32} & a_{33} \end{pmatrix}$$

$$\det(\underline{A}) = a_{11} \cdot a_{22} \cdot a_{33} + a_{12} \cdot a_{23} \cdot a_{31} + a_{13} \cdot a_{21} \cdot a_{32}$$
$$-(a_{31} \cdot a_{22} \cdot a_{13} + a_{32} \cdot a_{23} \cdot a_{11} + a_{33} \cdot a_{21} \cdot a_{12}) \quad (3.15)$$

Beispiel

$$\underline{A} = \begin{pmatrix} 3 & -2 & 4 \\ 5 & 1 & -8 \\ -1 & 6 & 7 \end{pmatrix}$$

$$\begin{vmatrix} 3 & -2 & 4 \\ 5 & 1 & -8 \\ -1 & 6 & 7 \end{vmatrix} \begin{matrix} 3 & -2 \\ 5 & 1 \\ -1 & 6 \end{matrix}$$

$$\det(\underline{A}) = 3 \cdot 1 \cdot 7 + (-2) \cdot (-8) \cdot (-1) + 4 \cdot 5 \cdot 6 - (-1 \cdot 1 \cdot 4 + 6 \cdot (-8) \cdot 3 + 7 \cdot 5 \cdot (-2))$$
$$= 21 - 16 + 120 - (-4 - 144 - 70) = 343$$

Die Determinanten von Matrizen der Ordnung $n \geq 4$ können leider nicht nach diesem einfachen Schema berechnet werden. Hierfür wird der Entwicklungssatz nach Laplace herangezogen, auf den hier nicht näher eingegangen wird (vgl. hierzu *Ohse, 2005, S. 259 ff.*).

Rang und Determinante

In Abschnitt 3.1.2 wurde bereits darauf eingegangen, dass eine quadratische Matrix $\underline{A}$ genau dann den vollen Rang besitzt, wenn die Inverse $\underline{A}^{-1}$ existiert. Dies ist der Fall, wenn die Determinante det($\underline{A}$) von null verschieden ist:

$$\text{rg}(\underline{A}) = n, \text{ falls det}(\underline{A}) \neq 0 \tag{3.16}$$

Der Rang gibt die Anzahl linear unabhängiger Zeilenvektoren der Matrix an und kann für die Beurteilung der Lösbarkeit linearer Gleichungssysteme genutzt werden.

Beispiel

Gegeben seien die Matrizen $\underline{A}$, $\underline{B}$.

$$\underline{A} = \begin{pmatrix} 3 & -2 & 4 \\ 5 & 1 & -8 \\ -1 & 6 & 7 \end{pmatrix}, \quad \underline{B} = \begin{pmatrix} 2 & 1 & 4 \\ -4 & 3 & 5 \\ 4 & 2 & 8 \end{pmatrix}$$

$$\text{det}(\underline{A}) = 343, \qquad \text{det}(\underline{B}) = 0$$

$$\text{rg}(\underline{A}) = 3, \qquad \text{rg}(\underline{B}) < 3$$

Die drei Zeilenvektoren der Matrix $\underline{A}$ sind linear unabhängig voneinander. Dies ist bei Matrix $\underline{B}$ nicht der Fall. Man kann leicht erkennen, dass die dritte Zeile das Doppelte der ersten Zeile ist.

3.2 Lineare Gleichungssysteme

3.2.1 Formulierung eines linearen Gleichungssystems

Gleichung

Eine Gleichung ist ein aus Termen und mathematischen Operationen zusammengesetzter Ausdruck, in dem das Gleichheitszeichen vorkommt. Gleichungen ohne Variablen sind wahre oder falsche Aussagen; Gleichungen mit Variablen stellen Aussageformen dar. Erst das Einsetzen von Werten für die Variablen führt zu einer wahren oder falschen Aussage. Wie Gleichungen mit einer Variablen gelöst werden, wurde bereits in Abschnitt 2.2.2 dargestellt.

QV

Ein Ausdruck der Form

$$ax + by = c \tag{3.17}$$

mit $a, b, c \in \mathbb{R}$ und $b \neq 0$ ist eine Geradengleichung mit zwei Variablen (x und y). Es gibt unendlich viele Zahlenpaare, welche die Gleichung erfüllen. Löst man (3.17) nach y auf, ergibt sich:

Geradengleichung

QV

$$y = \frac{c}{b} - \frac{a}{b} x \qquad (3.18)$$

Die Lösungsmenge $\mathbb{L}$ besteht somit aus allen Zahlenpaaren

$(x, \frac{c}{b} - \frac{a}{b} x), x \in \mathbb{R}$.

Beispiel

Ein Obsthändler schätzt die verkaufte Tagesmenge an Erdbeeren y (in kg) in Abhängigkeit vom Preis x (in Euro/kg) wie folgt ein:

$y = 64 - 4x$

Der Erdbeerpreis schwankt zwischen 2 Euro/kg und 6 Euro/kg.

Die Lösungsmenge lautet:

$\mathbb{L} = \{(x, y) \mid y = 64 - 4x, \quad 2 \leq x \leq 6\}$

Angenommen, der Obsthändler setzt an einem Tag den Preis auf $x = 4$ Euro/kg fest. Dann wird er schätzungsweise $y = 64 - 4 \cdot 4 = 48$ kg Erdbeeren verkaufen. Das Zahlenpaar $(x, y) = (4, 48)$ ist demnach eine mögliche Lösung der Gleichung.

Im obigen Beispiel wurde eine eindeutige Lösung für y durch Hinzufügen einer zweiten Gleichung ($x = 4$) bestimmt. Eine Verallgemeinerung dieser Überlegung führt zu sogenannten Gleichungssystemen. Unter einem **linearen Gleichungssystem** (LGS) versteht man eine Anordnung aus m Gleichungen mit n Variablen $x_1, x_2, \ldots, x_n$. Die Koeffizienten a_{ij} bzw. b_i sind dabei reelle Zahlen.

Lineares Gleichungssystem

$$a_{11} \cdot x_1 + a_{12} \cdot x_2 + \ldots + a_{1n} \cdot x_n = b_1$$
$$a_{21} \cdot x_1 + a_{22} \cdot x_2 + \ldots + a_{2n} \cdot x_n = b_2$$
$$\ldots \qquad\qquad\qquad\qquad\qquad\qquad (3.19)$$
$$a_{m1} \cdot x_1 + a_{m2} \cdot x_2 + \ldots + a_{mn} \cdot x_n = b_m$$

Die Unbekannten x_i sollen alle gleichzeitig erfüllt sein. Ist $m > n$, gibt es mehr Gleichungen als Unbekannte und das lineare Gleichungssystem heißt **überbestimmt**. Für $m < n$ ist es mit mehr Unbekannten als Gleichungen **unterbestimmt**.

Beispiel

Gegeben sei das Gleichungssystem

$6x_1 + 4x_2 - 2x_3 = 2$

$4x_1 - 4x_2 + 8x_3 = -4$

$-2x_1 + x_2 - 2x_3 = 0$

mit $m = 3$ Gleichungen und $n = 3$ Variablen. Für $x_1 = 1$, $x_2 = -2$, $x_3 = -2$ sind alle drei Gleichungen erfüllt, d. h. $\mathbb{L} = \{(1, -2, -2)\}$.

LGS in Matrixform

Ein lineares Gleichungssystem lässt sich auch in **Matrixform** schreiben. Dabei werden die Koeffizienten a_{ij} in der Koeffizientenmatrix $\underline{A}$ zusammengefasst. Der Spaltenvektor $\vec{x}$ repräsentiert die Variablen und der Konstantenvektor $\vec{b}$ die Werte der rechten Seite.

$$\underline{A} \cdot \vec{x} = \vec{b} \quad \Leftrightarrow \quad \begin{pmatrix} a_{11} & a_{12} & \cdots & a_{1n} \\ a_{21} & a_{22} & \cdots & a_{2n} \\ \vdots & \vdots & \ddots & \vdots \\ a_{n1} & a_{n2} & \cdots & a_{nn} \end{pmatrix} \cdot \begin{pmatrix} x_1 \\ x_2 \\ \vdots \\ x_n \end{pmatrix} = \begin{pmatrix} b_1 \\ b_2 \\ \vdots \\ b_n \end{pmatrix} \tag{3.20}$$

Die Lösungsmenge $\mathbb{L}$ von (3.20) besteht aus allen Vektoren $\vec{x} \in \mathbb{R}^n$, für die $\underline{A} \cdot \vec{x} = \vec{b}$ erfüllt ist:

$$\mathbb{L} = \{\vec{x} \in \mathbb{R}^n \mid \underline{A} \cdot \vec{x} = \vec{b}\} \tag{3.21}$$

Beispiel

Das Gleichungssystem im vorigen Beispiel lautet in Matrixform $\underline{A} \cdot \vec{x} = \vec{b}$:

$$\begin{pmatrix} 6 & 4 & -2 \\ 4 & -4 & 8 \\ -2 & 1 & -2 \end{pmatrix} \cdot \begin{pmatrix} x_1 \\ x_2 \\ x_3 \end{pmatrix} = \begin{pmatrix} 2 \\ -4 \\ 0 \end{pmatrix}$$

bzw. nach Einfügen der Lösungsmenge $\mathbb{L}$ in den Variablenvektor $\vec{x}$:

$$\begin{pmatrix} 6 & 4 & -2 \\ 4 & -4 & 8 \\ -2 & 1 & -2 \end{pmatrix} \cdot \begin{pmatrix} 1 \\ -2 \\ -2 \end{pmatrix} = \begin{pmatrix} 2 \\ -4 \\ 0 \end{pmatrix}$$

Zur besseren Übersicht wird das lineare Gleichungssystem $\underline{A} \cdot \vec{x} = \vec{b}$ häufig in einem Zahlenschema der Form $\underline{A} | \vec{b}$ dargestellt, in der der Lösungsvektor $\vec{x}$ nicht explizit aufgeführt wird. Dieses Schema wird **erweiterte Koeffizientenmatrix** genannt.

Erweiterte Koeffizientenmatrix

$$(\underline{A} | \vec{b}) \quad \Leftrightarrow \quad \begin{pmatrix} a_{11} & a_{12} & \cdots & a_{1n} & b_1 \\ a_{21} & a_{22} & \cdots & a_{2n} & b_2 \\ \vdots & \vdots & \ddots & \vdots & \vdots \\ a_{n1} & a_{n2} & \cdots & a_{nn} & b_n \end{pmatrix} \tag{3.22}$$

Beispiel

Die erweiterte Koeffizientenmatrix des linearen Gleichungssystems im vorigen Beispiel lautet:

$$\begin{pmatrix} 6 & 4 & -2 & 2 \\ 4 & -4 & 8 & -4 \\ -2 & 1 & -2 & 0 \end{pmatrix}$$

3.2.2 Lösbarkeit linearer Gleichungssysteme

Ein lineares Gleichungssystem ist entweder lösbar oder nicht lösbar. Falls es lösbar ist, gibt es entweder genau eine oder unendliche viele Lösungen. Die **Lösbarkeit** kann mithilfe des Rangkriteriums bestimmt werden. Für den Lösungsbereich eines linearen Gleichungssystems der Form $\underline{A} \cdot \vec{x} = \vec{b}$ gilt genau einer der folgenden Fälle (vgl. *Merz/Wüthrich, 2013, S. 222 ff.*):

Lösbarkeit eines LGS

▶ **Fall 1:** Es existiert keine Lösung, falls $\text{rg}(\underline{A}) < \text{rg}(\underline{A} | \vec{b})$.

▶ **Fall 2:** Es existiert genau eine Lösung, falls $\text{rg}(\underline{A}) = \text{rg}(\underline{A} | \vec{b})$ und $\text{rg}(\underline{A}) = n$.

▶ **Fall 3:** Es existieren unendlich viele Lösungen, falls $\text{rg}(\underline{A}) = \text{rg}(\underline{A} | \vec{b})$ und $\text{rg}(\underline{A}) < n$.

Ein lineares Gleichungssystem ist also genau dann nicht lösbar, wenn die Anzahl der linear unabhängigen Zeilen der Koeffizientenmatrix kleiner ist als die Anzahl Zeilen der erweiterten Koeffizientenmatrix. Sind dagegen die Anzahl linear unabhängiger Zeilen beider Matrizen gleich, ist das lineare Gleichungssystem lösbar. Hat die Koeffizientenmatrix darüber hinaus den vollen Rang, existiert eine eindeutige Lösung. Abbildung 3-4 zeigt die entscheidungslogische Vorgehensweise zur Prüfung der Lösbarkeit eines linearen Gleichungssystems (in Anlehnung an *Haack et al., 2017, S. 282*).

QV

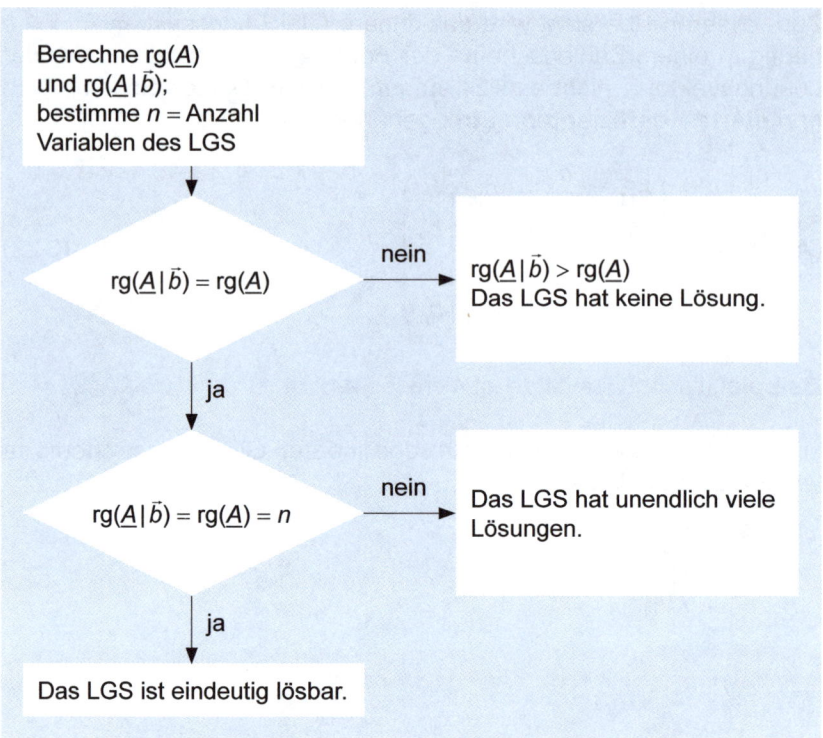

Abb. 3-4: Lösbarkeit eines linearen Gleichungssystems der Form $\underline{A} \cdot \vec{x} = \vec{b}$

Lösbarkeitsprüfung
mittels Determinanten

Hat ein lineares Gleichungssystem genauso viele Gleichungen wie Variablen, ist $\underline{A}$ eine quadratische Matrix. Dann kann die Lösbarkeit des Gleichungssystems mithilfe der Determinante von $\underline{A}$ beurteilt werden (vgl. *Dörsam, 2014, S. 90*). Falls

$$\det(\underline{A}) \neq 0 \tag{3.23}$$

gilt, ist das lineare Gleichungssystem eindeutig lösbar. Da dies bei einer $(n \times n)$-Koeffizientenmatrix häufig vorkommt, weiß man recht schnell, dass es nur eine einzige Lösung des Gleichungssystems gibt. Ist die Determinante dagegen gleich null, führt man die in Abbildung 3-4 aufgeführte Lösbarkeitsprüfung durch.

QV

Beispiele

1. Gegeben sei das lineare Gleichungssystem:

$$4x_1 + 6x_2 = 10$$
$$8x_1 - 2x_2 = 6$$

$$\underline{A} = \begin{pmatrix} 4 & 6 \\ 8 & -2 \end{pmatrix}, \quad \det(\underline{A}) = 4 \cdot (-2) - 8 \cdot 6 = -56$$

Das Gleichungssystem ist eindeutig lösbar.

2. Gegeben sei das lineare Gleichungssystem:

$4x_1 + 6x_2 = 10$

$8x_1 + 12x_2 = 22$

$$\underline{A} = \begin{pmatrix} 4 & 6 \\ 8 & 12 \end{pmatrix}, \quad \underline{A}\,|\,\vec{b} = \begin{pmatrix} 4 & 6 & | & 10 \\ 8 & 12 & | & 22 \end{pmatrix}, \quad \det(\underline{A}) = 4 \cdot 12 - 8 \cdot 6 = 0$$

$$\operatorname{rg}(\underline{A}) = \operatorname{rg}\begin{pmatrix} 4 & 6 \\ 8 & 12 \end{pmatrix} = 1, \quad \operatorname{rg}(\underline{A}\,|\,\vec{b}) = \operatorname{rg}\begin{pmatrix} 4 & 6 & | & 10 \\ 8 & 12 & | & 22 \end{pmatrix} = 2, \quad n = 2$$

$$\operatorname{rg}(\underline{A}) < \operatorname{rg}(\underline{A}\,|\,\vec{b}) = n$$

Das Gleichungssystem ist nicht lösbar.

3. Gegeben sei das lineare Gleichungssystem:

$4x_1 + 6x_2 = 10$

$8x_1 + 12x_2 = 20$

$$\underline{A} = \begin{pmatrix} 4 & 6 \\ 8 & 12 \end{pmatrix}, \quad \underline{A}\,|\,\vec{b} = \begin{pmatrix} 4 & 6 & | & 10 \\ 8 & 12 & | & 20 \end{pmatrix}, \quad \det(\underline{A}) = 4 \cdot 12 - 8 \cdot 6 = 0$$

$$\operatorname{rg}(\underline{A}) = \operatorname{rg}\begin{pmatrix} 4 & 6 \\ 8 & 12 \end{pmatrix} = 1, \quad \operatorname{rg}(\underline{A}\,|\,\vec{b}) = \operatorname{rg}\begin{pmatrix} 4 & 6 & | & 10 \\ 8 & 12 & | & 20 \end{pmatrix} = 1, \quad n = 2$$

$$\operatorname{rg}(\underline{A}) = \operatorname{reg}(\underline{A}\,|\,\vec{b}) < n$$

Das Gleichungssystem hat unendlich viele Lösungen.

Ist ein lineares Gleichungssystem eindeutig oder mehrdeutig lösbar, stellt sich die Frage, wie diese Lösung ermittelt werden kann. Hierauf wird im folgenden Abschnitt eingegangen.

3.3 Lösung von linearen Gleichungssystemen

3.3.1 Einsetzungs-, Gleichsetzungs- und Additionsverfahren

Zur Lösung von linearen Gleichungssystemen können verschiedene Verfahren herangezogen werden. Ziel dieser Verfahren ist, die Lösungsmenge des Vektors $\vec{x}$ zu bestimmen. Im Folgenden werden die aus der Schulmathematik bekannten Einsetzungs-, Gleichsetzungs- und Additionsverfahren anhand eines linearen Gleichungssystems mit zwei Gleichungen und zwei Variablen erläutert. Alle drei Verfahren führen zu derselben Lösungsmenge.

Lösung von LGS

Geht man zur Lösungsfindung nach dem **Einsetzungsverfahren** vor, wird eine der beiden Gleichungen des linearen Gleichungssystems zunächst nach einer Variablen aufgelöst. Der gefundene Ausdruck für

Einsetzungs-
verfahren

diese Variable wird dann in die zweite Gleichung eingesetzt und die Lösung der zweiten Variablen ermittelt.

Beispiel

Ein Dozent und ein Student sind zusammen 68 Jahre alt. Vor sechs Jahren war der Dozent dreimal so alt wie damals der Student. Wie alt sind der Dozent und der Student?

Die Variable x_1 repräsentiere das Alter des Dozenten, die Variable x_2 das Alter des Studenten. Es gilt:

① $x_1 + x_2 = 68$

② $x_1 - 6 = 3 \cdot (x_2 - 6)$

Auflösen von ① nach x_2 und Einsetzen in ② ergibt:

$x_1 - 6 = 3 \cdot (68 - x_1 - 6)$

$\Leftrightarrow x_1 - 6 = 204 - 3x_1 - 18$

$\Leftrightarrow 4x_1 = 192$

$\Leftrightarrow x_1 = 48$

Einsetzen von $x_1 = 48$ in ① und Auflösen führt zur Lösung von x_2:

$48 + x_2 = 68$

$\Leftrightarrow x_2 = 20$

Der Dozent ist 48 Jahre alt und der Student ist 20 Jahre alt.

Gleichsetzungs-
verfahren

Ein zweites Verfahren zur Lösungsfindung ist das **Gleichsetzungsverfahren**. Es wird so bezeichnet, weil beide Gleichungen nach einer der Variablen (oder demselben Vielfachen dieser Unbekannten) aufgelöst und die erhaltenen Ausdrücke einander gleichgesetzt werden.

Dieses Verfahren soll anhand der Ermittlung einer Nachfragefunktion erläutert werden. Sie gibt für einen gegebenen Preis eines Guts die Menge an, welche zu diesem Preis nachgefragt wird. Die Nachfragefunktion verläuft üblicherweise in einem gewissen Intervall linear und lautet $x = a + bp$, wobei x die Menge und p den Preis kennzeichnen. a und b sind Konstanten, die aus einer konkreten Datenkonstellation ermittelt werden können.

Beispiel

Ein Unternehmer vermutet, dass sich der monatliche Absatz für ein Produkt bei $x = 360$ Stück einpendelt, falls er einen Preis von $p = 42$ € pro Stück festsetzt. Würde er den Preis um 10 € pro Stück senken, könnte er den monatlichen Absatz um 200 Stück steigern. Es soll die Nachfragefunktion durch Anwendung des Gleichsetzungsverfahrens bestimmt werden.

Es gilt:

① $\quad 360 = a + b \cdot 42$

② $\quad 560 = a + b \cdot 32$

Auflösen von ① und ② nach a ergibt:

③ $\quad a = 360 - 42b$

④ $\quad a = 560 - 32b$

Gleichsetzen von ③ und ④ sowie Auflösen nach b ergibt:

$360 - 42b = 560 - 32b$

$\Leftrightarrow -10b = 200$

$\Leftrightarrow b = -20$

Einsetzen von $b = -20$ in ③ (oder ④) führt zur Lösung von a:

$a = 360 - 42 \cdot (-20) = 1.200$

Die Nachfragefunktion lautet $x = 1.200 - 20p$.

Schließlich kann zur Lösungsfindung eines linearen Gleichungssystems mit zwei Gleichungen und zwei Variablen das **Additionsverfahren** herangezogen werden. Beide Gleichungen werden mit geeigneten Zahlen ungleich null derart multipliziert, dass die Koeffizienten einer Variablen in beiden Gleichungen gleich oder entgegengesetzt gleich werden. Durch anschließende Subtraktion oder Addition der Gleichungen wird eine Variable eliminiert und die Lösungsmenge der zweiten Variablen bestimmt.

Additionsverfahren

Beispiel

Ein Farbenhersteller mischt zwei Lacke A und B aus den Grundfarben Rot und Gelb. Lack A besteht aus 8 l Rot und 4 l Gelb, Lack B aus 2 l Rot und 3 l Gelb. Von der Grundfarbe Rot stehen 800 l, von der Grundfarbe Gelb 480 l zur Verfügung. Der Produktionsplaner möchte wissen, welche Produktionsmengen x_A und x_B von den Lacken A und B hergestellt werden können.

Es gilt:

① $8x_A + 2x_B = 800$

② $4x_A + 3x_B = 480$

Zur Elimination der Variablen x_B bietet sich an, Gleichung ① mit der Zahl 3 und Gleichung ② mit der Zahl –2 zu multiplizieren und die Gleichungen anschließend zur Gleichung ③ zu addieren:

$$
\begin{array}{lll}
① & 8x_A + 2x_B = 800 & |\cdot 3 \\
② & 4x_A + 3x_B = 480 & |\cdot (-2) \\
\hline
③ & 16x_A \quad\quad = 1.440 &
\end{array}
$$

Auflösen von ③ nach x_A ergibt:

$x_A = 90$

Einsetzen $x_A = 90$ in ① oder ② führt zur Lösung von x_B:

$x_B = (800 - 8 \cdot 90) \div 2 = 40$

Der Farbenhersteller kann aus den verfügbaren Grundfarben Rot und Gelb 90 l von Lack A und 40 l von Lack B mischen.

3.3.2 Gaußsches Eliminationsverfahren

LGS in Zeilenstufenform

Ein lineares Gleichungssystem lässt sich besonders einfach lösen, wenn es in **Zeilenstufenform** vorliegt. Damit ist gemeint, dass die Koeffizientenmatrix $\underline{A}$ die Form einer oberen Dreiecksmatrix annimmt. In einer solchen Matrix wird das erste Element ungleich null in einer Zeile als **Pivotelement** bezeichnet. Die Lösung des linearen Gleichungssystems lässt sich dann rekursiv – beginnend mit der letzten Gleichung – lösen, wie das folgende Beispiel zeigt.

Beispiel

Eine Schokoladenmanufaktur bringt drei neue Schokoriegel auf den Markt, denen zur Schokolade auch Nüsse, Mandeln und Marzipan zugegeben werden. Nachfolgende Tabelle zeigt, wie viele Mengeneinheiten der Zutaten zur Herstellung eines Riegels der jeweiligen Sorte A, B, C benötigt werden. Zudem ist angegeben, welcher Bestand an Zutaten zur Verfügung steht.

Zutaten	A	B	C	Bestand
Nüsse	5	1	3	2.300
Mandeln	0	2	4	2.000
Marzipan	0	0	6	1.800

Falls der vorhandene Bestand an Zutaten vollständig aufgebraucht werden soll, lässt sich durch das nachfolgende lineare Gleichungssystem ermitteln, wie viele Riegel der drei Sorten hergestellt werden können. Die Variable x_i bezeichne die Produktionsmenge der Sorte $i = A, B, C$.

① $\quad 5x_A + x_B + 3x_C = 2.300$

② $\quad\quad\quad 2x_B + 4x_C = 2.000$

③ $\quad\quad\quad\quad\quad 6x_C = 1.800$

Die Lösung des Gleichungssystems lässt sich nun rekursiv ermitteln:

① $\quad 6x_C = 1.800 \Leftrightarrow x_C = 300$

② $\quad 2x_B + 4 \cdot 300 = 2.000 \Leftrightarrow x_B = (2.000 - 1.200) \div 2 = 400$

③ $\quad 5x_A + 400 + 3 \cdot 300 = 2.300 \Leftrightarrow x_A = (2.300 - 1.300) \div 5 = 200$

In der Matrixschreibweise $\underline{A} \cdot \vec{x} = \vec{b}$ lautet das lineare Gleichungssystem:

$$\begin{pmatrix} 5 & 1 & 3 \\ 0 & 2 & 4 \\ 0 & 0 & 6 \end{pmatrix} \cdot \begin{pmatrix} x_A \\ x_B \\ x_C \end{pmatrix} = \begin{pmatrix} 2.300 \\ 2.000 \\ 1.800 \end{pmatrix}$$

Es ist leicht ersichtlich, dass A eine obere Dreiecksmatrix mit den Pivotelementen $a_{11} = 5$, $a_{22} = 2$ und $a_{33} = 6$ darstellt. Dann ist

$$\vec{x} = \begin{pmatrix} 200 \\ 400 \\ 300 \end{pmatrix}$$

der Lösungsvektor von $\underline{A} \cdot \vec{x} = \vec{b}$. Die Schokoladenmanufaktur kann mit den gegebenen Zutaten 200 Riegel der Sorte A, 400 Riegel der Sorte B und 300 Riegel der Sorte C herstellen.

Gaußsches Eliminations- verfahren

Die Idee, eine Koeffizientenmatrix zur Lösung von linearen Gleichungs- systemen der Form $\underline{A} \cdot \vec{x} = \vec{b}$ in Zeilenstufenform zu bringen, stammt von *Carl Friedrich Gauß* (1777 - 1855). Dieser Rechenalgorithmus wird deshalb auch **Gaußsches Eliminationsverfahren** oder auch ein- fach Gauß-Algorithmus genannt. Hierbei wird das Additionsverfahren solange angewendet, bis das ursprüngliche Gleichungssystem in Staf- felform vorliegt, sodass der Lösungsvektor bequem rekursiv ermittelt werden kann.

Folgende Zeilenoperationen sind erlaubt, weil sie ein beliebiges linea- res Gleichungssystem $\underline{A} \cdot \vec{x} = \vec{b}$ in ein äquivalentes lineares Glei- chungssystem überführen:

- Vertauschen zweier Zeilen

- Multiplikation einer Zeile mit einer reellen Zahl $\lambda \neq 0$

- Addition des λ-fachen einer Zeile i zu einer Zeile j.

Algorithmus

Dem Gauß-Verfahren liegt die Idee zugrunde, diese Zeilenoperationen geschickt anzuwenden, bis die erweiterte Koeffizientenmatrix in Zei- lenstufenform vorliegt. Dabei bietet sich folgende **Vorgehensweise** an (vgl. *Dörsam, 2014, S. 56*):

1. Zunächst werden alle Gleichungen in die Form $\underline{A} \cdot \vec{x} = \vec{b}$ gebracht, sodass die Variablen auf der linken und die Zahlen auf der rechten Seite stehen.

2. Nun wird die erweiterte Koeffizientenmatrix $\underline{A} \,|\, \vec{b}$ aufgestellt. Kommt eine Variable in einer Gleichung nicht vor, wird in der Matrix an der entsprechenden Stelle eine Null eingetragen.

3. Falls in der Koeffizientenmatrix oben links eine Null steht, muss durch einen geeigneten Zeilentausch erreicht werden, dass dieses Pivotelement ungleich null ist.

4. In der ersten Spalte werden unterhalb des Pivotelements überall Nullen generiert, indem das Vielfache der ersten Zeile (Pivotzeile) zu den anderen Zeilen addiert oder von ihnen subtrahiert werden.

5. Alle Zeilen werden analog zu Schritt 3 und 4 derart verändert bzw. miteinander verrechnet, bis unterhalb der Hauptdiagonalen nur noch Nullen stehen. Die erweiterte Koeffizientenmatrix liegt nun in Zeilenstufenform vor.

6. Alle Zeilen, die ausschließlich aus Nullen bestehen, werden ge- strichen. Ist die Anzahl verbliebener Zeilen mit der Anzahl an Vari- ablen identisch, hat das lineare Gleichungssystem eine eindeutige Lösung.

7. Die erweiterte Koeffizientenmatrix wird wieder in Gleichungen zurückverwandelt. Die Lösung der Variablen wird rekursiv ermittelt.

8. Die Lösungsmenge $\mathbb{L}$ wird angegeben.

Das Gauß-Verfahren soll im Folgenden anhand eines Beispiels aus der Kosten- und Leistungsrechnung erläutert werden. Ziel der sogenannten **innerbetrieblichen Leistungsverrechnung** ist, die in den einzelnen Betrieben eines Unternehmens erbrachten Leistungen mithilfe von Verrechnungspreisen verursachungsgerecht einer Kostenstelle zuzuordnen. Beispiele für innerbetriebliche Leistungen sind selbst erstellte Maschinen und Werkzeuge, Reparaturen, Transporte, Energieerzeugung oder Gebäudeservice (vgl. *Wöhe/Döring/Brösel, 2016, S. 883*).

Innerbetriebliche Leistungsverrechnung

Der Wert der erbrachten Leistung eines Hilfsbetriebs (Output) entspricht den Gesamtkosten einer Kostenstelle (Input), die in primäre und sekundäre Kosten zerlegt werden. Primäre Kosten werden durch die Leistungsbereitstellung der Kostenstelle selbst verursacht. Sekundäre Kosten entstehen durch den Empfang von Leistungen anderer Hilfsbetriebe. Nun entsteht das Problem, das einerseits die Verrechnungspreise für die Ermittlung der sekundären Kosten bekannt sein müssen, diese Preise sich aber andererseits erst aus den sekundären Kosten ergeben. Diese gegenseitige Abhängigkeit macht es erforderlich, die Kosten der Leistungseinheiten durch ein lineares Gleichungssystem abzubilden und mithilfe des Gauß-Verfahrens simultan zu berechnen.

Beispiel

Ein Unternehmen hat einen Produktionsbetrieb als Hauptkostenstelle sowie ein Kraftwerk, ein Wasserwerk und eine Reparaturwerkstatt als Hilfskostenstellen eingerichtet (Beispiel in Anlehnung an *Wöhe/Döring/ Brösel, 2016, S. 884 ff.*). Das Kraftwerk versorgt den Produktionsbetrieb, das Wasserwerk und die Werkstatt mit Stromenergie (in kWh). Das Wasserwerk liefert Nutzwasser (in cbm) an den Produktionsbetrieb, an das Kraftwerk und an die Werkstatt. Die Reparaturwerkstatt erbringt Arbeitsleistungen (in Std.) für den Produktionsbetrieb und für sich selbst. Die nachfolgende Abbildung zeigt die Verflechtungen in einer Abrechnungsperiode.

QV

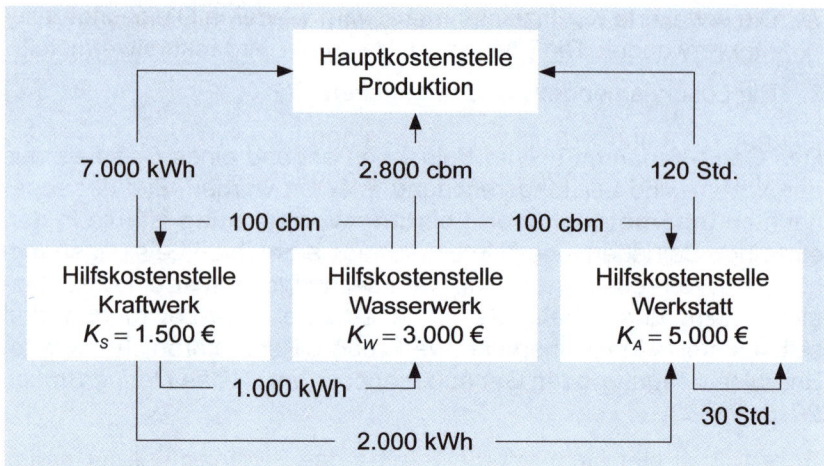

Abb. 3-5: Verflechtung der Kostenstellen

Da Kraftwerk, Wasserwerk und Werkstatt gegenseitig Leistungen voneinander empfangen, können die Verrechnungspreise für Strom, Wasser und Arbeitsleistung nicht berechnet werden, bevor die Hilfskostenstellen nicht die Kosten der Leistung kennen, die jeweils von der anderen Stelle bezogen werden.

Bezeichnet man die gesuchten Verrechnungspreise für Strom, Wasser, Arbeit mit p_S, p_W, p_A und die primären Kosten der Hilfskostenstellen mit K_S, K_W, K_A, kann man nach der Grundüberlegung

Wert des Inputs = Wert des Outputs

folgendes lineares Gleichungssystem aufstellen:

Kraftwerk: $1.500 \qquad\qquad +100 p_W \qquad = (7.000 + 2.000 + 1.000)\, p_S$

Wasserwerk: $3.000 + 1.000 p_S \qquad\qquad = \qquad (2.800 + 100 + 100)\, p_W$

Werkstatt: $5.000 + 2.000 p_S + 100 p_W + 30 p_A = \qquad\qquad (120 + 30)\, p_A$

Umformen ergibt:

$$-10.000 p_S + 100 p_W = -1.500$$
$$1.000 p_S - 3.000 p_W = -3.000$$
$$2.000 p_S + 100 p_W - 120 p_A = -5.000$$

Nun erfolgt die Anwendung des Gauß-Algorithmus nach der oben beschriebenen Vorgehensweise.

Schritt 1: Das lineare Gleichungssystem wird in die Form $\underline{A} \cdot \vec{x} = \vec{b}$ gebracht:

$$\begin{pmatrix} -10.000 & 100 & 0 \\ 1.000 & -3.000 & 0 \\ 2.000 & 100 & -120 \end{pmatrix} \cdot \begin{pmatrix} p_S \\ p_W \\ p_A \end{pmatrix} = \begin{pmatrix} -1.500 \\ -3.000 \\ -5.000 \end{pmatrix}$$

Schritt 2: Die erweiterte Koeffizientenmatrix $\underline{A} \mid \vec{b}$ wird aufgestellt:

$$\left(\begin{array}{ccc|c} -10.000 & 100 & 0 & -1.500 \\ 1.000 & -3.000 & 0 & -3.000 \\ 2.000 & 100 & -120 & -5.000 \end{array} \right)$$

Schritt 3 ist hier nicht erforderlich, da das Pivotelement der ersten Zeile ungleich null ist.

Schritte 4 und 5: Nun wird die erweiterte Koeffizientenmatrix in die Zeilenstufenform gebracht. Zur besseren Übersicht werden die Zeilen durchlaufend nummeriert und die auszuführenden Rechenoperationen tabellarisch erfasst.

Zeile	p_S	p_W	p_A	b	Operation
①	−10.000	100	0	−1.500	
②	1.000	−3.000	0	−3.000	
③	2.000	100	−120	−5.000	
④	−10.000	100	0	−1.500	①
⑤	0	−2.990	0	−3.150	② + 0,1 · ①
⑥	0	120	−120	−5.300	③ + 0,2 · ①
⑦	−10.000	100	0	−1.500	④
⑧	0	−2.990	0	−3.150	⑤
⑨	0	0	−35.880	−1.622.500	299 · ⑥ + 12 · ⑤

Schritt 6: Das Tableau hat keine Zeilen, die ausschließlich aus Nullen bestehen. Es besitzt drei Zeilen und drei Variablen. Das lineare Gleichungssystem hat demnach eine eindeutige Lösung.

Schritt 7: Die erweiterte Koeffizientenmatrix wird wieder in Gleichungen zurückverwandelt. Die Lösung des Gleichungssystems lässt sich nun rekursiv ermitteln:

⑨ $-35.880 p_A = -1.622.500 \Leftrightarrow p_A = 45,22$

⑧ $-2.990 p_W = -3.150 \Leftrightarrow p_W = 1,05$

⑦ $-10.000 p_S + 100 \cdot 1,05 = -1.500 \Leftrightarrow p_S = 0,16$

Schritt 8: Die Verrechnungspreise für die Hilfskostenstellen lauten:

Strompreis: $p_S = 0,16$ €/kWh

Wasserpreis: $p_W = 1,05$ €/cbm

Arbeitspreis: $p_A = 45,22$ €/Std.

$$\mathbb{L} = \left\{ \begin{pmatrix} 0,16 \\ 1,05 \\ 45,22 \end{pmatrix} \right\}$$

3.3.3 Cramersche Regel

Cramersche Regel — Hat ein lineares Gleichungssystem genauso viele Gleichungen wie Variablen, kann die Lösung auch mithilfe der Berechnung von Determinanten erfolgen. Diese Methode geht auf den schweizerischen Mathematiker *Gabriel Cramer* (1704 - 1752) zurück und wird **Cramersche Regel** genannt.

QV — Nach dieser Regel wird das lineare Gleichungssystem zunächst in der Form (3.20) mit n Gleichungen und n Unbekannten geschrieben (vgl. *Ohse, 2005, S. 270 f.*):

$$\underline{A} \cdot \vec{x} = \vec{b} \quad \Leftrightarrow \quad \begin{pmatrix} a_{11} & a_{12} & \cdots & a_{1n} \\ a_{21} & a_{22} & \cdots & a_{2n} \\ \vdots & \vdots & \ddots & \vdots \\ a_{n1} & a_{n2} & \cdots & a_{nn} \end{pmatrix} \cdot \begin{pmatrix} x_1 \\ x_2 \\ \vdots \\ x_n \end{pmatrix} = \begin{pmatrix} b_1 \\ b_2 \\ \vdots \\ b_n \end{pmatrix} \tag{3.24}$$

Dann sind die Komponenten des Lösungsvektors $\vec{x}$ gegeben durch

$$x_i = \frac{\det(\underline{A}_i)}{\det(\underline{A})} \quad (\det(\underline{A}) \neq 0) \tag{3.25}$$

Die Matrix $\underline{A}_i$ wird gebildet, indem die i-te Spalte der Koeffizientenmatrix $\underline{A}$ durch die rechte Seite $\vec{b}$ des Gleichungssystems ersetzt wird:

$$\underline{A}_i = \begin{pmatrix} a_{11} & \cdots & a_{1\,i-1} & \boldsymbol{b_1} & a_{1\,i+1} & \cdots & a_{1n} \\ a_{21} & \cdots & a_{2\,i-1} & \boldsymbol{b_2} & a_{2\,i+1} & \cdots & a_{2n} \\ \vdots & \vdots & \vdots & \vdots & \vdots & \ddots & \vdots \\ a_{n1} & \cdots & a_{n\,i-1} & \boldsymbol{b_n} & a_{n\,i+1} & \cdots & a_{nn} \end{pmatrix} \tag{3.26}$$

Die Cramersche Regel soll an dem mathematischen Verfahren erläutert werden, nach dem die Ergebnisse einer Suchanfrage von Google gelistet werden. Die beiden Google-Gründer *Larry Page* (geb. 1973) und *Sergey Brin* (geb. 1973) haben den nach ihnen benannten **Page-Rank-Algorithmus** entwickelt, der Milliarden Internetseiten in Bruchteilen von Sekunden in eine Rangfolge bringt (vgl. *Dambeck, 2009, S. 77 ff.*). Der Algorithmus berücksichtigt die Wahrscheinlichkeiten, wie sich ein Suchender über die Querverweise von Seite zu Seite durch das Internet bewegt. Dabei ist die Popularität einer Seite entscheidend für die Rangfolge, die der Algorithmus erzeugt. Mathematisch ist der Page-Rank-Algorithmus nichts anderes als das Lösen eines linearen Gleichungssystems mit einigen Milliarden Variablen.

Page-Rank-Algorithmus

Angenommen, ein Suchender startet auf einer beliebigen Seite und klickt mit einer Wahrscheinlichkeit $0 < \alpha < 1$ einen der Verweise an, die auf dieser Seite zu finden sind. Je höher α ist, desto wahrscheinlicher ist es, dass der Seitenbesucher Querverweise verfolgt. *Brin* und *Page* bezeichnen diese Konstante als Dämpfungsfaktor und verwenden $\alpha = 0{,}85$ (vgl. *Brin/Page, 1998, S. 109*). Mit anderen Worten: 85 % des „Page-Ranks" einer Seite werden also immer weitergereicht. Mit der Gegenwahrscheinlichkeit von $1 - \alpha$ folgt der Suchende keinem der Links und steuert stattdessen eine andere zufällig ausgewählte Seite an, beispielsweise durch manuelle Eingabe der Internetadresse. Wenn es im Netz genau n Seiten gibt, beträgt die Wahrscheinlichkeit, dass der Suchende das Klicken abbricht und durch manuelle Eingabe der Internetadresse zufällig auf Seite s landet, $\frac{1-\alpha}{n}$. Dass er über einen Link auf die Seite s gelangt, hängt davon ab, wie viele Links l_i auf einer beliebigen Seite i es überhaupt gibt und wie hoch die Wahrscheinlichkeit p_i ist, dass sich der Suchende auch auf dieser Seite i befindet. Er kommt demnach mit der Wahrscheinlichkeit $\alpha \cdot \frac{p_i}{l_i}$ von i auf s. Nimmt man zudem an, dass genau k der insgesamt n Seiten auf s verlinken, beträgt die gesamte Wahrscheinlichkeit $\alpha \cdot (\frac{p_1}{l_1} + \frac{p_2}{l_2} + ... + \frac{p_k}{l_k})$.

Zusammengefasst ist der **Page-Rank** die Wahrscheinlichkeit p_s, dass eine bestimmte Internetseite s besucht wird:

$$p_s = \frac{1-\alpha}{n} + \alpha \cdot \left(\frac{p_1}{l_1} + \frac{p_2}{l_2} + ... + \frac{p_k}{l_k} \right) \tag{3.27}$$

Die Suchmaschine sortiert die Seiten absteigend nach den berechneten Wahrscheinlichkeiten und gibt diese Sortierung als Trefferliste aus.

Ein einfaches Beispiel eines Miniatur-Internets mit vier Seiten verdeutlicht, wie der Algorithmus funktioniert und wie die Wahrscheinlichkeiten für den Besuch der einzelnen Seiten berechnet werden können.

Beispiel

Angenommen, in einem Miniatur-Internet existieren vier Internetseiten (A, B, C, D), die durch folgende Verweise miteinander verbunden sind: Von A führt je eine Verbindung zu B und C, von B eine zu C, von C eine zu A und von D eine zu C.

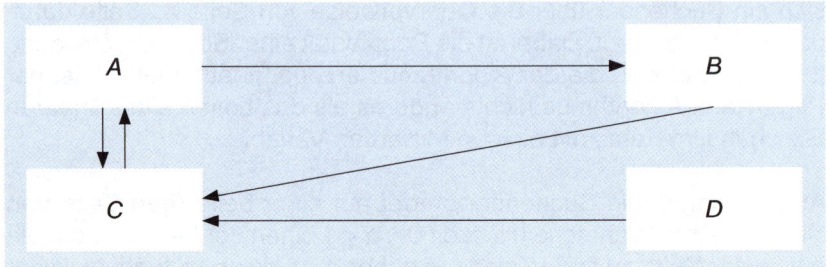

Abb. 3-6: Seitenverweise in einem Miniatur-Internet

Wie hoch ist jeweils die Wahrscheinlichkeit, dass sich der Suchende auf Seite A, B, C oder D befindet, wenn man einen Dämpfungsfaktor $\alpha = 0{,}85$ zugrunde legt?

Die Anzahl ausgehender Seitenverweise führen zu $l_A = 2, l_B = l_C = l_D = 1$. Nach der Page-Rank-Formel (3.27) ergeben sich folgende Wahrscheinlichkeiten:

$$p_A = \frac{1-0{,}85}{4} + 0{,}85 \cdot \frac{p_C}{1} \quad \Leftrightarrow \quad p_A - 0{,}85 p_C = 0{,}0375$$

$$p_B = \frac{1-0{,}85}{4} + 0{,}85 \cdot \frac{p_A}{2} \quad \Leftrightarrow \quad -0{,}425 p_A + p_B = 0{,}0375$$

$$p_C = \frac{1-0{,}85}{4} + 0{,}85 \cdot \left(\frac{p_A}{2} + \frac{p_B}{1} + \frac{p_D}{1} \right)$$

$$\Leftrightarrow \quad -0{,}425 p_A - 0{,}85 p_B + p_C - 0{,}85 p_D = 0{,}0375$$

$$p_D = \frac{1-0{,}85}{4} = 0{,}0375$$

Offensichtlich handelt es sich um ein lineares Gleichungssystem mit vier Gleichungen und vier Variablen. Es lautet in der Form $\underline{A} \cdot \vec{x} = \vec{b}$:

$$\begin{pmatrix} 1 & 0 & -0{,}85 & 0 \\ -0{,}425 & 1 & 0 & 0 \\ -0{,}425 & -0{,}85 & 1 & -0{,}85 \\ 0 & 0 & 0 & 1 \end{pmatrix} \cdot \begin{pmatrix} p_A \\ p_B \\ p_C \\ p_D \end{pmatrix} = \begin{pmatrix} 0{,}0375 \\ 0{,}0375 \\ 0{,}0375 \\ 0{,}0375 \end{pmatrix}$$

Zur Berechnung der Lösungswerte wird zunächst die Determinante der Koeffizientenmatrix $\underline{A}$ bestimmt:

$$\det(\underline{A}) = \begin{vmatrix} 1 & 0 & -0{,}85 & 0 \\ -0{,}425 & 1 & 0 & 0 \\ -0{,}425 & -0{,}85 & 1 & -0{,}85 \\ 0 & 0 & 0 & 1 \end{vmatrix} = 0{,}33169$$

In der Koeffizientenmatrix $\underline{A}$ wird nun die erste Spalte durch den Vektor $\vec{b}$ ersetzt und die Determinante von $\underline{A}_A$ bestimmt:

$$\det(\underline{A}_A) = \begin{vmatrix} 0{,}0375 & 0 & -0{,}85 & 0 \\ 0{,}0375 & 1 & 0 & 0 \\ 0{,}0375 & -0{,}85 & 1 & -0{,}85 \\ 0{,}0375 & 0 & 0 & 1 \end{vmatrix} = 0{,}12356$$

Die Lösung von p_A erhält man durch Division von $\det(\underline{A}_A)$ durch $\det(\underline{A})$:

$$p_A = \frac{\det(\underline{A}_A)}{\det(\underline{A})} = \frac{0{,}12356}{0{,}33169} = 0{,}3725$$

Ebenso verfährt man zur Ermittlung von p_B, p_C und p_D:

$$p_B = \frac{\det(\underline{A}_B)}{\det(\underline{A})} = \frac{\begin{vmatrix} 1 & 0{,}0375 & -0{,}85 & 0 \\ -0{,}425 & 0{,}0375 & 0 & 0 \\ -0{,}425 & 0{,}0375 & 1 & -0{,}85 \\ 0 & 0{,}0375 & 0 & 1 \end{vmatrix}}{0{,}33169} = \frac{0{,}06495}{0{,}33169} = 0{,}1958$$

$$p_C = \frac{\det(\underline{A}_C)}{\det(\underline{A})} = \frac{\begin{vmatrix} 1 & 0 & 0{,}0375 & 0 \\ -0{,}425 & 1 & 0{,}0375 & 0 \\ -0{,}425 & -0{,}85 & 0{,}0375 & -0{,}85 \\ 0 & 0 & 0{,}0375 & 1 \end{vmatrix}}{0{,}33169} = \frac{0{,}13073}{0{,}33169} = 0{,}3941$$

$$p_D = \frac{\det(\underline{A}_D)}{\det(\underline{A})} = \frac{\begin{vmatrix} 1 & 0 & -0{,}85 & 0{,}0375 \\ -0{,}425 & 1 & 0 & 0{,}0375 \\ -0{,}425 & -0{,}85 & 1 & 0{,}0375 \\ 0 & 0 & 0 & 0{,}0375 \end{vmatrix}}{0{,}33169} = \frac{0{,}01244}{0{,}33169} = 0{,}0375$$

Die Summe der Wahrscheinlichkeiten ist (mit einer kleinen Rundungs-differenz) gleich eins. Sortiert man die Internetseiten absteigend nach ihren Besuchswahrscheinlichkeiten, gilt $p_C > p_A > p_B > p_D$. Seite C hat den höchsten Rang und steht in der Trefferliste ganz oben.

Kapitel 4

4. Reelle Funktionen

4.1 Funktionen als spezielle Relationen

4.1.1 Funktionsbegriff

Analysis

In der **Analysis** werden Funktionen und deren Eigenschaften auf bestimmte Merkmale hin untersucht. Funktionen nehmen eine zentrale Stellung in der gesamten Mathematik ein, und es gibt vielfältige Anwendungen in den Wirtschaftswissenschaften, die durch funktionale Zusammenhänge beschrieben werden können.

Funktion,
Definitionsbereich,
Wertebereich

In Abschnitt 1.2 wurde eine Relation als Teilmenge eines kartesischen Produkts definiert. Im Allgemeinen ist damit eine Beziehung zwischen zwei Elementen $a \in A$ und $b \in B$ gemeint, die ein geordnetes Paar (a, b) bilden. Eine **Funktion** f ist ein Spezialfall der Relation, die jedem Element x einer Menge X genau ein Element y einer Menge Y zuordnet. Die Menge X heißt **Definitionsbereich** und wird mit D_f oder $\mathbb{D}$ bezeichnet. Er umfasst alle Elemente, die für die unabhängige Variable x eingesetzt werden dürfen und beruht auf mathematischen Überlegungen. Insbesondere muss gewährleistet sein, dass keine Division durch null auftreten kann. Darüber hinaus müssen die Besonderheiten des vorliegenden (ökonomischen) Sachverhalts berücksichtigt werden. Einzelne aus der Definitionsmenge ausgeschlossenen Werte nennt man Definitionslücken. Die Menge Y heißt **Wertebereich** und wird mit W_f oder $\mathbb{W}$ bezeichnet. Er ist als Zielmenge der Vorrat für mögliche Werte, die die Funktion f annehmen kann – es ist aber nicht zwingend erforderlich, dass diese Werte auch tatsächlich angenommen werden. Sofern keine besonderen Einschränkungen zu beachten sind, gilt $D_f = W_f = \mathbb{R}$.

Funktionen werden häufig durch die Zuordnungsvorschrift

$$y = f(x) \tag{4.1}$$

angegeben (lies: „y gleich f von x"). In den Wirtschaftswissenschaften werden durch Funktionen Abhängigkeiten zwischen ökonomischen Größen beschrieben. Deshalb werden für die Symbole üblicherweise Buchstaben verwendet, die zum entsprechenden Kontext passen (Kosten K, Umsatz U, Gewinn G etc.).

Beispiel

Eine Brauerei stellt ausschließlich Kölsch her, das zu 2,20 € pro Liter verkauft wird. Der Umsatz der Brauerei errechnet sich aus 2,2 multipliziert mit der verkauften Litermenge. Diese Beziehung lässt sich mathematisch kürzer darstellen. Sei x die Verkaufsmenge und $U = U(x)$ der Umsatz. Dann gilt:

$$U = U(x) = 2{,}2x \qquad (x \in D_U)$$

Die Funktion $U(x)$ ordnet jedem x genau den Umsatz U zu, der sich aus dem Produkt von Literpreis und Verkaufsmenge ergibt. Mathematisch erstrecken sich Definitions- und Wertebereich theoretisch über die gesamten reellen Zahlen. Da es sich bei der Variablen x um eine Verkaufsmenge handelt, ist aber nur $x \geq 0$ sinnvoll. Darüber hinaus besteht praktisch wegen begrenzter Kapazität eine Produktionsbeschränkung, sodass nur eine begrenzte Menge Kölsch gebraut werden kann. Angenommen, die Braukapazität beträgt in der betrachteten Periode 1.000 l. Dann gilt $D_U = [0,\ 1.000]$ und $W_U = [0,\ 22.000]$.

Die unabhängige Variable heißt **Argument**, die abhängige Variable **Funktionswert**. Häufig hängt der Funktionswert nicht nur von einer, sondern von mehreren Variablen ab. So ist z. B. die Produktionsmenge abhängig von verschiedenen Produktionsfaktoren wie Finanzkapital, Arbeitskräften oder Maschinenkapazität. Ebenso hängt die Absatzmenge nicht nur vom Preis, sondern auch vom verfügbaren Einkommen der Konsumenten, von der Werbung oder vom Preis austauschbarer Substitutionsgüter ab.

Argument, Funktionswert

Der funktionale Zusammenhang mit mehreren unabhängigen Variablen $x_i \in \mathbb{R}$ ($i = 1, 2, \ldots, n$) lautet:

$$y = f(x_1, x_2, \ldots, x_n) \qquad (4.2)$$

Beispiel

Ein Industrieunternehmen fertigt drei Güter mit den Produktionsmengen x_1, x_2, x_3. Der Produktionsleiter ermittelt folgende Gesamtkostenfunktion:

$$K = K(x_1, x_2, x_3) = 4x_1 + 6x_2 + 5x_3 - x_1 x_3 + 18$$

Die Funktion $K(x_1, x_2, x_3)$ gibt die Kosten K in Abhängigkeit von den Beschäftigungsmengen x_1, x_2, x_3 an.

Funktionen in
den Wirtschafts-
wissenschaften

In den Wirtschaftswissenschaften gibt es viele Beispiele für solche Abhängigkeiten zwischen Variablen, die sich durch Funktionen beschreiben lassen. Die in der nachfolgenden Tabelle dargestellten Funktionen sind zur Abbildung ökonomischer Zusammenhänge von besonderer Bedeutung. Sie werden in diesem Kapitel deshalb an geeigneter Stelle näher erläutert.

Bezeichnung	Einflussgröße	Zielgröße	Funktion
Produktions-funktion	Faktoreinsatz (r ME)	Produktionsmenge (x ME)	$x = x(r)$
Kosten-funktion	Produktionsmenge (x ME)	Kosten (K GE)	$K = K(x)$
Stückkosten-funktion	Produktionsmenge (x ME)	Stückkosten (k GE pro ME)	$k = k(x)$
Angebots-funktion	Preis (p GE pro ME)	Angebotsmenge (x ME)	$x = x^A(p)$
Nachfrage-funktion	Preis (p GE pro ME)	Nachfragemenge (x ME)	$x = x^N(p)$
Preis-Absatz-Funktion	Nachfragemenge (x ME)	Preis (p GE pro ME)	$p = p(x)$
Umsatz-funktion	Absatzmenge (x ME)	Umsatz (U GE)	$U = U(x)$
Gewinn-funktion	Absatzmenge (x ME)	Gewinn (G GE)	$G = G(x)$
Konsum-funktion	Einkommen (Y GE)	Konsum (C GE)	$C = C(Y)$

ME := Mengeneinheit, GE := Geldeinheit

ME, GE, ZE

Eine Mengeneinheit (ME) kann für Stück, Tausend Stück, Kilogramm, Liter usw. stehen; eine Geldeinheit (GE) kann beispielsweise Euro, Tausend Euro, Millionen Euro usw. oder eine beliebige andere Währung sein. Darüber hinaus werden Zeiteinheiten (ZE) genutzt, um Jahre, Wochen, Tage, Stunden usw. auszudrücken.

4.1.2 Darstellungsformen

Darstellung von
Funktionen

Es werden drei **Darstellungsformen von Funktionen** unterschieden:

QV ▸ **Analytisch:** Eine Funktion kann – wie in (4.1) und (4.2) – durch eine Funktionsgleichung analytisch beschrieben werden. Diese Darstellungsform liefert eine präzise Abbildungsvorschrift und wird zur rechnerischen Untersuchung einer Funktion bevorzugt.

▸ **Tabellarisch:** Die Darstellung des funktionalen Zusammenhangs zwischen unabhängiger und abhängiger Variablen erfolgt in einer Wertetabelle. Wertetabellen sind in der Praxis wegen ihrer einfachen Handhabung weit verbreitet und insbesondere sinnvoll, wenn einzelne Wertepaare $(x, f(x))$ vorliegen, beispielsweise bei empirisch ermittelten Daten. Bei einer großen Anzahl von Wertepaaren können tabellarische Darstellungen jedoch schnell unübersichtlich werden. Zudem müssen fehlende Funktionswerte zwischen zwei Wertepaaren durch eine Interpolation abgeschätzt werden.

▸ **Graphisch:** Bei graphischen Darstellungen werden die einzelnen Wertepaare $(x, f(x))$ in eindeutiger Weise in einem kartesischen Koordinatensystem abgebildet. Sind die Abstände zwischen den Wertepaaren nur sehr gering, so kann der funktionale Zusammenhang graphisch durch eine Kurve veranschaulicht werden. Das Ablesen der Funktionswerte kann zwar ungenau sein, der Graph vermittelt aber einen Eindruck über den Funktionsverlauf und Erkenntnisse zu den Eigenschaften der Funktion.

Eine analytische Funktionsgleichung kann bei Bedarf jederzeit in eine Wertetabelle oder graphische Form gebracht werden.

Beispiel

Unternehmen, die im marktwirtschaftlichen Wettbewerb stehen, streben eine langfristige Gewinnmaximierung an. Der Gewinn G wird vereinfacht als Differenz zwischen den Umsatzerlösen U und den Gesamtkosten K berechnet.

Die Gesamtkosten eines Produkts betragen in Abhängigkeit von produzierten Menge x:

$K(x) = x^3 - 9x^2 + 30x + 20$

Aus technischen Gründen können maximal neun Stück hergestellt werden, d. h. $D_f = [0; 9]$. Alle produzierten Güter können zu einem Preis von 26 € pro Stück abgesetzt werden. Der Umsatz beträgt

$U(x) = 26x$

Die Gewinnfunktion ergibt sich zu

$G(x) = U(x) - K(x) = -x^3 + 9x^2 - 4x - 20$

Wertetabelle
Die Auswirkungen möglicher Produktionsmengen auf Kosten, Umsatz und Gewinn zeigt folgende Wertetabelle:

x	0	1	2	3	4	5	6	7	8	9
$K(x)$	20	42	52	56	60	70	92	132	196	290
$U(x)$	0	26	52	78	104	130	156	182	208	234
$G(x)$	−20	−16	0	22	44	60	64	50	12	−56

Die Tabelle zeigt, dass sowohl Kosten als auch Umsatz mit steigender Produktionsmenge kontinuierlich wachsen, jedoch unterschiedlich stark. Der Gewinn ist zunächst negativ, steigt aber bis zu einem gewissen Punkt an und sinkt dann wieder. Die einzelnen Funktionsverläufe lassen sich graphisch häufig besser veranschaulichen, wie Abbildung 4-1 zeigt.

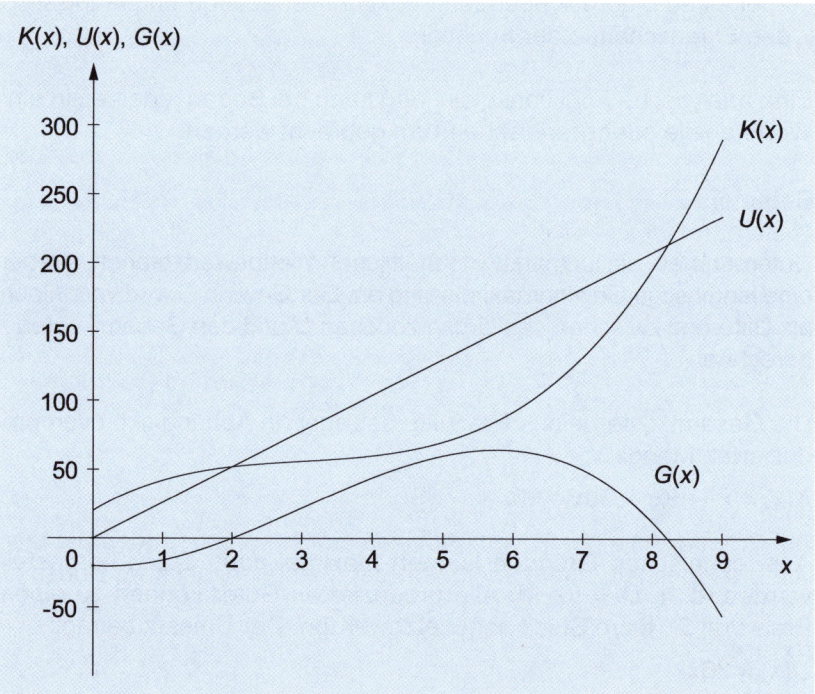

Abb. 4-1: Funktionsverläufe von Umsatz, Kosten und Gewinn

4.2 Elementare Funktionen

4.2.1 Konstante Funktion

Eine Funktion f mit der Funktionsgleichung

$f(x) = c$ (4.3)

heißt **konstante Funktion**. Der Funktionsgraph verläuft parallel zur Abszissenachse (vgl. Abbildung 4-2).

Konstante Funktion

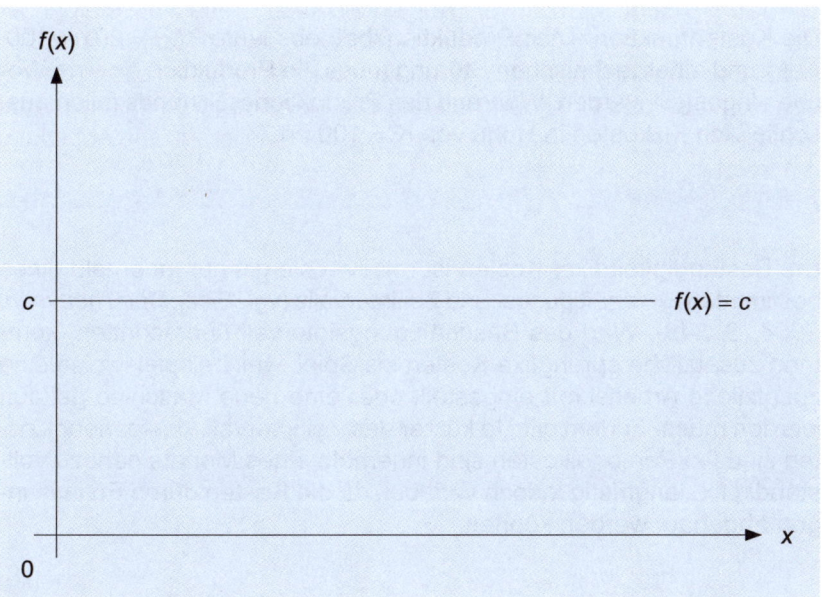

Abb. 4-2: Konstante Funktion

Beispiel

Die Prämie $f(x)$ einer Privathaftpflichtversicherung betrage 40 € jährlich pro Haushalt, unabhängig von der Personenzahl x im Haushalt. Es gilt:

$f(x) = 40$

Die bei der Produktion anfallenden Kosten lassen sich u. a. in variable und fixe Kosten einteilen. **Variable Kosten** $K_v(x)$ sind abhängig von der Produktionsmenge x. **Fixkosten** K_f entstehen dagegen auch, wenn nicht produziert wird, z. B. Mieten, Gehälter oder Zinsen für das geliehene Kapital. Da diese Kosten eine Produktion überhaupt erst ermöglichen, werden sie auch Bereitschaftskosten genannt. Die Gesamtkos-

Variable Kosten, Fixkosten

tenfunktion $K(x)$ ergibt sich durch Addition von variablen und fixen Kosten:

$$K(x) = K_v(x) + K_f \qquad (x \geq 0) \tag{4.4}$$

Wird nicht produziert, ist die Produktionsmenge $x = 0$, und es fallen nur Fixkosten an. Dann ist der Funktionsgraph eine Konstante.

Beispiel

Die Kostenfunktion eines Produktionsbetriebs laute $K(x) = 20x + 100$. Aufgrund einer technischen Störung muss die Produktion für eine Woche eingestellt werden. Während des Produktionsstillstands fallen ausschließlich Fixkosten in Höhe von $K_f = 100$ an.

Die Beständigkeit fixer Kosten ist relativ – sie gilt nur innerhalb eines bestimmten Beschäftigungs- und Zeitintervalls (vgl. *Eisenführ/Theuvsen, 2004, S. 249*). Wird das Beschäftigungsintervall überschritten, kommen zusätzliche sprungfixe Kosten ins Spiel, weil beispielsweise eine zusätzliche Arbeitskraft eingestellt oder eine neue Maschine gekauft werden muss. Zudem gilt: Je kürzer das Zeitintervall, desto mehr Kosten sind fix. Personalkosten sind innerhalb eines Monats nahezu vollständig fix, langfristig jedoch variabel, da die Kosten durch Entlassungen abgebaut werden können.

4.2.2 Lineare Funktion

Lineare Funktion   Eine Funktion f mit der Funktionsgleichung

$$f(x) = a + bx \tag{4.5}$$

wird als **lineare Funktion** bezeichnet. Der Funktionsgraph ist eine Gerade, die durch zwei Punkte $(x_1, f(x_1))$ und $(x_2, f(x_2))$ eindeutig bestimmt ist. a heißt Ordinatenabschnitt und gibt den Funktionswert für $x = 0$ an. b ist die Steigung der linearen Funktion. Sie kann positiv oder negativ sein und ergibt sich, wenn man die Änderung der abhängigen Variablen zur Änderung der unabhängigen Variablen ins Verhältnis setzt:

$$b = \frac{\Delta f(x)}{\Delta x} = \frac{f(x_2) - f(x_1)}{x_2 - x_1} \tag{4.6}$$

Steigungsdreieck   Abbildung 4-3 zeigt den Zusammenhang graphisch. Das rechtwinklige Dreieck mit dem Streckenzug ABC heißt **Steigungsdreieck**.

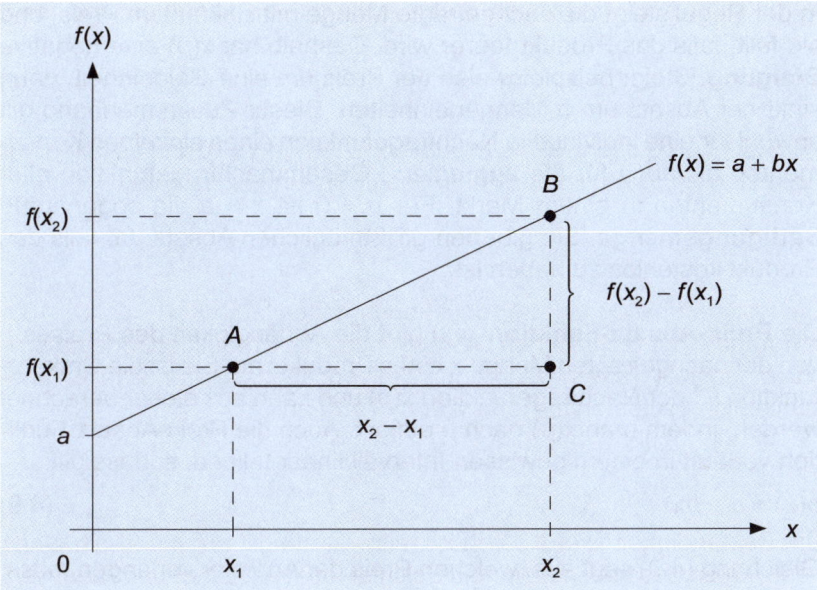

Abb. 4-3: Lineare Funktion

Viele wirtschaftswissenschaftliche Zusammenhänge lassen sich oftmals mithilfe von linearen Funktionen darstellen, auch wenn sich die betrachteten Größen nur annähernd proportional verhalten. Entweder reicht es für das relevante Funktionsintervall mit einer hinreichenden Genauigkeit aus, einen linearen Verlauf zu unterstellen, oder es wäre zu aufwendig, den exakten funktionalen Zusammenhang zu ermitteln. So wird in der Ökonometrie der Prognosewert einer trendförmigen Zeitreihe beispielsweise mithilfe einer Regressionsgeraden geschätzt.

Wie im einführenden Beispiel dieses Kapitels bereits gezeigt, ergibt die auf einem Markt verkaufte Absatzmenge $x \in \mathbb{R}_0^+$ eines Produkts multipliziert mit dem Verkaufspreis $p \geq 0$ den **Umsatz** U, der bisweilen auch als Erlös oder Umsatzerlös bezeichnet wird. Ist der Verkaufspreis konstant, weil er sich aufgrund von Wettbewerb am Markt bildet und vom Verkäufer nicht unmittelbar beeinflusst werden kann, lautet die lineare Umsatzfunktion: *(Umsatzfunktion)*

$$U = U(x) = p \cdot x \qquad (4.7)$$

Eine **Nachfragefunktion** $x(p)$ gibt die Abhängigkeit der nachgefragten Menge x vom Preis p des Produkts an. Für die empirische Beurteilung dieses Zusammenhangs werden – bezogen auf den potenziellen Wertebereich von null bis unendlich – recht kleine Preisintervalle betrachtet, in denen die Nachfragefunktion häufig annähernd linear fallend verläuft, sodass gilt: *(Nachfragefunktion)*

$$x = x(p) = a - bp \qquad (4.8)$$

Sättigungsmenge In der Regel steigt die nachgefragte Menge mit sinkendem Preis, und sie fällt, falls das Produkt teurer wird. Deshalb hat $x(p)$ eine negative **Steigung**. Steigt beispielsweise der Preis um eine Geldeinheit, dann sinkt der Absatz um b Mengeneinheiten. Dieser Zusammenhang gilt sowohl für eine individuelle Nachfragefunktion eines einzelnen Konsumenten als auch für die aggregierte Gesamtnachfragefunktion aller Konsumenten in einem Markt. Für $p = 0$ ist $x = a$ die sogenannte **Sättigungsmenge**. Sie gibt den größtmöglichen Absatz an, falls das Produkt kostenlos zu haben ist.

Preis-Absatz- Die **Preis-Absatz-Funktion** $p(x)$ gibt die Abhängigkeit des Preises p
Funktion von der nachgefragten Menge x eines Produkts an. Sie ist die Umkehrfunktion f^{-1} der Nachfragefunktion $x(p)$ und kann aus dieser berechnet werden, indem man $x(p)$ nach p auflöst. Auch die Preis-Absatz-Funktion verläuft in einem gewissen Intervall linear fallend, sodass gilt:

$$p(x) = a - bx \qquad (4.9)$$

Prohibitivpreis Gleichung (4.9) sagt aus, welchen Preis der Anbieter verlangen muss, wenn er die Menge x verkaufen will. Der Wert $p = a$ ist der sogenannte **Prohibitivpreis**, der sich bei einer Nachfragemenge $x = 0$ ergibt. Offensichtlich findet sich zu diesem Preis kein Käufer des Produkts, sodass der Anbieter $p < a$ setzen sollte. Steigt der Absatz x um eine Mengeneinheit, sinkt der Preis um b Geldeinheiten. Abbildung 4.4 zeigt eine lineare Preis-Absatz-Funktion mit dem Prohibitivpreis $p = a$ und der Sättigungsmenge x_{max}.

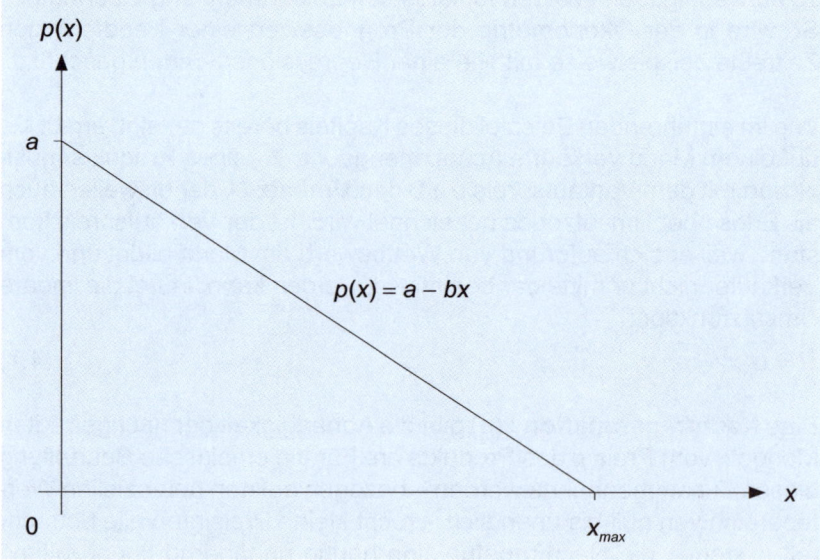

Abb. 4-4: Lineare Preis-Absatz-Funktion

Beispiel

Ein kleines Atelier vertreibt ein künstlerisch ausgefallenes Wohnaccessoire. Die Unternehmerin fragt sich, welchen Preis sie für dieses Dekorationsstück verlangen soll, damit sich das Geschäft lohnt. Die Unternehmerin setzt den Preis auf 84 € fest. Nach einigen Monaten erkennt sie, dass sich der durchschnittliche Absatz bei 720 Stück im Monat einpendelt. Die Unternehmerin überlegt, ob es klug wäre, den Preis zu erhöhen oder zu senken. Sie vermutet, dass jede Preissenkung um 10 € die monatliche Nachfrage um 100 Stück erhöht, jede Preiserhöhung um 10 € die monatliche Nachfrage um 100 Stück senkt. Aus diesem Zusammenhang lässt sich die Preis-Absatz-Funktion $p(x) = a - bx$ ableiten.

Es gilt:

① $84 = a - b \cdot 720$

② $74 = a - b \cdot 820$

Die Subtraktion der Gleichung ② von Gleichung ① führt zur Steigung b:

$10 = 100b \quad \Leftrightarrow \quad b = 0,1$

Einsetzen von $b = 0,1$ in ① und Auflösen nach a ergibt den Ordinatenabschnitt:

$84 = a - 0,1 \cdot 720 \quad \Leftrightarrow \quad a = 156$

Der Prohibitivpreis liegt bei 156 €. Die Preis-Absatz-Funktion lautet:

$p(x) = 156 - 0,1x$

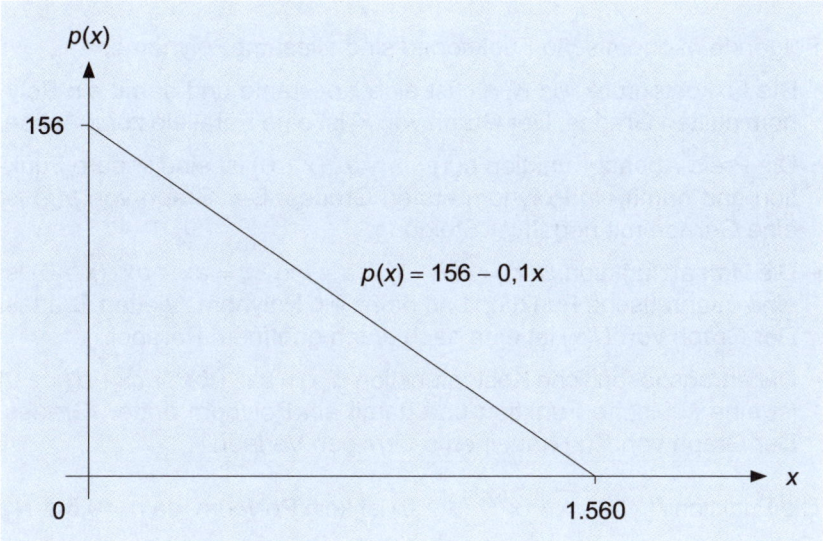

Abb. 4-5: Preis-Absatz-Funktion im Beispiel

Die Umkehrfunktion $x(p)$ erhält man durch Auflösen von $p(x)$ nach x:

$p = 156 - 0{,}1x$ $\qquad$ $|-156$

$\Leftrightarrow p - 156 = -0{,}1x$ $\qquad$ $|\cdot(-10)$

$\Leftrightarrow x(p) = 1.560 - 10p$

Die Sättigungsmenge beträgt 1.560 Stück und die Nachfrage sinkt – wie von der Unternehmerin vermutet – um 10 Stück pro einem Euro Preiserhöhung.

4.2.3 Polynom n-ten Grades

Polynom
n-ten Grades

Eine Funktion f mit der Funktionsgleichung

$$f(x) = a_n x^n + a_{n-1} x^{n-1} + \dots + a_1 x + a_0$$

$$= \sum_{k=0}^{n} a_k x^k \quad (a_n \neq 0;\ n \in \mathbb{N}_0;\ a_k \in \mathbb{R}) \qquad (4.10)$$

wird als **Polynom n-ten Grades** bezeichnet. Der höchste Exponent k gibt an, um welches Polynom es sich handelt. So ist eine lineare Funktion ein Polynom ersten Grades, da die unabhängige Variable x in der Gleichung $f(x) = a + bx$ nur in der ersten Potenz vorkommt.

Beispiele

Polynome in
den Wirtschafts-
wissenschaften

Folgende ökonomische Funktionen sind allesamt Polynome:

▸ Die Fixkostenfunktion $K_f = c$ ist eine Konstante und damit ein Polynom nullten Grades. Der Graph von K_f ist eine Parallele zur x-Achse.

▸ Die Preis-Absatz-Funktion $p(x) = a - bx$ $(x \geq 0)$ ist eine lineare Funktion und damit ein Polynom ersten Grades. Der Graph von $p(x)$ ist eine Gerade mit negativer Steigung.

▸ Die Umsatzfunktion $U(x) = p(x) \cdot x = (a - bx) \cdot x = ax - bx^2$ $(x \geq 0)$ ist eine quadratische Funktion und damit ein Polynom zweiten Grades. Der Graph von $U(x)$ ist eine nach unten geöffnete Parabel.

▸ Die ertragsgesetzliche Kostenfunktion $K(x) = ax^3 + bx^2 + cx + d$ $(x \geq 0)$ ist eine kubische Funktion und damit ein Polynom dritten Grades. Der Graph von $K(x)$ hat einen s-förmigen Verlauf.

Die Funktion $f(x) = \sqrt{x} = x^{0{,}5}$ $(x \geq 0)$ ist kein Polynom, da $n = 0{,}5 \notin \mathbb{N}_0$.

Die Berechnung des Funktionswerts eines Polynoms kann mit dem sogenannten **Horner-Schema**, das nach dem englischen Mathematiker *William George Horner* (1786 - 1837) benannt ist, vereinfacht werden. Dazu wird Gleichung (4.10) wie folgt umformuliert (vgl. *Luderer/ Würker, 2015, S. 36*):

$$f(x) = (((a_n \cdot x + a_{n-1}) \cdot x + ... + a_2) \cdot x + a_1) \cdot x + a_0 \qquad (4.11)$$

Horner-Schema

Löst man die Klammern von innen nach außen auf, wird zunächst der erste Koeffizient a_n mit x multipliziert, dann der nächstfolgende Koeffizient a_{n-1} hinzuaddiert, die Summe wieder mit x multipliziert usw., bis zuletzt das Absolutglied a_0 hinzugefügt wird. Diese Vorgehensweise hat den Vorteil, dass man keine höheren Potenzen von x explizit ausrechnen, sondern nur abwechselnd je eine einfache Multiplikation und eine Addition durchführen muss.

Beispiel

Gegeben ist die Kostenfunktion

$$K(x) = 1{,}5x^3 - 22{,}5x^2 + 150x + 96$$

Es soll berechnet werden, welche Kosten bei einer Produktionsmenge von $x = 8$ entstehen.

$$K(8) = 1{,}5 \cdot 8^3 - 22{,}5 \cdot 8^2 + 150 \cdot 8 + 96 = 624$$

Nach (4.11) kann dieser Wert auch wie folgt berechnet werden:

$$K(8) = ((1{,}5 \cdot 8 - 22{,}5) \cdot 8 + 150) \cdot 8 + 96 = 624$$

Polynome kommen neben den oben genannten Beispielen in den Wirtschaftswissenschaften häufig vor, da jede beliebige Kurve durch ein Polynom geeigneten Grades approximiert werden kann. Sind von einem ökonomischen Zusammenhang einzelne Punkte bekannt, werden die unbekannten Parameter durch ein lineares Gleichungssystem ermittelt.

Die im obigen Beispiel erwähnte ertragsgesetzliche Kostenfunktion leitet sich aus dem klassischen **Ertragsgesetz** ab. Dieses vom französischen Ökonom *Anne Robert Jacques Turgot* (1727 - 1781) für die landwirtschaftliche Produktion entwickelte und vom deutschen Agrarwissenschaftler *Johannes Heinrich von Thünen* (1783 - 1850) statistisch nachgewiesene Gesetz besagt, dass der zunehmende Einsatz des Produktionsfaktors Arbeit bei konstanten Einsatzmengen der Produktionsfaktoren Boden, Saatgut und Dünger zunächst zu steigenden und später zu abnehmenden Grenzerträgen führt (vgl. *Wöhe/Döring/*

Ertragsgesetz

Brösel, 2016, S. 301). Der Begründer der modernen deutschen Betriebswirtschaftslehre, *Erich Gutenberg* (1897 - 1984), hat das Ertragsgesetz in die Betriebswirtschaftslehre eingeführt und erweitert. Abbildung 4-6 zeigt den Verlauf der ertragsgesetzlichen Produktionsfunktion *x(r)* in Abhängigkeit von den unterschiedlichen Einsatzmengen des variablen Produktionsfaktors *r*.

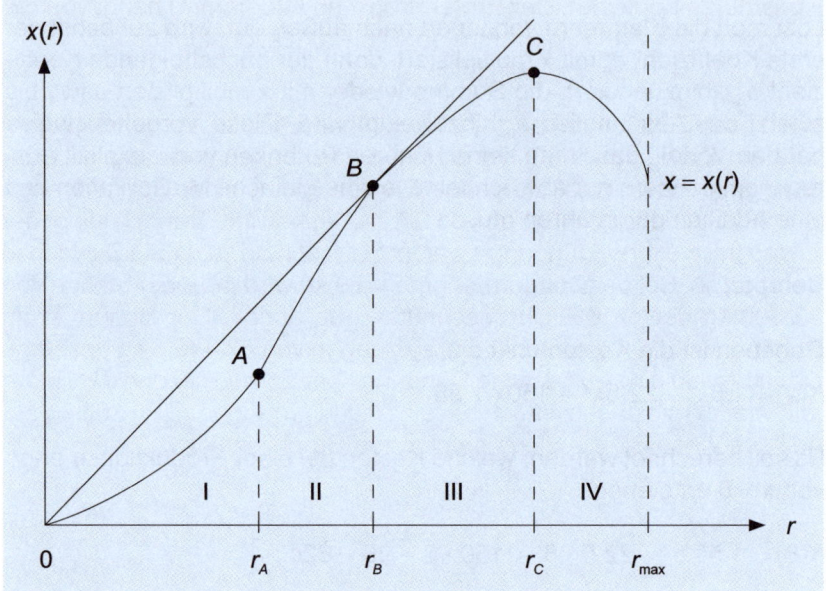

Abb. 4-6: Verlauf der ertragsgesetzlichen Produktionsfunktion

Verlauf der ertragsgesetzlichen Produktionsfunktion

Der Funktionsverlauf ist durch vier **Phasen** gekennzeichnet (vgl. *Helm/ Pfeifer/Ohser, 2015, S. 73 f.*). In der ersten Phase, die vom Produktionsbeginn im Nullpunkt bis zum Wendepunkt *A* der Funktion reicht, steigt der Produktionsertrag progressiv an. Die zugehörige Faktoreinsatzmenge r_A wird als **Schwelle des Ertragsgesetzes** bezeichnet. Danach steigt der Ertrag in der zweiten und in der dritten Phase absolut gesehen zwar weiter an, der Zuwachs ist jedoch nur noch degressiv. Im Übergang von der zweiten zur dritten Phase wird im Punkt *B* mit der Faktoreinsatzmenge r_B der **maximale Durchschnittsertrag** erzielt. *B* ist der Berührungspunkt der vom Nullpunkt ausgehenden Tangente an die Produktionsfunktion *x(r)*. Am Ende der dritten Phase erreicht die Produktionsfunktion mit der Faktoreinsatzmenge r_C den **maximalen Gesamtertrag** im Punkt *C*. Eine über diesen Punkt hinausgehende Steigerung der Faktoreinsatzmenge *r* bis zur Kapazitätsgrenze r_{max} wäre kontraproduktiv, was sich aus der Abnahme des Produktionsertrags nach dem Überschreiten des Punkts *C* ersehen lässt.

Wie in Abbildung 4-6 ersichtlich, hat die ertragsgesetzliche Produktions- QV
funktion einen s-förmigen Kurvenverlauf. Dieser spezielle Funktionsgraph ergibt sich bei einem Polynom dritten Grades.

Beispiel

Auf einem landwirtschaftlichen Versuchsfeld wird ein neu entwickelter
Kunstdünger getestet. Der Ernteertrag x (in Kilogramm) hängt von der
Düngermenge r (in Kilogramm) ab. Die Produktionsfunktion

$$x = x(r) = ar^3 + br^2 + cr + d \quad (0 \leq r \leq 166)$$

soll diesen Zusammenhang abbilden. Ohne Einsatz des Kunstdüngers
wird ein Ertrag von 5.000 kg erzielt. Es sei bekannt, dass eine Düngung überproportional steigende Erträge bis zu einer Düngermenge
$r_A = 53\frac{1}{3}$ kg bei einem Ertrag von 21.237 kg bewirkt. Danach steigt der
Ertrag mit weiterer Düngung zwar immer noch an, aber die Zuwächse
nehmen ab. Bei der Düngermenge $r_B = 80$ kg wird mit einer Menge von
32.200 kg der größte Durchschnittsertrag erzielt. Der Boden ist im
Punkt $r_C = 107,9$ kg mit einer Ertragsmenge von 37.486,5 kg gesättigt.
Danach wirkt eine zusätzliche Düngung kontraproduktiv und der Ertrag
fällt wieder, bis er schließlich bei einer Düngermenge $r_{max} = 166$ kg auf
null gesunken ist, wie die nachfolgende Graphik zeigt.

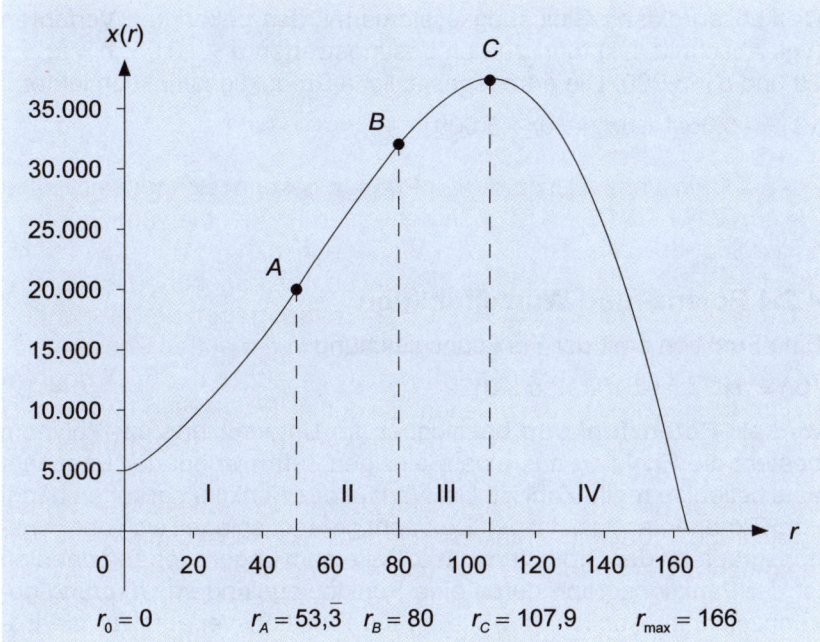

Abb. 4-7: Ertragsgesetzliche Produktionsfunktion im Beispiel

Aus den Punkten

$(r_0, x(r_0)) = (0, 5.000)$

$(r_A, x(r_A)) = (53\frac{1}{3}, 21.237)$

$(r_B, x(r_B)) = (80, 32.200)$

$(r_C, x(r_C)) = (107,9, 37.486,5)$

lässt sich das folgende lineare Gleichungssystem ableiten:

$$ar_0^3 + br_0^2 + cr_0 + d = 5.000 \qquad a \cdot 0^3 + b \cdot 0^2 + c \cdot 0 + d = 5.000$$
$$ar_A^3 + br_A^2 + cr_A + d = 21.237 \qquad a \cdot (53\frac{1}{3})^3 + b \cdot (53\frac{1}{3})^2 + c \cdot 53\frac{1}{3} + d = 21.237$$
$$ar_B^3 + br_B^2 + cr_B + d = 32.200 \quad \Leftrightarrow \quad a \cdot 80^3 + b \cdot 80^2 + c \cdot 80 + d = 32.200$$
$$ar_C^3 + br_C^2 + cr_C + d = 37.486,5 \qquad a \cdot 107,9^3 + b \cdot 107,9^2 + c \cdot 107,9 + d = 37.486,5$$

Das Einsetzen von $d = 5.000$ aus der ersten Gleichung in die drei anderen Gleichungen und die Berechnung der Werte führt zu einem reduzierten Gleichungssystem mit drei Variablen und drei Gleichungen:

$$151.703,7a + 2.844,\overline{4}b + 53,\overline{3}c = 16.237$$
$$512.000a + 6.400b + 80c = 27.200$$
$$1.256.216a + 11.642,4b + 107,9c = 32.486,5$$

QV Das Lösen dieses Gleichungssystems mit den bekannten Verfahren (vgl. Abschnitt 4.3) führt zu den Lösungswerten $a = -0,05$, $b = 8$, $c = 20$ und $d = 5.000$. Die ertragsgesetzliche Produktionsfunktion lautet:

$$x(r) = -0,05r^3 + 8r^2 + 20r + 5.000$$

4.2.4 Potenz- und Wurzelfunktion

Potenzfunktion Eine Funktion f mit der Funktionsgleichung

$$f(x) = ax^r \qquad (a, r \in \mathbb{R}; a > 0) \tag{4.12}$$

wird als **Potenzfunktion** bezeichnet. Im Unterschied zum Polynom besteht die Funktion aus einem einzigen Term, wobei der Exponent eine beliebige reelle Zahl ist. Der Verlauf des Funktionsgraphen hängt vom Exponenten r ab. Ist der Exponent gerade, spiegelt sich der Funktionsgraph an der Ordinatenachse. Bei einem ungeraden Exponenten ist der Funktionsgraph durch eine Punktspiegelung im Ursprung gekennzeichnet. Abbildung 4-8 zeigt die Funktionsverläufe für die Potenzfunktionen $f(x) = x^2$ und $f(x) = 0,01x^5$.
QV

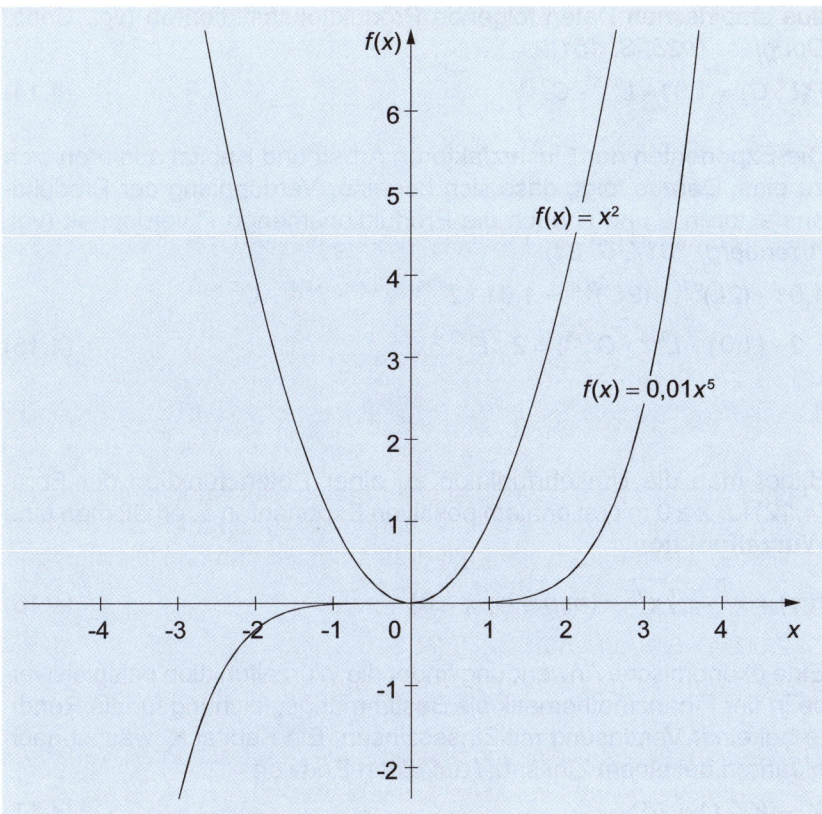

Abb. 4-8: Beispiele für Potenzfunktionen

Potenzfunktionen werden in den Wirtschaftswissenschaften zur Darstellung von neoklassischen Produktionsfunktionen herangezogen. Bei der nach den amerikanischen Wirtschaftswissenschaftlern *Charles Wiggins Cobb* (1875 - 1949) und *Paul Howard Douglas* (1892 - 1976) benannten **Cobb-Douglas-Produktionsfunktion** ergibt sich die Produktionsmenge x durch multiplikative Verknüpfung von Ergiebigkeitsfaktoren α_i mit den Faktoreinsatzmengen $r_1, r_2, \dots r_n$ sowie eines Niveaufaktors α_0 (vgl. *Steven, 2007, S. 50*):

$$x(r_1,\dots,r_n) = \alpha_0 \cdot r_1^{\alpha_1} \cdot r_2^{\alpha_2} \cdot \dots \cdot r_n^{\alpha_n} \quad \text{mit} \quad \alpha_0, \alpha_1, \dots, \alpha_n \geq 0 \quad \text{und} \quad \sum_{i=1}^{n} \alpha_i \leq 1 \quad (4.13)$$

Cobb-Douglas-Produktionsfunktion

Beispiel

Cobb und *Douglas* stellten die wirtschaftliche Entwicklung in England von 1899 bis 1922 – gemessen durch die Menge der produzierten Güter *P* (Production) – in Abhängigkeit von der Anzahl Lohnempfänger *L* (Labor) und dem eingesetzten Kapital *C* (Capital) dar. Sie leiteten aus empirischen Daten folgende Produktionsfunktion ab (vgl. *Cobb/ Douglas, 1928, S. 151*):

$$P(L, C) = 1{,}01 \cdot L^{0{,}75} \cdot C^{0{,}25} \tag{4.14}$$

Die Exponenten der Einsatzfaktoren Arbeit und Kapital addieren sich zu eins. Daraus folgt, dass sich bei einer Verdopplung der Produktionsfaktoren *L* und *C* auch die Produktionsmenge *P* verdoppelt (vgl. *Arrenberg, 2017, S. 84*):

$$1{,}01 \cdot (2L)^{0{,}75} \cdot (2C)^{0{,}25} = 1{,}01 \cdot 2^{0{,}75} \cdot L^{0{,}75} \cdot 2^{0{,}25} \cdot C^{0{,}25}$$

$$= 2 \cdot (1{,}01 \cdot L^{0{,}75} \cdot C^{0{,}25}) = 2 \cdot P \tag{4.15}$$

Wurzelfunktion

Bildet man die Umkehrfunktion zu einer Potenzfunktion der Form (4.12) für $x \geq 0$ mit rationalem positiven Exponenten $\frac{m}{n}$, erhält man eine **Wurzelfunktion**:

$$f(x) = x^{\frac{m}{n}} = \sqrt[n]{x^m} \quad (m, n \in \mathbb{N};\ x \geq 0) \tag{4.16}$$

Anwendung in der Finanzmathematik

Eine ökonomische Anwendung findet die Wurzelfunktion beispielsweise in der Finanzmathematik als Bestimmungsgleichung für die Rendite bei einer Verzinsung mit Zinseszinsen. Ein Kapital K_0 wächst nach n Jahren bei einem Zinssatz i auf einen Endwert

$$K_n = K_0 \cdot (1 + i)^n \tag{4.17}$$

an. Auflösen der Gleichung (4.17) nach i ergibt:

$$K_0 \cdot (1+i)^n = K_n \quad | \div K_0$$

$$\Leftrightarrow (1+i)^n = \frac{K_n}{K_0} \quad | \sqrt[n]{\ }$$

$$\Leftrightarrow 1+i = \sqrt[n]{\frac{K_n}{K_0}} \quad | -1$$

$$\Leftrightarrow i = \sqrt[n]{\frac{K_n}{K_0}} - 1 \tag{4.18}$$

Beispiel

Ein Sparer möchte 1.000 € für 20 Jahre anlegen und wissen, wie hoch die Verzinsung in Abhängigkeit von verschiedenen Endwerten K_n ist.

QV Mit $n = 20$ und $K_0 = 1.000$ gilt für den Zinssatz i nach Formel (4.18):

$$i(K_{20}) = \sqrt[20]{\frac{K_{20}}{1.000}} - 1$$

Die graphische Darstellung dieser Wurzelfunktion zeigt Abbildung 4-9.

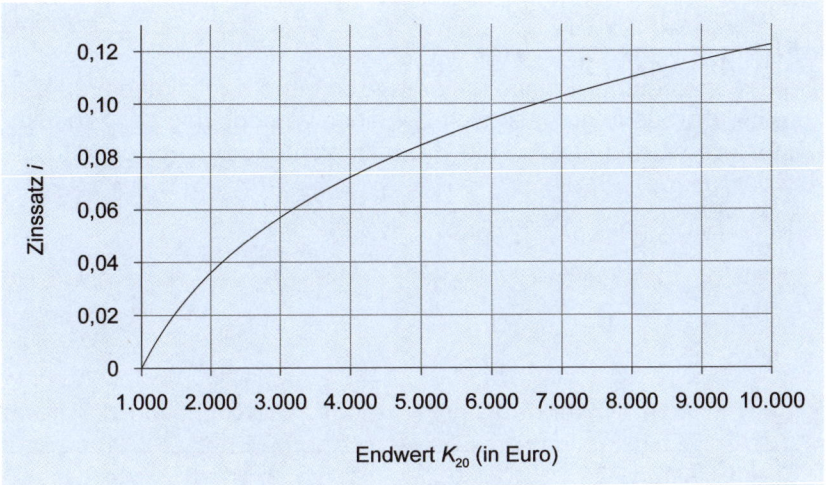

Abb. 4-9: Zinsentwicklung in Abhängigkeit vom Endwert

Ist $i = 0$, erhält der Anleger nach 20 Jahren lediglich sein Startkapital in Höhe von 1.000 € zurück. Bekommt er am Ende beispielsweise eine Rückzahlung in Höhe von $K_{20} = 1.500$, liegt die Verzinsung bei $i = 0,02$. Mit wachsendem Endwert K_{20} steigt die Verzinsung stetig an, die Zinszuwächse werden jedoch immer geringer. Bei einem Endwert von 10.000 € läge die Verzinsung knapp über 12 %.

4.2.5 Rationale Funktion

Sind Zähler und Nenner eines Bruchs Polynome, so heißt der Quotient f mit der Funktionsgleichung

Rationale Funktion

$$f(x) = \frac{\sum_{i=0}^{m} a_i x^i}{\sum_{j=0}^{n} b_j x^j} \quad (m,n \in \mathbb{N}_0;\ a_i, b_j \in \mathbb{R}) \tag{4.19}$$

rationale Funktion. Ist das Nennerpolynom vom Grad $n = 0$ und damit eine Konstante, erhält man eine ganzrationale Funktion (Polynomfunktion, vgl. Abschnitt 4.2.3). Kann man den Funktionsterm nur mit einem Nennerpolynom vom Grad $n > 0$ darstellen, handelt es sich um eine gebrochenrationale Funktion. Der Verlauf des Funktionsgraphen hängt

QV

von den Graden m und n der Polynome ab. Abbildung 4-10 zeigt beispielhaft zwei Funktionsverläufe:

$$f_1(x) = \frac{x^3 - 3x^2 + x + 1}{4x^4 - 4x^2 + 2}, \quad f_2(x) = \frac{x^2 + 1}{6x^2 - 2}$$

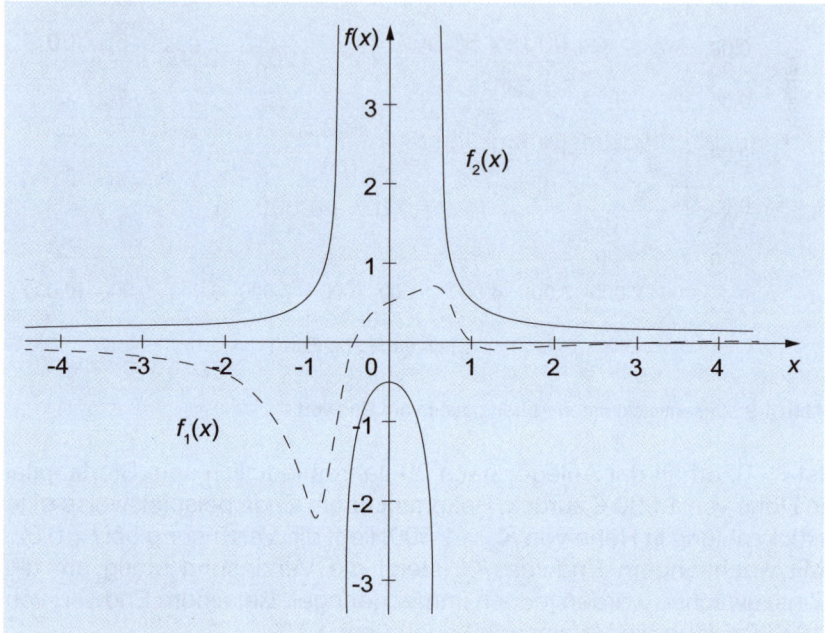

Abb. 4-10: Gebrochenrationale Funktionen

Stückkosten

In Unternehmen ist nicht nur die bereits beschriebene Entwicklung der Gesamtkosten mit zunehmender Beschäftigung von Bedeutung, sondern auch die Entwicklung der Kosten pro hergestellter Mengeneinheit. Man erhält diese Durchschnittskosten oder **Stückkosten** $k(x)$, indem man die Kosten einer Periode $K(x)$ durch die Beschäftigungsmenge x der gleichen Periode dividiert:

$$k(x) = \frac{K(x)}{x} \tag{4.20}$$

Teilt man die Gesamtkosten in fixe und variable Kosten ein, lauten die **variablen Stückkosten**:

$$k_v(x) = \frac{K_v(x)}{x} \tag{4.21}$$

Beispiel

Gegeben sei die Kostenfunktion $K(x) = x^3 - 120x^2 + 4.000x + 50.000$ für $x \in {]0; 100]}$ mit x in ME und $K(x)$ in GE.

Die Stückkostenfunktion lautet:

$$k(x) = \frac{x^3 - 120x^2 + 4.000x + 50.000}{x} = x^2 - 120x + 4.000 + \frac{50.000}{x}$$

Die variable Stückkostenfunktion lautet:

$$k_v(x) = \frac{x^3 - 120x^2 + 4.000x}{x} = x^2 - 120x + 4.000$$

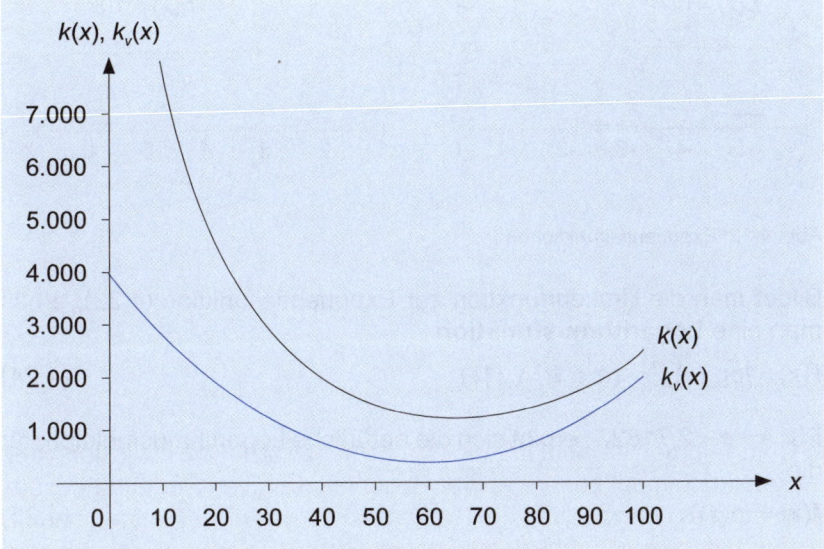

Abb. 4-11: Verlauf von Stückkosten und variablen Stückkosten

Offensichtlich fallen beide Funktionen bis zu einer gewissen Beschäftigungsmenge, um anschließend wieder anzusteigen.

4.2.6 Exponential- und Logarithmusfunktion

Eine Funktion f mit der Funktionsgleichung

$$f(x) = a^x \qquad (a \in \mathbb{R}^+ \setminus \{1\}) \tag{4.22}$$

Exponentialfunktion

wird als **Exponentialfunktion** bezeichnet. Für $a = e = 2{,}7182\ldots$ ergibt sich die natürliche Exponentialfunktion

$$f(x) = e^x = \exp(x). \tag{4.23}$$

Abbildung 4-12 zeigt Beispiele der Funktionsgraphen von Exponentialfunktionen:

$$f_1(x) = 1{,}3^x, \quad f_2(x) = 0{,}7^x, \quad f_3(x) = e^x, \quad f_4(x) = e^{-x}$$

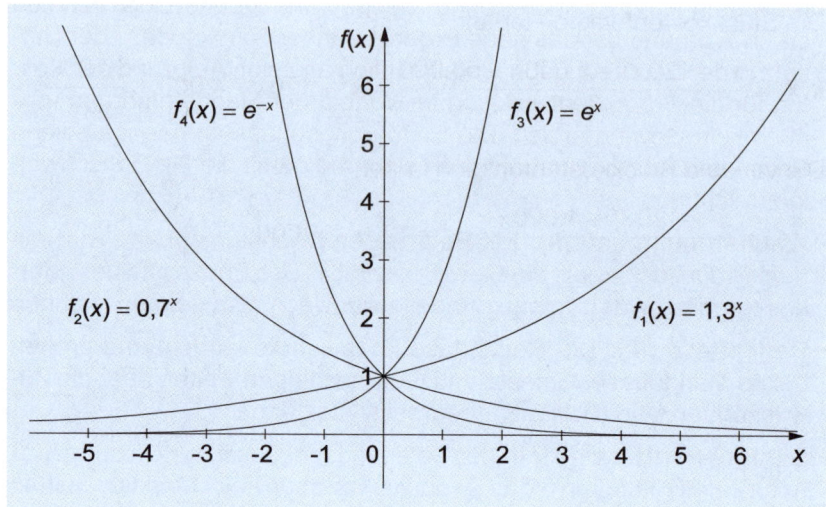

Abb. 4-12: Exponentialfunktionen

Logarithmusfunktion

Bildet man die Umkehrfunktion zur Exponentialfunktion (4.22), erhält man eine **Logarithmusfunktion**:

$$f(x) = \log_a(x) \qquad (a \in \mathbb{R}^+ \setminus \{1\}) \tag{4.24}$$

Für $a = e = 2{,}7182\ldots$ ergibt sich die natürliche Logarithmusfunktion, für die

$$f(x) = \ln(x) \tag{4.25}$$

geschrieben wird.

Produktlebenszyklus

QV

Exponentialfunktionen eignen sich zur Modellierung von Wachstumsvorgängen. Wächst oder fällt eine Größe stetig, kann dies durch eine Exponentialfunktion der Form (4.22) abgebildet werden. Mit e-Funktionen können dagegen auch Situationen beschrieben werden, bei denen die zeitliche Entwicklung des Wachstums unterschiedlich ist (vgl. *Stark et al., 2014, S. 89*). Ein solcher Funktionsverlauf ist bei Lebenszyklen zu beobachten. So wie der Lebenszyklus in der Biologie den Gang der Entwicklung eines Lebewesens beschreibt, wird in den Wirtschaftswissenschaften der Lebenslauf eines Produkts durch den **Produktlebenszyklus** dargestellt. Ebenso wie Lebewesen haben auch Produkte von der Markteinführung bis zur Streichung aus dem Produktprogramm eine durch Absatz oder Umsatz definierte Lebenskurve. In der betriebswirtschaftlichen Literatur werden die in Abbildung 4-13 dargestellten QV fünf **Phasen** im Produktlebenszyklus unterschieden (vgl. *Wöhe/Döring/ Brösel, 2016, S. 394*):

Phasen im Lebenszyklus

- **Einführungsphase (I):** Bei der Markteinführung ist die Nachfrage nach dem Produkt noch gering. Deshalb macht das Unternehmen durch Werbung auf das neue Produkt aufmerksam, sodass der Umsatz in der Einführungsphase allmählich ansteigt. Aufgrund der Kosten für die Produktentwicklung im Vorfeld der Markteinführung wird noch kein Gewinn erzielt. Die Einführungsphase ist beendet, wenn Erlöse und Kosten ausgeglichen sind und damit die Gewinnschwelle erreicht ist.

- **Wachstumsphase (II):** Mit Beginn der Wachstumsphase wird mit dem Produkt erstmals ein Gewinn erzielt. Diese Phase ist durch starkes (progressives) Umsatz- und Gewinnwachstum gekennzeichnet.

- **Reifephase (III):** Die Reifephase ist meist die längste und profitabelste Marktphase. Umsatz und Gewinn steigen weiter, aber die Zuwachsraten sind rückläufig (degressiv steigend).

- **Sättigungsphase (IV):** In der Sättigungsphase ist der Umsatz zwar noch relativ konstant, das Produkt hat aber kein Marktwachstum mehr. Der Gewinn ist rückläufig.

- **Degenerationsphase (V):** In dieser Rückgangsphase schrumpft der Absatz weiter, sodass Umsatz und Gewinn stark zurückgehen (degressiv fallende Raten). Kann das Produkt nicht durch eine Modifikation neu positioniert werden und einen weiteren Lebenszyklus durchlaufen, sollte es vom Markt genommen werden.

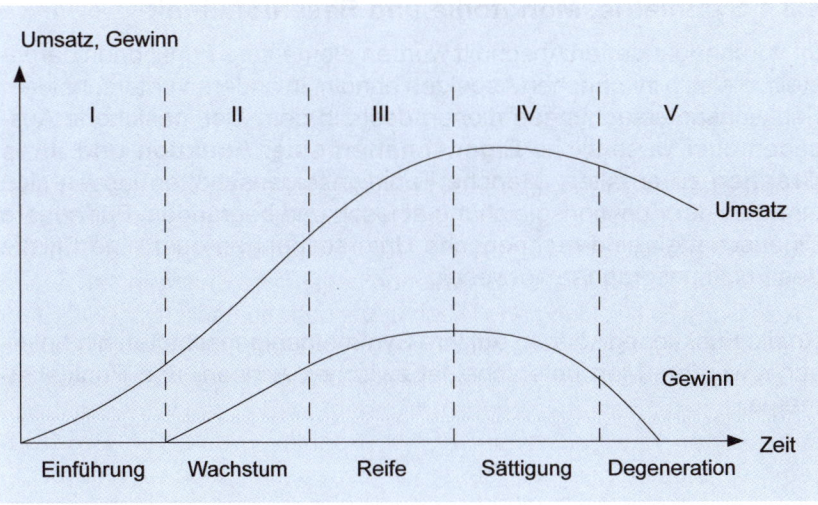

Abb. 4-13: Produktlebenszyklus

Der Lebenszyklus eines Produkts lasse sich durch folgende Umsatz-funktion beschreiben:

$$U(t) = 5t^2 e^{-1,2t}$$

Dabei gibt t die Zeit in Jahren beginnend mit der Markteinführung in $t = 0$ und $U(t)$ den Umsatz in Tausend Euro an.

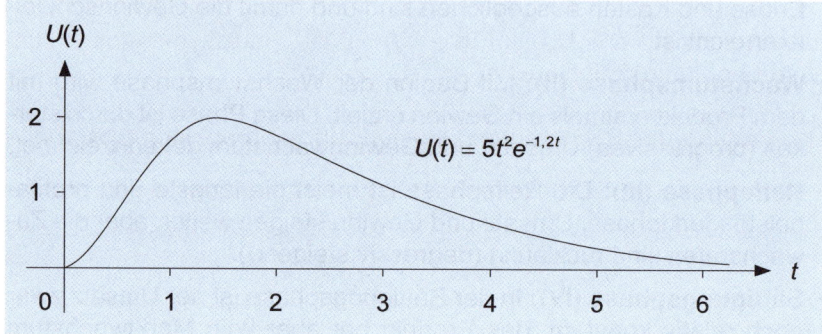

Abb. 4-14: Umsatzfunktion im Lebenszyklus

4.3 Eigenschaften von Funktionen

4.3.1 Symmetrie, Monotonie und Beschränktheit

Eigenschaften einer Funktion

Im vorangegangenen Abschnitt wurden elementare Funktionen darge-stellt, die sich in manchen Aspekten ähneln, in anderen unterscheiden. Funktionsuntersuchungen dienen deshalb dem Ziel, gesicherte Aus-sagen über wesentliche **Eigenschaften einer Funktion und ihres Graphen** zu erhalten. Manche Funktionseigenschaften lassen sich direkt an der Funktionsgleichung ablesen und begründen. Für andere Eigenschaften sind rechnerische Untersuchungen oder eine Skizze des Funktionsgraphen notwendig.

Reelle Funktionen können auf ihre Symmetrieeigenschaften hin unter-sucht werden. Man unterscheidet zwischen Achsen- und Punktsym-metrie.

Eine Funktion f heißt **achsensymmetrisch** bezüglich der senkrechten Geraden an der Stelle a, wenn

$$f(a - x) = f(a + x) \tag{4.26}$$

für alle x mit $a \pm x \in D_f$ gilt. Für $a = 0$ ist f achsensymmetrisch zur Ordinatenachse und es gilt $f(x) = f(-x)$.

Achsensymmetrie

Eine Funktion f heißt **punktsymmetrisch** bezüglich des Punktes (a, b), wenn

$$f(a - x) - b = b - f(a + x) \tag{4.27}$$

für alle x mit $a \pm x \in D_f$ gilt. Für $a = b = 0$ ist f punktsymmetrisch zum Ursprung und es gilt $f(x) = -f(-x)$.

Punktsymmetrie

Die Prüfung der Symmetrieeigenschaft erfolgt graphisch und analytisch.

Beispiel

Die Graphen der Funktionen $g(x) = x^2 - 6x + 10$ und $h(x) = x^3 + 3$ haben folgenden Verlauf:

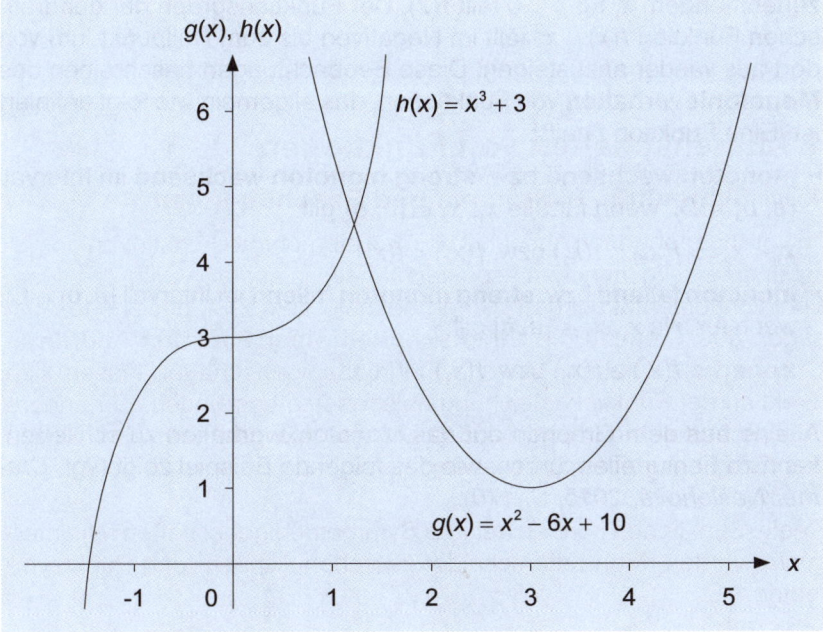

Abb. 4-15: Punkt- und achsensymmetrische Funktionen

Offensichtlich ist $g(x)$ achsensymmetrisch zur senkrechten Geraden durch $x = 3$, denn es gilt:

$$g(3 - x) = (3 - x)^2 - 6 \cdot (3 - x) + 10$$
$$= 9 - 6x + x^2 - 18 + 6x + 10$$
$$= 9 + 6x + x^2 - 18 - 6x + 10$$
$$= (3 + x)^2 - 6 \cdot (3 + x) + 10$$
$$= g(3 + x)$$

$h(x)$ dagegen ist punktsymmetrisch bezüglich des Punktes (0, 3), denn es gilt:

$$g(-x) - 3 = (-x)^3 + 3 - 3$$
$$= 3 - (x^3 + 3)$$
$$= 3 - g(x)$$

Monotonieverhalten Anhand der Steigung einer linearen Funktion $f(x) = a + bx$ ist unmittelbar ersichtlich, ob der Graph steigt oder fällt. Für $b > 0$ wächst $f(x)$ mit zunehmendem x, für $b < 0$ fällt $f(x)$. Der Funktionsgraph der quadratischen Funktion $f(x) = x^2$ fällt im Negativen bis zum Nullpunkt, um von dort aus wieder anzusteigen. Diese Beobachtungen beschreiben das **Monotonieverhalten** von Funktionen, das allgemein wie folgt definiert ist. Eine Funktion f heißt

► **monoton wachsend** bzw. **streng monoton wachsend** im Intervall $[a, b] \in D_f$, wenn für alle $x_1, x_2 \in [a, b]$ gilt:

$$x_1 < x_2 \Rightarrow f(x_1) \leq f(x_2) \text{ bzw. } f(x_1) < f(x_2)$$

► **monoton fallend** bzw. **streng monoton fallend** im Intervall $[a, b] \in D_f$, wenn für alle $x_1, x_2 \in [a, b]$ gilt:

$$x_1 < x_2 \Rightarrow f(x_1) \geq f(x_2) \text{ bzw. } f(x_1) > f(x_2).$$

Alleine aus dem Graphen auf das Monotonieverhalten zu schließen, kann zu Fehlurteilen führen, wie das folgende Beispiel zeigt (vgl. *Cramer/Nešlehová, 2015, S. 170*).

Beispiel

Der Graph der Funktion $f(x) = x^3 + x^2 - x + 1$ wird für drei Intervalle gezeichnet: $[-8, 8]$, $[-4, 4]$ und $[-2, 2]$.

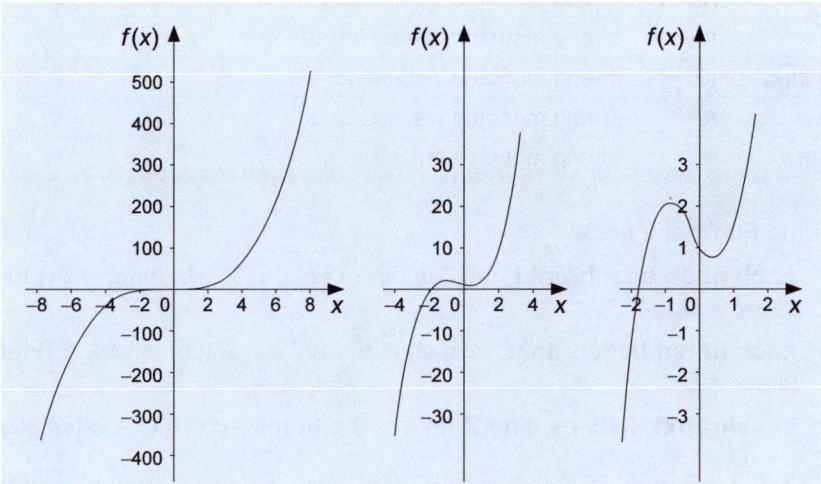

Abb. 4-16: Skalierungsmaßstab und Monotonieverhalten

Während der links abgebildete Graph augenscheinlich monoton wachsend verläuft, ist dies bei den Graphen in der Mitte und rechts nicht der Fall. Ausschlaggebend für eine verlässliche Beurteilung der Monotonieeigenschaft anhand des Funktionsgraphen ist eine maßstabsgleiche Darstellung der beiden Koordinatenachsen.

Das Beispiel zeigt, dass der Funktionsgraph nur Anhaltspunkte für das Monotonieverhalten einer Funktion geben kann. Auf eine mathematisch eindeutige Beurteilung wird im Rahmen der Differentialrechnung näher eingegangen.

In der nachfolgenden Tabelle sind die **Monotonieeigenschaften einiger grundlegender Funktionen** aufgeführt (vgl. *Cramer/Nešlehová, 2015, S. 172*).

Monotonie grundlegender Funktionen

$f(x)$	D_f	Monotonieverhalten
$a + bx$	$\mathbb{R}$	streng monoton wachsend, falls $b > 0$ streng monoton fallend, falls $b < 0$
x^n	$\mathbb{R}$	streng monoton wachsend, falls $n \in \mathbb{N}$ ungerade streng monoton wachsend auf $[0, \infty[$, falls $n \in \mathbb{N}$ gerade streng monoton fallend auf $]-\infty, 0]$, falls $n \in \mathbb{N}$ gerade

$f(x)$	D_f	Monotonieverhalten
x^{-n}	$]0, \infty[$ $]-\infty, 0[$ $]-\infty, 0[$	streng monoton fallend streng monoton wachsend, falls $n \in \mathbb{N}$ gerade streng monoton fallend, falls $n \in \mathbb{N}$ ungerade
x^r	$[0, \infty[$	streng monoton wachsend ($r > 0$)
x^{-r}	$]0, \infty[$	streng monoton fallend ($r > 0$)
$\ln(x)$	$]0, \infty[$	streng monoton wachsend
e^x	$\mathbb{R}$	streng monoton wachsend
e^{-x}	$\mathbb{R}$	streng monoton fallend

Beschränkung Eine Funktion f heißt

- **nach oben beschränkt**, falls es eine Zahl $c \in \mathbb{R}$ gibt mit $c \leq f(x)$ für alle $x \in D_f$

- **nach unten beschränkt**, falls es eine Zahl $c \in \mathbb{R}$ gibt mit $c \geq f(x)$ für alle $x \in D_f$

- **beschränkt**, falls es eine Zahl $c > 0$ gibt mit $-c \leq f(x) \leq c$ für alle $x \in D_f$.

Ist f nicht beschränkt, so heißt f unbeschränkt.

Logistisches Wachstum In den Wirtschaftswissenschaften werden für langfristige Marktprognosen oder Produktlebenszyklen neben den bereits beschriebenen Exponentialfunktionen auch Funktionen verwendet, die ein sogenanntes **logistisches Wachstum** beschreiben. Ursprünglich wurde diese Idee in der Biologie zur Beschreibung einer Population von Lebewesen entwickelt. Dabei wird angenommen, dass die beobachtete Population aufgrund von Vermehrung zunächst progressiv und dann degressiv wächst, bis sie durch die sich erschöpfenden Ressourcen gebremst wird und sich einer Schranke a nähert.

Logistische Funktion Logistisches Wachstum lässt sich durch die **logistische Funktion**

$$f(x) = \frac{a}{1 + b \cdot e^{-cx}} \tag{4.28}$$

beschreiben (vgl. *Ohse, 2004, S. 118*). Die Stärke des Wachstums wird dabei durch den Proportionalitätsfaktor c bestimmt. Die Konstanten a, b, c werden aus gegebenen empirischen Daten ermittelt.

Beispiel

Die Ausbreitung der Geflügelpest auf einem Bauernhof soll durch eine logistische Funktion

$$f(t) = \frac{a}{1 + b \cdot e^{-ct}}$$

abgeschätzt werden, wobei t die Zeit in Tagen und $f(t)$ die Anzahl an infizierten Tieren zum Zeitpunkt t angeben. Der Bauer besitzt 500 Hühner, die gemeinsam in einem Stall gehalten werden und sich gegenseitig anstecken können. Zu Beginn sind 10 Tiere erkrankt. Aus der Schranke $a = 500$ und $f(0) = 10$ kann b berechnet werden:

$$f(0) = \frac{500}{1 + b \cdot e^{-c \cdot 0}} = \frac{500}{1 + b} = 10 \quad \Leftrightarrow \quad b = 49$$

Abbildung 4-17 zeigt, dass der Funktionsgraph von f umso schneller wächst, je größer der Proportionalitätsfaktor c ausfällt.

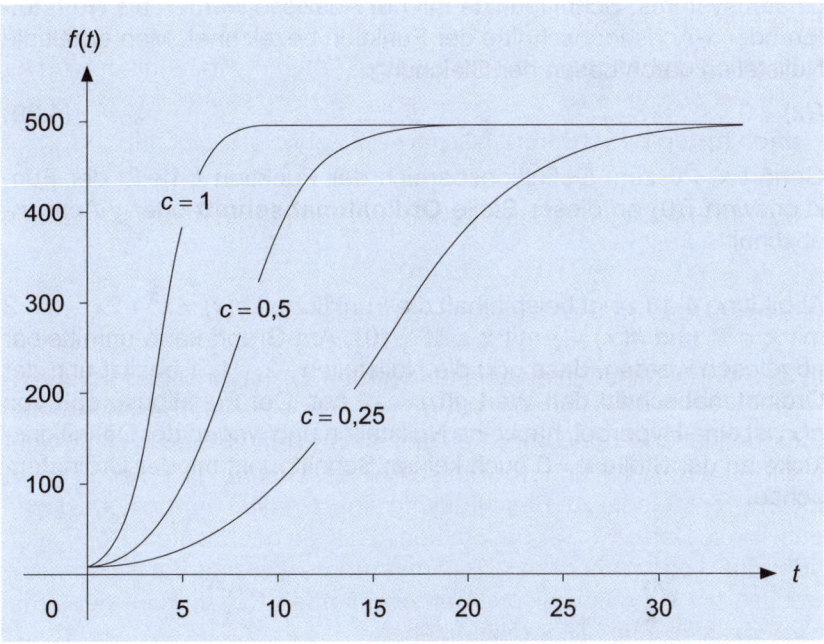

Abb. 4-17: Einfluss des Proportionalitätsfaktors auf das logistische Wachstum

Der Bauer bemerkt nach zehn Tagen, dass bereits 100 Hühner infiziert sind. Der Proportionalitätsfaktor errechnet sich demnach aus

$$f(10) = \frac{500}{1 + 49 \cdot e^{-c \cdot 10}} = 100 \quad \Leftrightarrow \quad 500 = 100 \cdot (1 + 49 \cdot e^{-c \cdot 10})$$

$$\Leftrightarrow \quad 5 = 1 + 49 \cdot e^{-c \cdot 10} \quad \Leftrightarrow \quad 4 = 49 \cdot e^{-c \cdot 10}$$

$$\Leftrightarrow \quad \frac{4}{49} = e^{-c \cdot 10} \quad \Leftrightarrow \quad -c \cdot 10 = \ln\left(\frac{4}{49}\right) \quad \Leftrightarrow \quad c = \frac{\ln\left(\frac{4}{49}\right)}{-10} \approx 0{,}25$$

Die logistische Wachstumsfunktion zur Abschätzung des Infektionsverlaufs lautet:

$$f(t) = \frac{500}{1 + 49 \cdot e^{-0,25t}}$$

4.3.2 Nullstellen und Ordinatenabschnitt

Nullstelle

Häufig schneidet der Graph einer Funktion $f(x)$ die Achsen des Koordinatensystems. Schnittpunkte mit der Abszisse werden als **Nullstellen** oder x-Achsenabschnitte der Funktion bezeichnet. Man erhält die Nullstellen durch Lösen der Gleichung

$$f(x) = 0 \tag{4.29}$$

Ordinatenabschnitt

Gehört $x = 0$ zum Definitionsbereich der Funktion f, heißt der Funktionswert $f(0)$ an dieser Stelle **Ordinatenabschnitt** oder y-Achsenabschnitt.

Abbildung 4-18 zeigt beispielhaft die Funktionen $g(x) = x^3 + 2x^2 - x - 2$ mit $x \in \mathbb{R}$ und $h(x) = \frac{1}{x}$ mit $x \in \mathbb{R} \setminus \{0\}$. Am Graph kann unmittelbar abgelesen werden, dass $g(x)$ die Nullstellen -2, -1, 1 besitzt und der Ordinatenabschnitt den Wert $g(0) = -2$ hat. Der Funktionsgraph von $h(x)$ ist eine Hyperbel, hat keine Nullstellen und wegen der Definitionslücke an der Stelle $x = 0$ auch keinen Schnittpunkt mit der Ordinatenachse.

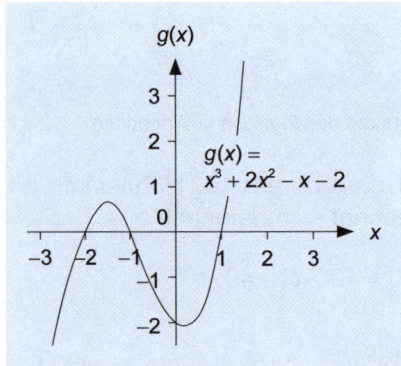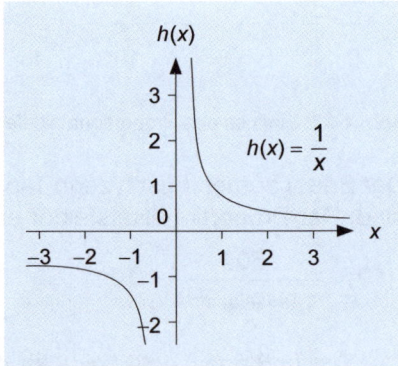

Abb. 4-18: Funktionsverläufe mit und ohne Achsenschnittpunkten

Gewinnschwellenanalyse

Betriebswirtschaftlich sind die Schnittpunkte mit den Achsen u. a. bei der **Gewinnschwellenanalyse** (Break-even-Analyse) relevant.

Gegeben sei eine Gewinnfunktion $G(x)$ mit $x \geq 0$. Die Menge $\{x \in D_G \mid G(x) > 0\}$ mit einem positiven Gewinn heißt Gewinnzone, die Menge $\{x \in D_G \mid G(x) < 0\}$ mit einem negativen Gewinn entsprechend Verlustzone. Die erste (positive) Nullstelle von $G(x)$ heißt **Gewinnschwelle** x_S, die zweite (positive) Nullstelle **Gewinngrenze** x_G. In der Gewinnschwelle und Gewinngrenze sind Umsatzerlöse $U(x)$ und Kosten $K(x)$ einer Beschäftigungsmenge x gleich hoch, und es wird somit weder Verlust noch Gewinn erwirtschaftet. Graphisch sind dies die Schnittstellen zwischen $U(x)$ und $K(x)$.

Gewinnschwelle, Gewinngrenze

Beispiel

Betrachten wir noch einmal die Gewinnfunktion $G(x) = -x^3 + 9x^2 - 4x - 20$ aus dem Beispiel in Abschnitt 4.1.2 (in einem anderen Maßstab).

QV

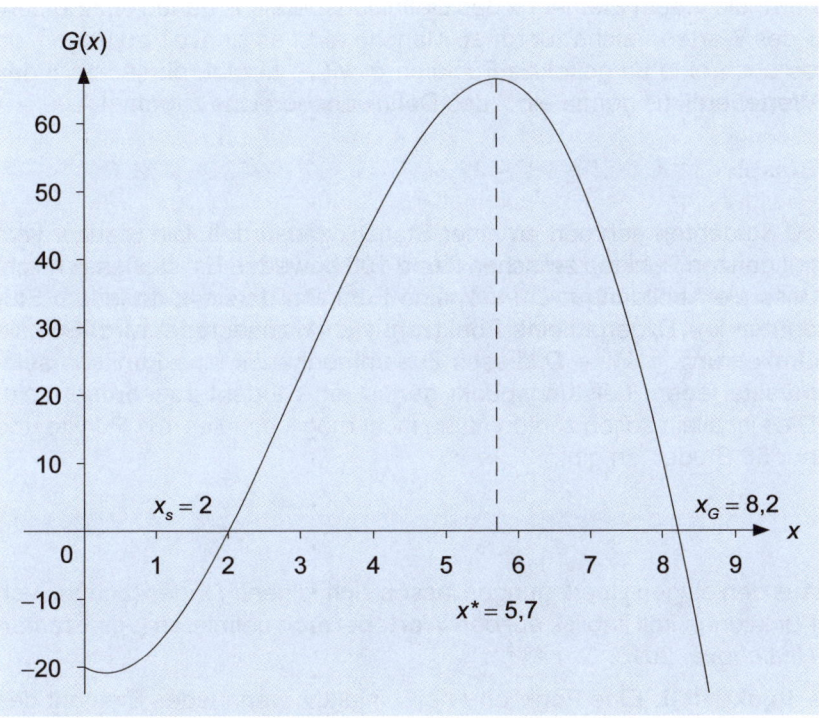

Abb. 4-19: Beispiel einer Gewinnfunktion

Der Ordinatenabschnitt zeigt an, dass ein Verlust von $G(0) = -20$ GE erzielt wird, falls nichts produziert wird. Der Gewinn bleibt bis zu einer

Produktionsmenge $x_S = 2$ negativ. An dieser ersten Nullstelle ist die Gewinnschwelle erreicht, und das Unternehmen gelangt in die Gewinnzone. Die Gewinngrenze liegt bei $x_G = 8{,}2$. Die Nullstellen können mithilfe der Formeln (2.25) bis (2.27) von Cardano oder dem Newton-Verfahren ermittelt werden. Das Gewinnmaximum wird bei einer Produktionsmenge $x^* = 5{,}77$ erreicht. (Auf das Newton-Verfahren zur Bestimmung der Nullstellen und auf die Berechnung des Gewinnmaximums wird im Rahmen der Differentialrechnung noch näher eingegangen.)

QV

4.3.3 Umkehrbarkeit und Verknüpfung

Umkehrbarkeit einer Funktion

Im Abschnitt 4.1.1 wurde eine Funktion $f\colon D_f \to W_f$ als Vorschrift definiert, die jedem Element x des Definitionsbereichs genau ein Element y des Wertebereichs zuordnet. Manchmal ist es sinnvoll, zu fragen, ob es auch eine umgekehrte Funktion $g\colon W_f \to D_f$ gibt, die jedem y des Wertebereichs genau ein x des Definitionsbereichs zuordnet.

Beispiel

50 Studenten nehmen an einer Statistikklausur teil. Die Klausur wird mit ganzen Punkten zwischen 0 und 100 bewertet. Es ist offensichtlich, dass die Abbildung $f\colon D_f \to W_f$ eine Funktion darstellt, da jedem Studenten $x \in D_f$ genau eine Punktzahl $y \in W_f$ zugeordnet wird. Soll die Umkehrung $g\colon W_f \to D_f$ dieses Zusammenhangs eine Funktion sein, müsste jedem Leistungspunkt genau ein Student zugeordnet sein. Dies ist allein schon zahlenmäßig nicht möglich, da es 101 Punkte und nur 50 Studenten gibt.

Wertebereich einer Funktion

Aus den obigen Überlegungen lassen sich folgende Eigenschaften von Funktionen im Hinblick auf den **Wertebereich** definieren (vgl. *Cramer/ Nešlehová, 2015, S. 173 f.*):

- **Injektivität:** Eine Funktion f heißt injektiv, wenn jedes Element des Wertebereichs höchstens einem Element des Definitionsbereichs zugeordnet wird.

- **Surjektivität:** Eine Funktion f heißt surjektiv, wenn alle Elemente des Wertebereichs Funktionswerte sind.

- **Bijektivität:** Eine Funktion f heißt bijektiv, wenn jedem Element des Wertebereichs genau ein Element des Definitionsbereichs zugeordnet wird. Dann ist f sowohl injektiv als auch surjektiv.

Ob eine Funktion injektiv, surjektiv oder bijektiv ist, hängt nicht nur von der zugrunde liegenden Abbildungsvorschrift, sondern auch vom Definitionsbereich und vom Wertebereich ab. In Abbildung 4-20 ist (1) injektiv, (2) surjektiv, (3) bijektiv und (4) weder injektiv noch surjektiv.

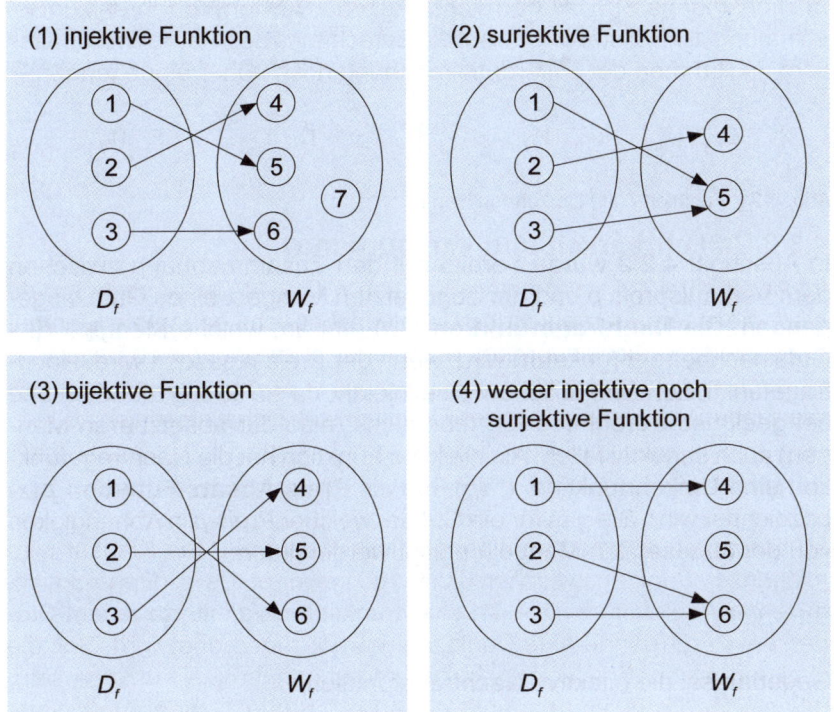

Abb. 4-20: Funktionen im Hinblick auf den Wertebereich

Sei $f: D_f \to W_f$ eine bijektive Funktion. Dann ist $g: W_f \to D_f$ mit

$$g(f(x)) = x \quad \text{für alle } x \in D_f \tag{4.30}$$

und

$$f(g(y)) = y \quad \text{für alle } y \in W_f \tag{4.31}$$

die **Umkehrfunktion** oder Inverse zu f. Sie wird mit f^{-1} bezeichnet.

Umkehrfunktion

Die Umkehrfunktion einer bijektiven Funktion f ist eindeutig bestimmt, sodass eine erneute Umkehrung von f^{-1} wieder die Funktion f ergibt:

$$(f^{-1})^{-1} = f \tag{4.32}$$

In Abbildung 4-21 ist die Umkehrfunktion für das Beispiel (3) aus der vorigen Abbildung dargestellt.

QV

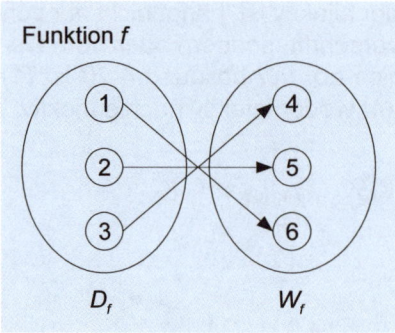 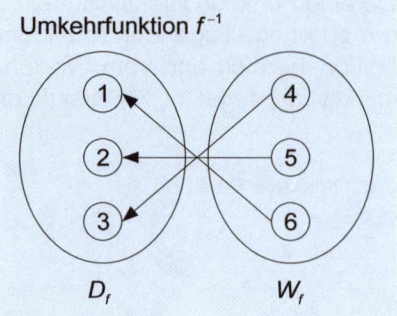

Abb. 4-21: Funktion f und Umkehrfunktion f^{-1}

Preis-Absatz-Funktion als Umkehrfunktion der Nachfragefunktion

In Abschnitt 4.2.2 wurde bereits auf den Zusammenhang zwischen dem Verkaufspreis p und der abgesetzten Menge x eines Guts eingegangen. Die **Nachfragefunktion** $x(p)$ gibt an, welche Menge x des Guts nachgefragt (gekauft) wird, wenn der Preis p gesetzt wird. Nachfragefunktionen sind üblicherweise injektiv, da sie streng monoton und bei geeigneter Wahl des Wertebereichs (also der absetzbaren Mengen) auch surjektiv fallen. Als bijektive Funktion hat die Nachfragefunktion eine Umkehrfunktion $x^{-1}(p)$, die als **Preis-Absatz-Funktion** $p(x)$ bezeichnet wird. Sie gibt für ein Gut an, welcher Preis p in Abhängigkeit von der abgesetzten Menge x erzielt werden kann.

Beispiel

Gegeben sei die bijektive Nachfragefunktion

$$x(p) = 7 - \frac{1}{7}p$$

Beispielsweise werden bei einem Preis $p = 21$ GE insgesamt $x(21) = 4$ ME verkauft.

Ein sinnvoller ökonomischer Definitionsbereich hat einen Preis $p = 0$ als Untergrenze mit der zugehörigen Sättigungsmenge $x(0) = 7$. Die Obergrenze des Definitionsbereichs p_{max} ist der Prohibitivpreis, zu dem sich kein Käufer mehr findet, sodass $x(p_{max}) = 0$ gilt. Dies ist bei $p_{max} = 49$ der Fall. Also gilt:

$$D_f := \{p \in \mathbb{R}_0^+ \mid 0 \le p \le 49\}$$

Der Wertebereich W_f wird durch Einsetzen der Randwerte des Definitionsintervalls $p \in [0, 49]$ in $x(p)$ bestimmt. Für $p = 0$ ergibt sich $x(0) = 7$, für $p = 49$ erhält man $x(49) = 0$. Also gilt:

$$W_f := \{x \in \mathbb{R}_0^+ \mid 0 \le x \le 7\}$$

Die Umkehrfunktion f^{-1} wird durch Auflösen von $x(p)$ nach p ermittelt:

$$x = 7 - \frac{1}{7}p \qquad\qquad |-7$$

$$\Leftrightarrow x - 7 = -\frac{1}{7}p \qquad |\cdot(-7)$$

$$\Leftrightarrow p(x) = 49 - 7x$$

Die Preis-Absatz-Funktion $p(x)$ ist die Inverse zur Nachfragefunktion $x(p)$. Definitions- und Wertebereich kehren sich deshalb ebenfalls um:

$$D_{f^{-1}} = W_f := \{x \in \mathbb{R}_0^+ \mid 0 \le x \le 7\}$$

$$W_{f^{-1}} = D_f := \{p \in \mathbb{R}_0^+ \mid 0 \le p \le 49\}$$

Die Umkehrfunktion ist auch für den Zusammenhang zwischen Input und Output von Bedeutung. Wie in Abschnitt 4.2 bereits dargestellt, gibt eine Produktionsfunktion $x(r)$ die Produktionsmenge x in Abhängigkeit vom Faktoreinsatz r an. **Produktionsfaktoren** sind insbesondere die verwendete Arbeitszeit in Zeiteinheiten ZE (Wochen, Tage, Stunden), das eingesetzte Kapital in Geldeinheiten GE (Euro, Dollar), der genutzte Boden in Quadratmetern qm (oder in GE), die genutzten Maschinen und Anlagen in ZE (oder in GE), das verwendete Material in ME (oder in GE), eingesetzte Dienstleistungen in ZE (oder in GE) usw.

Produktionsfaktor
QV

Wie bereits gezeigt, kann die Produktionsfunktion unterschiedliche Verläufe annehmen. So ist es beispielsweise denkbar, dass Input und Output sich proportional zueinander verhalten und $x(r)$ damit linear verläuft. Häufig folgt die Produktionsfunktion einem ertragsgesetzlichen Verlauf (vgl. Abschnitt 4.2.4). Dann steigt $x(r)$ erst progressiv und dann degressiv bis zum Maximalertrag. Zudem könnte der Output – wie im folgenden Beispiel – auch über den gesamten Definitionsbereich unterproportional vom Input abhängen. Dann lässt sich $x(r)$ durch eine Wurzelfunktion abbilden.

QV

Kehrt man die Produktionsfunktion $x(r)$ um, gelangt man zur **Faktoreinsatzfunktion** $r(x)$. Sie gibt den Faktoreinsatz r an, der benötigt wird, um die gewünschte Produktionsmenge x herzustellen. $r(x)$ hat das entgegengesetzte Wachstumsverhalten von $x(r)$. Ist beispielsweise $x(r)$ eine Wurzelfunktion, sodass der Output mit zunehmendem Input degressiv wächst, verläuft die Umkehrfunktion $r(x)$ progressiv steigend.

Faktoreinsatzfunktion

Ist der Preis p_r für den Produktionsfaktor r bekannt, lauten die Kosten für den Faktoreinsatz:

$$K(r) = p_r \cdot r \qquad (4.33)$$

Da der Faktoreinsatz mit zunehmender Beschäftigung steigt, ergeben sich die Gesamtkosten der Produktion in Abhängigkeit von der Produktionsmenge x durch das Produkt aus Faktorpreis und Faktoreinsatzfunktion:

$$K(x) = p_r \cdot r(x) \qquad (4.34)$$

Beispiel

Ein Schreiner stellt Tische gemäß der folgenden Produktionsfunktion her:

$$x(r) = \sqrt{8r - 200} \quad (r \geq 25)$$

wobei r die Arbeitszeit in Stunden angibt. Eine Arbeitsstunde kostet 20 €.

Die Umkehrfunktion f^{-1} wird durch Auflösen nach r bestimmt:

$$x = \sqrt{8r - 200} \qquad \qquad |\ ^2$$
$$\Leftrightarrow x^2 = 8r - 200 \qquad \qquad |+200$$
$$\Leftrightarrow x^2 + 200 = 8r \qquad \qquad |\div 8$$
$$\Leftrightarrow r(x) = 0{,}125x^2 + 25$$

Möchte der Schreiner beispielsweise $x = 10$ Tische herstellen, benötigt er hierfür $r(10) = 0{,}125 \cdot 10^2 + 25 = 37{,}5$ Arbeitsstunden.

Die Kostenfunktion $K(x)$ lautet:

$$K(x) = 20 \cdot r(x) = 20 \cdot (0{,}125x^2 + 25) = 2{,}5x^2 + 500$$

Für die Herstellung von zehn Tischen fallen $K(10) = 750$ € Kosten an.

Verknüpfung von Funktionen

Funktionen können durch die vier Grundrechenarten Addition, Subtraktion, Multiplikation und Division miteinander **verknüpft** werden. Für zwei reelle Funktionen f, g mit $D_f \cap D_g \neq 0$ ist mit $x \in D_f \cap D_g$ die

▸ Addition als

$$h(x) = f(x) + g(x) \qquad (4.35)$$

▸ Subtraktion als

$$h(x) = f(x) - g(x) \qquad (4.36)$$

- Multiplikation als

$$h(x) = f(x) \cdot g(x) \qquad (4.37)$$

- Division als

$$h(x) = \frac{f(x)}{g(x)} \quad (g(x) \neq 0) \qquad (4.38)$$

definiert.

Verknüpfungen von Funktionen kommen in wirtschaftswissenschaftlichen Anwendungen häufig vor. So ist beispielsweise die Umsatzfunktion $U(x) = p(x) \cdot x(r)$ eine multiplikative Verknüpfung von Preis-Absatz-Funktion und Produktionsfunktion.

4.4 Folgen und Reihen

4.4.1 Begriff der Folge

Im zweiten Kapitel wurde die Menge der ganzen Zahlen mit $\mathbb{Z} = \{..., -3, -2, -1, 0, 1, 2, 3, ...\}$ notiert. Der Ausdruck $\{..., 3, 2, 1, 0, -1, -2, -3, ...\}$ beschreibt diese Menge ebenfalls, nur in absteigender Reihenfolge. Da die Reihenfolge in der aufzählenden Darstellung einer Menge unbedeutend ist, kann man für $\mathbb{Z}$ auch $\{0, -1, 1, -2, 2, -3, 3, ...\}$ schreiben. Ist die Reihenfolge der Glieder dagegen von Bedeutung, gelangt man zum Begriff der Folge.   Begriff der Folge

Eine **unendliche Folge** ist eine Funktion f, die jeder natürlichen Zahl   Unendliche Folge
k eine reelle Zahl a_k zuordnet:

$$f(k) = a_k \qquad (k \in \mathbb{N}) \qquad (4.39)$$

Als Schreibweise für Folgen wird $(a_k)_{k \in \mathbb{N}}$ bzw. $(a_1, a_2, a_3, ...)$ verwendet. a_k heißt k-tes Glied der Folge, a_{k+1} Nachfolger von a_k.

Beispiele

1. $f(k) = a_k = k$: $\qquad (1, 2, 3, 4, ...)$

2. $f(k) = a_k = 2k + 1$: $\qquad (3, 5, 7, 9, ...)$

3. $f(k) = a_k = \dfrac{k}{k+1}$: $\qquad (\frac{1}{2}, \frac{2}{3}, \frac{3}{4}, \frac{4}{5}, ...)$

4. $f(k) = a_k = \dfrac{1}{2^k}$: $\qquad (\frac{1}{2}, \frac{1}{4}, \frac{1}{8}, \frac{1}{16}, ...)$

5. $f(k) = a_k = 1$: $\qquad (1, 1, 1, 1, ...)$

Wie das 5. Beispiel zeigt, kann eine Folge dasselbe Glied mehrfach enthalten, was bei einer Menge nicht der Fall sein darf.

Arten von Folgen

Eine Folge $(a_k)_{k \in \mathbb{N}}$ heißt

- **konstant**, wenn alle Folgenglieder gleich sind:

$a_k = a_{k+1}$ für alle $k \in \mathbb{N}$;

- **beschränkt**, wenn es zwei Zahlen M, $N \in \mathbb{R}$ gibt, sodass alle Folgenglieder im Intervall $[M, N]$ liegen:

$M \leq a_k \leq N$ für alle $k \in \mathbb{N}$;

- **monoton wachsend (fallend)**, wenn jeder Nachfolger größer (kleiner) oder gleich seinem Vorgänger ist:

$a_k \leq a_{k+1}$ $(a_k \geq a_{k+1})$;

existiert zudem keine Gleichheit, heißt die Folge **streng monoton wachsend (fallend)**;

- **arithmetisch**, wenn für alle k die Differenz zweier aufeinanderfolgender Glieder konstant ist:

$a_{k+1} - a_k = d$;

- **geometrisch**, wenn alle $a_k \neq 0$ sind und der Quotient von zwei aufeinanderfolgenden Gliedern konstant ist:

$$\frac{a_{k+1}}{a_k} = q.$$

Das allgemeine Glied a_k einer arithmetischen Folge kann durch ein einfaches Bildungsgesetz erzeugt werden, wenn das erste Glied a_1 und die Differenz d bekannt sind:

$$a_2 - a_1 = d \quad \Leftrightarrow \quad a_2 = a_1 + d$$
$$a_3 - a_2 = d \quad \Leftrightarrow \quad a_3 = a_2 + d = a_1 + 2d$$
$$a_4 - a_3 = d \quad \Leftrightarrow \quad a_4 = a_3 + d = a_1 + 3d$$

usw.

Arithmetische Folge

Allgemein ergibt sich das **Bildungsgesetz einer arithmetischen Folge:**

$$a_k = a_1 + (k - 1) \cdot d \tag{4.40}$$

Ebenso lässt sich das allgemeine Glied a_k einer geometrischen Folge bestimmen, wenn a_1 und der Quotient q bekannt sind:

$$\frac{a_2}{a_1} = q \quad \Leftrightarrow \quad a_2 = a_1 \cdot q$$

$$\frac{a_3}{a_2} = q \quad \Leftrightarrow \quad a_3 = a_2 \cdot q = a_1 \cdot q^2$$

$$\frac{a_4}{a_3} = q \quad \Leftrightarrow \quad a_4 = a_3 \cdot q = a_1 \cdot q^3$$

usw.

Allgemein ergibt sich das **Bildungsgesetz einer geometrischen Folge:**   Geometrische Folge

$$a_k = a_1 \cdot q^{k-1} \tag{4.41}$$

Beispiele

1. $(2, 4, 6, 8, \ldots)$ ist eine arithmetische Folge mit $a_1 = 2$, $d = 2$ und
    $a_k = 2 + (k - 1) \cdot 2 = 2k$

2. $(10, 30, 90, 270, \ldots)$ ist eine geometrische Folge mit $a_1 = 10$, $q = 3$
    und $a_k = 10 \cdot 3^{k-1}$

3. $(6, 6, 6, 6, \ldots)$ ist eine arithmetische Folge mit $a_1 = 6$, $d = 0$ und
    $a_k = 6 + (k - 1) \cdot 0 = 6$ und auch eine geometrische Folge mit $a_1 = 6$,
    $q = 1$ und $a_k = 6 \cdot 1^{k-1}$

4.4.2 Konvergenz von Folgen

Der Verlauf einer Folge kann – ähnlich wie ein Funktionsgraph – als   Konvergenz
Punktmenge in einem Koordinatensystem dargestellt werden. Auf der
Abszisse werden die k Zahlen der Indexmenge abgetragen, sodass
sich eine abzählbare Menge von Punkten (k, a_k) ergibt. In Abbildung
4-22 ist eine konvergente Folge abgebildet.

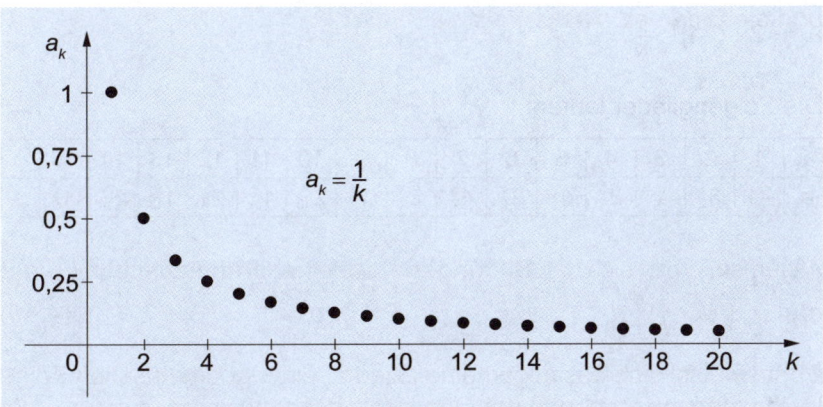

Abb. 4-22: Konvergente Folge

Die durch $a_k = \frac{1}{k}$ definierte Folge $(1, \frac{1}{2}, \frac{1}{3}, \frac{1}{4}, \ldots)$ ist beschränkt und monoton fallend und nähert sich aus dem Positiven der Null an, wobei
auch das k-te Folgenglied stets von 0 verschieden ist. Mit wachsendem k wird der Abstand zur Null immer geringer.

Auch die durch $a_k = (-1)^k \cdot \frac{1}{k}$ definierte Folge $(-1, \frac{1}{2}, -\frac{1}{3}, \frac{1}{4}, \ldots)$ häuft
sich mit zunehmenden Folgengliedern bei 0, allerdings abwechselnd

mit negativem und positivem Vorzeichen. Dieses Phänomen des „Sich-Häufens" soll nun formalisiert werden.

Häufungspunkt

Eine Zahl $a \in \mathbb{R}$ heißt **Häufungspunkt** der Folge $(a_k)_{k \in \mathbb{N}}$, wenn für jedes $\varepsilon > 0$ gilt:

$$|a_k - a| < \varepsilon \qquad \text{für unendliche viele } k \in \mathbb{N} \qquad (4.42)$$

Es spielt keine Rolle, ob sich die Folge von links oder rechts oder von beiden Seiten bei a häuft. Allerdings besitzt nicht jede Folge einen Häufungspunkt. Hat eine Folge nur einen Häufungspunkt und endet in einem bestimmten Intervall, gelangt man zum Grenzwertbegriff.

Grenzwert

Eine Folge $(a_k)_{k \in \mathbb{N}}$ **konvergiert** gegen eine Zahl $a \in \mathbb{R}$, wenn es für jede Zahl $\varepsilon > 0$ einen Index k_0 gibt, sodass alle Nachfolger von a_{k_0} im Intervall $[a - \varepsilon, a + \varepsilon]$ liegen. Die Zahl a heißt **Grenzwert (Limes)** der Folge $(a_k)_{k \in \mathbb{N}}$. Man schreibt kurz:

$$\lim_{k \to \infty} a_k = a \qquad (4.43)$$

Ab einem gewissen Index k_0 liegen alle Folgenglieder in einer Umgebung $U(a)$ um a, sodass die Folge $(a_k)_{k \in \mathbb{N}}$ im Intervall $[a - \varepsilon, a + \varepsilon]$ endet.

Beispiel

Gegeben sei die Folge

$$a_k = 2 + (-1)^k \cdot \frac{3}{k}$$

Die Folgenglieder lauten:

k	1	2	3	4	5	6	7	8	9	10	11	12	13	14	15	...
a_k	-1	$3\frac{1}{2}$	1	$2\frac{3}{4}$	$1\frac{2}{5}$	$2\frac{1}{2}$	$1\frac{4}{7}$	$2\frac{3}{8}$	$1\frac{1}{3}$	$2\frac{3}{10}$	$1\frac{8}{11}$	$2\frac{1}{4}$	$1\frac{10}{13}$	$2\frac{3}{14}$	$1\frac{4}{5}$	...

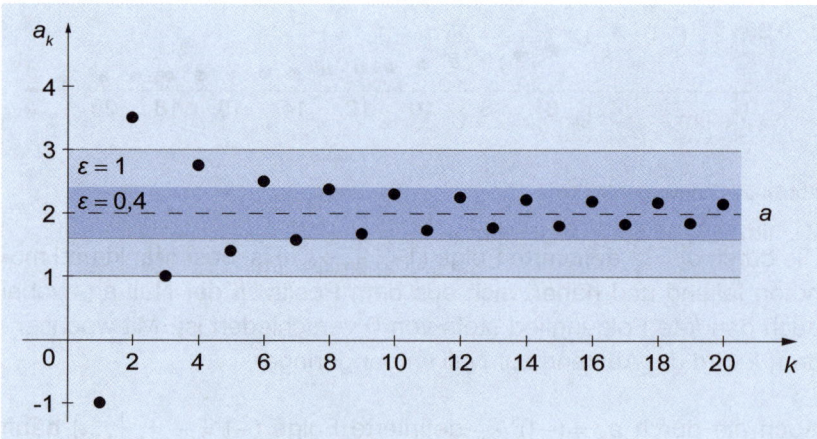

Abb. 4-23: Umgebung um den Grenzwert einer Folge

Die Folge $(a_k)_{k \in \mathbb{N}}$ konvergiert offensichtlich gegen $a = 2$, d. h. es gilt $\lim\limits_{k \to \infty} a_k = 2$.

Wählt man $\varepsilon = 1$, liegen alle Folgenglieder ab $k_0 = 3$ in der hellblau eingezeichneten Umgebung $U(2) = [2 - \varepsilon, 2 + \varepsilon] = [1, 3]$.

Für $\varepsilon = 0{,}4$ liegen die Folgenglieder erst ab $k_0 = 8$ in der Umgebung $U(2) = [1{,}6, 2{,}4]$, d. h. der Indexwert k_0 wächst mit einer Verkleinerung des Intervalls (dunkelblaue Schattierung). Dennoch existiert für jede noch so kleine Zahl $\varepsilon > 0$ stets ein k_0 mit der Konvergenzeigenschaft.

Mit konvergenten Folgen kann wie mit reellen Zahlen gerechnet werden. Falls die Folgen $(a_k)_{k \in \mathbb{N}}$ und $(b_k)_{k \in \mathbb{N}}$ konvergent sind, sodass $\lim\limits_{k \to \infty} a_k = a$ und $\lim\limits_{k \to \infty} b_k = b$ gilt, gelten folgende **Rechenregeln für zusammengesetzte Folgen** $(a, b, c, d \in \mathbb{R})$.

Rechenregeln für zusammengesetzte Folgen

Erweiterung einer konvergenten Folge mit Konstanten	$\lim\limits_{k \to \infty}(c \cdot a_k + d) = c \cdot a + d$
Addition und Subtraktion konvergenter Folgen	$\lim\limits_{k \to \infty}(a_k + b_k) = a + b$
	$\lim\limits_{k \to \infty}(a_k - b_k) = a - b$
Multiplikation und Division konvergenter Folgen	$\lim\limits_{k \to \infty}(a_k \cdot b_k) = a \cdot b$
	$\lim\limits_{k \to \infty}(\dfrac{a_k}{b_k}) = \dfrac{a}{b} \quad (b \neq 0)$

Beispiele

1. $\lim\limits_{k \to \infty}(2 + (-1)^k \cdot \dfrac{3}{k}) = \lim\limits_{k \to \infty} 2 + \lim\limits_{k \to \infty}((-1)^k \cdot \dfrac{3}{k})$

$= 2 + \lim\limits_{k \to \infty} \dfrac{(-1)^k}{k} \cdot \lim\limits_{k \to \infty} 3 = 2 + 0 \cdot 3 = 2$

2. $\lim\limits_{k \to \infty} \dfrac{k}{k+1} = \lim\limits_{k \to \infty} \dfrac{\frac{k}{k}}{\frac{k}{k} + \frac{1}{k}} = \lim\limits_{k \to \infty} \dfrac{1}{1 + \frac{1}{k}} = \dfrac{\lim\limits_{k \to \infty} 1}{\lim\limits_{k \to \infty} 1 + \lim\limits_{k \to \infty} \frac{1}{k}} = \dfrac{1}{1 + 0} = 1$

$$3. \quad \lim_{k \to \infty} \frac{4k^2 + 5k + 2}{k^2 + k} = \lim_{k \to \infty} \frac{\dfrac{4k^2}{k^2} + \dfrac{5k}{k^2} + \dfrac{2}{k^2}}{\dfrac{k^2}{k^2} + \dfrac{k}{k^2}} = \lim_{k \to \infty} \frac{4 + \dfrac{5}{k} + \dfrac{2}{k^2}}{1 + \dfrac{1}{k}}$$

$$= \frac{\lim_{k \to \infty} (4 + \dfrac{5}{k} + \dfrac{2}{k^2})}{\lim_{k \to \infty} (1 + \dfrac{1}{k})} = \frac{4 + 0 + 0}{1 + 0} = 4$$

In den Beispielen wurden Zähler und Nenner durch die höchste Potenz der Laufvariablen k dividiert und anschließend gekürzt. Nach dieser Vereinfachung ist der Grenzwert leicht zu berechnen.

4.4.3 Reihen

Endliche Reihe

Werden die ersten n Glieder einer Folge $(a_k)_{k \in \mathbb{N}}$ addiert, erhält man eine **endliche Reihe** S_n. Man schreibt:

$$S_n = a_1 + a_2 + ... + a_n = \sum_{k=1}^{n} a_k \tag{4.44}$$

Beispiel

Gegeben sei die durch $a_k = k$ definierte Folge $(a_k)_{k \in \mathbb{N}}$. Dann lautet die zugehörige endliche Reihe:

$$S_n = \sum_{k=1}^{n} k = 1 + 2 + ... + n$$

Der geniale deutsche Mathematiker *Carl Friedrich Gauß* (1777 - 1855) entdeckte im Alter von neun Jahren die nach ihm benannte Gaußsche Summenformel zur Berechnung dieser Reihe von natürlichen Zahlen (vgl. *Mania, 2009, S. 23 ff.*). Sein Lehrer *Büttner* hatte den Schülern die Aufgabe gestellt, die Zahlen von 1 bis 100 zu addieren. *Gauß* bemerkte, dass die Summe der ersten und der letzten Zahl 101 ergab. Die zweite und die vorletzte Zahl, 2 und 99, addierten sich ebenfalls zu 101, auch 3 und 98, 4 und 97 usw. Insgesamt ergaben sich 100 Paare mit derselben Summe 101:

1	+	2	+	3	+	...	+	98	+	99	+	100
100	+	99	+	98	+	...	+	3	+	2	+	1
101	+	101	+	101	+	...	+	101	+	101	+	101

100 mal 101 ergibt 10.100. Dies ist genau das Doppelte der gesuchten Lösung, da *Gauß* die Reihe ja zweimal notiert hatte. Nun brauchte er 10.100 nur noch durch 2 zu teilen und erhielt mit 5.050 sofort das richtige Ergebnis.

Allgemein kann das obige Beispiel wie folgt dargestellt werden:

1	+	2	+	3	+	...	+	$(n-2)$	+	$(n-1)$	+	n
n	+	$(n-1)$	+	$(n-2)$	+	...	+	3	+	2	+	1
$(n+1)$	+	$(n+1)$	+	$(n+1)$	+	...	+	$(n+1)$	+	$(n+1)$	+	$(n+1)$

Die Summe der beiden ersten Zeilen entspricht also dem n-fachen von $n+1$:

$$2 \cdot (1+2+...+n) = n \cdot (n+1) \quad \Leftrightarrow \quad 1+2+...+n = \frac{n \cdot (n+1)}{2} \qquad (4.45)$$

Die **Gaußsche Formel** für die Summe der ersten n aufeinanderfolgenden natürlichen Zahlen lautet demnach:

Gaußsche Summenformel

$$S_n = \sum_{k=1}^{n} k = 1+2+...+n = \frac{n \cdot (n+1)}{2} \qquad (4.46)$$

In (4.46) ist S_n ein Spezialfall einer arithmetischen Reihe. Allgemein heißt

$$S_n = \sum_{k=1}^{n} a_k \qquad (4.47)$$

endliche arithmetische Reihe, wenn die zugrunde liegende Folge $(a_k)_{k \in \mathbb{N}}$ arithmetisch ist. Die obige Tabelle kann für eine beliebige arithmetische Reihe erweitert werden.

Endliche arithmetische Reihe

a_1	+	(a_1+d)	+	(a_1+2d)	+	...	+	(a_n-2d)	+	(a_n-d)	+	a_n
a_n	+	(a_n-d)	+	(a_n-2d)	+	...	+	(a_1+2d)	+	(a_1+d)	+	a_1
(a_1+a_n)	+	(a_1+a_n)	+	(a_1+a_n)	+	...	+	(a_1+a_n)	+	(a_1+a_n)	+	(a_1+a_n)

Die **Summenformel für eine endliche arithmetische Reihe** lautet demnach:

$$S_n = \sum_{k=1}^{n} a_k = \frac{n \cdot (a_1 + a_n)}{2} \qquad (4.48)$$

QV Die Summe ist nach (4.48) gleich der Anzahl Folgenglieder multipliziert mit dem arithmetischen Mittel des ersten und des letzten Gliedes.

Beispiel

Die Summe der arithmetischen Folge $(2, 6, 10, 14, 18)$ mit $n = 5$, $a_1 = 2$, $d = 4$ und $a_5 = 18$ ist

$$S_n = \sum_{k=1}^{5} a_k = 2 + 6 + 10 + 14 + 18 = \frac{5 \cdot (2 + 18)}{2} = 50$$

QV Ist $(a_k)_{k \in \mathbb{N}}$ eine geometrische Folge mit $q \neq 1$, gilt nach (4.41)

$$a_k = a_1 \cdot q^{k-1} \tag{4.49}$$

und folglich

$$S_n = \sum_{k=1}^{n} a_k = \sum_{k=1}^{n} a_1 q^{k-1} \tag{4.50}$$

Erweiterung von (4.50) mit q ergibt

$$q \cdot S_n = \sum_{k=1}^{n} a_1 q^{k} \tag{4.51}$$

Die Differenz von (4.50) und (4.51) ergibt

$$S_n - q \cdot S_n = a_1 - a_1 \cdot q^{n} \tag{4.52}$$

Aus (4.52) folgt:

$$S_n = a_1 \cdot \frac{1 - q^n}{1 - q} = a_1 \cdot \frac{q^n - 1}{q - 1} \quad (q \neq 1) \tag{4.53}$$

Für $q = 1$ ist $S_n = n \cdot a_1$.

Endliche geometrische Reihe

Die **Summenformel für eine endliche geometrische Reihe** lautet somit:

$$S_n = \sum_{k=1}^{n} a_k = \begin{cases} n \cdot a_1 & \text{für } q = 1 \\ a_1 \cdot \dfrac{q^n - 1}{q - 1} & \text{für } q \neq 1 \end{cases} \tag{4.54}$$

Die Summe der geometrischen Folge (5, 30, 180, 1.080) mit $n = 4$, $a_1 = 5$, $q = 6$ und $a_4 = 1.080$ ist

$$S_n = \sum_{k=1}^{4} a_k = 5 + 30 + 180 + 1.080 = 5 \cdot \frac{6^4 - 1}{6 - 1} = 1.295$$

Auch die Folgenglieder unendlicher Folgen $(a_k)_{k \in \mathbb{N}}$ können aufaddiert werden. Man spricht dann von einer **unendlichen Reihe**. Im Allgemeinen ist einer unendlichen Reihe kein Zahlenwert zugeordnet, da beliebig viele Zahlen addiert werden. Man kann einer Reihe jedoch einen Zahlenwert zuordnen, wenn sie konvergiert und der Limes S existiert:

Unendliche Reihe

$$S = \lim_{n \to \infty} S_n = \lim_{n \to \infty} \sum_{k=1}^{n} a_k = \sum_{k=1}^{\infty} a_k \qquad (4.55)$$

S heißt **Wert der Reihe**. Insbesondere ist die unendliche geometrische Reihe für $|q| < 1$ konvergent und es gilt:

Wert der Reihe

$$S = \lim_{n \to \infty} \sum_{k=1}^{n} a_1 q^{k-1} = \frac{a_1}{1 - q} \qquad (4.56)$$

Die unendliche Reihe

$$\sum_{k=1}^{\infty} \left(\tfrac{1}{2}\right)^k = \sum_{k=1}^{\infty} \tfrac{1}{2} \cdot \left(\tfrac{1}{2}\right)^{k-1}$$

ist aus einer geometrischen Folge mit $a_1 = q = \tfrac{1}{2}$ gebildet. Dann gilt für den Wert der Reihe

$$S = \sum_{k=1}^{\infty} \left(\tfrac{1}{2}\right)^k = \sum_{k=1}^{\infty} \tfrac{1}{2} \cdot \left(\tfrac{1}{2}\right)^{k-1} = \frac{\tfrac{1}{2}}{1 - \tfrac{1}{2}} = 1$$

Die Summe S aller (unendlichen) Folgenglieder ist gleich eins.

In der Finanzmathematik geht es um Vorgänge, denen Zahlungsströme (Ein- und Auszahlungen) zugrunde liegen und in denen der Zeitfaktor eine wichtige Rolle spielt. Die im Zeitablauf notwendige Diskontierung der Zahlungsströme basiert auf dem zu Folgen und Reihen entwickelten Instrumentarium. Im Folgenden werden deshalb die wichtigen finanzmathematischen Teilgebiete Prozent-, Zins-, Renten- und Tilgungsrechnung erläutert.

4.4.4 Prozentrechnung

Begriffe der
Prozentrechnung

In der Prozentrechnung werden ungleiche Größen vergleichbar gemacht, indem sie zu einer einheitlichen Vergleichszahl 100 ins Verhältnis gesetzt werden. Daher stammt auch die Bezeichnung Prozent (centum, lat.: Hundert). Bei einem sehr kleinen Wert wird auch die Vergleichszahl 1.000 (Promille) gewählt. Der **Grundwert** G ist die Ausgangsgröße, auf die sich der **Prozentsatz** p % bezieht. Die Zahl p vor dem Prozentzeichen % heißt **Prozentfuß**. Ergebnis ist der **Prozentwert** W, der dieselbe Einheit hat wie der Grundwert. Man unterscheidet die Prozentrechnung vom reinen Grundwert (vom Hundert), vom vermehrten Grundwert (auf Hundert) und vom verminderten Grundwert (im Hundert).

Prozent von Hundert

Bei der **Prozentrechnung vom reinen Grundwert** gilt für den Prozentwert W:

$$W = G \cdot p\,\% = G \cdot \frac{p}{100} \tag{4.57}$$

Promille

$1\,\% = \frac{1}{100} = 0{,}01$ ist der hundertste Teil vom Grundwert. Bei der Promillerechnung wird der tausendste Teil vom Grundwert berechnet, d. h. $1\,\text{‰} = \frac{1}{1.000} = 0{,}001$.

Beispiele

1. Der Listenpreis eines Pkw beträgt netto 18.500 €. Wie hoch ist die anfallende Umsatzsteuer bei einem Steuersatz von 19 %?

$$W = 18.500\ \text{€} \cdot \frac{19}{100} = 3.515\ \text{€}$$

Die Umsatzsteuer beträgt 3.515 €.

2. Ein Händler gewährt auf den Wareneinkauf von 37,20 € einen Preisnachlass von 15 %. Wie hoch ist der Rechnungsabzug?

$$W = 37{,}20\ \text{€} \cdot \frac{15}{100} = 5{,}58\ \text{€}$$

Es kann ein Betrag von 5,58 € von der Rechnung abgezogen werden.

3. Für einen Wareneinkauf, der 50.000 € wert ist, wird eine Transportversicherung abgeschlossen. Die Versicherungsprämie beträgt 6 ‰ vom Warenwert. Wie hoch sind die Versicherungskosten?

$$W = 50.000 \text{ €} \cdot \frac{6}{1.000} = 300 \text{ €}$$

Die Transportversicherung kostet 300 €.

Eine in Prozent ausgedrückte Veränderung des Grundwerts wird auch als **Rate** bezeichnet (vgl. *Arrenberg, 2017, S. 4*). Eine 20-prozentige Steigerung (+20 %) ist also identisch mit der Rate 20 ÷ 100 = 0,2; eine 10-prozentige Verminderung (−10 %) entspricht der Rate −0,1. Addiert man die Rate zu der Zahl 1, die ja dem Grundwert 100 % entspricht, erhält man den **Faktor** der Veränderung. Der um die prozentuale Veränderung **vermehrte Grundwert** G^+ bzw. **verminderte Grundwert** G^- wird am einfachsten anhand des Veränderungsfaktors berechnet.

Rate, Faktor

$$G^+ = G + W = G \cdot \left(1 + \frac{p}{100}\right) \tag{4.58}$$

Prozent auf Hundert

$$G^- = G - W = G \cdot \left(1 - \frac{p}{100}\right) \tag{4.59}$$

Prozent im Hundert

Beispiele

1. Der Bruttolistenpreis einschließlich Umsatzsteuer entspricht dem vermehrten Grundwert:

   $G^+ = 18.500 \text{ €} \cdot (1 + 0,19) = 18.500 \text{ €} \cdot 1,19 = 22.015 \text{ €}$

   Dasselbe Ergebnis erhält man aus der Summe von Grundwert und Prozentwert:

   $G^+ = 18.500 \text{ €} + 3.515 \text{ €} = 22.015 \text{ €}$

2. Der Rechnungsbetrag nach Abzug des Preisnachlasses entspricht dem verminderten Grundwert:

   $G^- = 37,20 \text{ €} \cdot (1 - 0,15) = 37,20 \text{ €} \cdot 0,85 = 31,62 \text{ €}$

   Dasselbe Ergebnis erhält man aus der Differenz von Grundwert und Prozentwert:

   $G^- = 37,20 \text{ €} - 5,58 \text{ €} = 31,62 \text{ €}$

3. Der Warenwert einschließlich Versicherungskosten führt zum vermehrten Grundwert:

   $G^+ = 50.000 \text{ €} \cdot (1 + 0,006) = 50.000 \text{ €} \cdot 1,006 = 50.300 \text{ €}$

   Dasselbe Ergebnis erhält man aus der Summe von Grundwert und Prozentwert:

   $G^+ = 50.000 \text{ €} + 300 \text{ €} = 50.300 \text{ €}$

Prozentsatz
Sind Grund- und Prozentwert bekannt, lässt sich auf den **Prozentsatz** schließen. Es gilt:

$$p\% = \frac{P}{G} \cdot 100 \qquad (4.60)$$

Rückschluss auf den reinen Grundwert
Bei der Anwendung von (4.60) ist zu beachten, dass als Bezugsgröße im Nenner der reine Grundwert steht. Ein Rückschluss von G^+ bzw. G^- auf den reinen Grundwert ist durch Umstellen der Formeln (4.58) bzw. (4.59) leicht möglich:

$$G = \frac{G^+}{1 + \frac{p}{100}} \qquad (4.61)$$

$$G = \frac{G^-}{1 - \frac{p}{100}} \qquad (4.62)$$

Beispiele

1. Die Bezugskosten für eine Warenlieferung im Wert von 32.000 € betragen 1.280 €. Wie viel Prozent sind das?

$$p\% = \frac{1.280 \, €}{32.000 \, €} \cdot 100 = 4\%$$

2. Die Bilanzsumme eines Unternehmens ist seit dem letzten Jahresabschluss um 5 % auf 472.500 € gestiegen. Wie hoch war die Bilanzsumme im Vorjahr?

$$G = \frac{472.500 \, €}{1,05} = 450.000 \, €$$

3. Der Umsatz eines Handwerkbetriebs ging im Juli im Vergleich zum Vormonat um 12 % auf 123.200 € zurück. Wie hoch war der Umsatz im Juni?

$$G = \frac{123.200 \, €}{0,88} = 140.000 \, €$$

4.4.5 Zinsrechnung

Eng verbunden mit der Prozentrechung ist die Zinsrechnung. Man unterscheidet die einfache Verzinsung und die Verzinsung mit Zinseszinsen.

Einfache Verzinsung
Ein Kapital K_0 (Anfangskapital), das zu $i = p\%$ per annum (p. a.) verzinst ist, bringt bei **einfacher Verzinsung** im Jahr

$$Z = K_0 \cdot \frac{p}{100} = K_0 \cdot i \qquad (4.63)$$

Zinsen und wächst nach Ablauf des ersten, zweiten, dritten Jahres auf

$$K_1 = K_0 + K_0 \cdot i = K_0 \cdot (1 + i) \tag{4.64}$$

$$K_2 = K_0 + K_0 \cdot 2 \cdot i = K_0 \cdot (1 + 2i) \tag{4.65}$$

$$K_3 = K_0 + K_0 \cdot 3 \cdot i = K_0 \cdot (1 + 3i) \tag{4.66}$$

usw.

Allgemein wächst ein Kapital K_0 bei einfacher Verzinsung von $i = p\ \%$ nach Ablauf von n Jahren auf

$$K_n = K_0 \cdot (1 + ni) \tag{4.67}$$

Die Kapitalwerte am Ende des Jahres bilden somit eine arithmetische Folge nach (4.40) mit der Differenz

QV

$$d = K_0 \cdot i \tag{4.68}$$

Beispiel

Auf welchen Wert wächst ein Anfangskapital von 1.000 € bei einfacher Verzinsung von 3 % p. a. nach 5 Jahren?

$K_0 = 1.000\ €$, $i = 0{,}03$, $n = 5$ Jahre

$$K_5 = 1.000\ € \cdot (1 + 5 \cdot 0{,}03) = 1.150\ €$$

Werden dem Kapital jedes Jahr die Zinsen zugeschlagen, spricht man von einer **Verzinsung mit Zinseszins**. Ein solches Kapital K_0 wächst bei $p\ \%$ p. a. Zinseszins nach Ablauf des ersten, zweiten, dritten Jahres auf

Verzinsung mit Zinseszins

$$K_1 = K_0 + K_0 \cdot i = K_0 \cdot (1 + i) \tag{4.69}$$

$$K_2 = K_1 + K_1 \cdot i = K_1 \cdot (1 + i) = K_0 \cdot (1 + i)^2 \tag{4.70}$$

$$K_3 = K_2 + K_2 \cdot i = K_2 \cdot (1 + i) = K_0 \cdot (1 + i)^3 \tag{4.71}$$

usw.

Allgemein wächst ein Kapital K_0 bei Verzinsung mit $i = p\ \%$ Zinseszins nach Ablauf von n Jahren auf

$$K_n = K_0 \cdot q^n \tag{4.72}$$

wobei $q = 1 + i$ der **Aufzinsungsfaktor** ist. Die Kapitalwerte am Ende des Jahres bilden somit eine geometrische Folge nach (4.41) mit dem Quotienten

Aufzinsungsfaktor

QV

$$q = 1 + \frac{p}{100} = 1 + i \tag{4.73}$$

Auf welchen Wert wächst ein Anfangskapital von 1.000 € bei Verzinsung mit 3 % p. a. Zinseszins nach 5 Jahren?

$K_0 = 1.000 \text{ €}$, $i = 0{,}03$, $n = 5$ Jahre

$$K_5 = 1.000 \text{ €} \cdot (1+\tfrac{3}{100})^5 = 1.000 \text{ €} \cdot 1{,}03^5 = 1.159{,}27 \text{ €}$$

Berechnung von
Anfangskapital,
Zinssatz und Laufzeit

QV

Im obigen Beispiel sind Anfangskapital, Zinssatz und Laufzeit gegeben, und das Endkapital ist gesucht. Jede dieser Größen kann berechnet werden, wenn jeweils die anderen drei Werte bekannt sind. Dazu wird Formel (4.72) nach dem gesuchten Wert umgestellt.

Für das Anfangskapital K_0 gilt:

$$K_n = K_0 \cdot q^n \quad \Leftrightarrow \quad K_0 = \frac{K_n}{q^n} = K_n \cdot q^{-n} \tag{4.74}$$

Der Zinssatz i errechnet sich wie folgt:

$$K_n = K_0 \cdot (1+i)^n \quad \Leftrightarrow \quad (1+i)^n = \frac{K_n}{K_0}$$

$$\Leftrightarrow \quad 1+i = \sqrt[n]{\frac{K_n}{K_0}} \quad \Leftrightarrow \quad i = \sqrt[n]{\frac{K_n}{K_0}} - 1 \tag{4.75}$$

Für die Laufzeit gilt:

$$K_n = K_0 \cdot q^n \quad \Leftrightarrow \quad q^n = \frac{K_n}{K_0} \quad \Leftrightarrow \quad n \cdot \ln(q) = \ln\left(\frac{K_n}{K_0}\right)$$

$$\Leftrightarrow \quad n = \frac{\ln(\frac{K_n}{K_0})}{\ln(q)} = \frac{\ln(K_n) - \ln(K_0)}{\ln(q)} \tag{4.76}$$

Beispiele

1. Ein Kapital ist nach fünf Jahren bei Verzinsung mit 4 % jährlichem Zinseszins auf 12.166,53 € angewachsen. Wie groß war das Anfangskapital?

   $K_0 = 12.166{,}53 \text{ €} \cdot 1{,}04^{-5} = 10.000 \text{ €}$

   Das Anfangskapital betrug 10.000 €.

2. Ein Kapital von 100.000 € ist nach drei Jahren mit Zinseszinsen auf 106.120,80 € angewachsen. Wie hoch war der jährliche Zinssatz?

$$i = \sqrt[3]{\frac{106.120,80\ \text{€}}{100.000\ \text{€}}} - 1 = 0,02$$

Der Zinssatz betrug 2 %.

3. Ein Kapital von 5.000 € ist nach einigen Jahren bei einer Verzinsung mit 2 % p. a. Zinseszins auf 5.686,84 € angewachsen. Wie lang war die Laufzeit?

$$n = \frac{\ln(5.686,84\ \text{€}) - \ln(5.000\ \text{€})}{\ln(1,02)} = 6,5$$

Die Laufzeit betrug 6,5 Jahre.

In der **kaufmännischen Zinsrechnung** wird ein Jahr vereinfacht mit 360 Tagen gleichgesetzt. Jeder Monat hat demnach – unabhängig vom Kalender – 30 Zinstage. Aufgrund der Verbreitung von computergestützten Berechnungen ist diese Vereinfachung gleichwohl in der Finanzbranche nicht mehr üblich. Neben den Tageszählmethoden spielen in der Finanzpraxis auch die unterjährliche und die vorschüssige Verzinsung eine Rolle. Da eine Darstellung den Umfang eines einführenden Lehrbuchs sprengen würde, seien dem interessierten Leser die Ausführungen in *Kruschwitz (2010, S. 25 ff.)* zur Lektüre empfohlen.

Kaufmännische Zinsrechnung

4.4.6 Rentenrechnung

Eine **Rente** ist eine regelmäßig wiederkehrende Zahlung. Obwohl Rentenhöhe und -terminierung grundsätzlich veränderlich sein können, wird im Allgemeinen von Zahlungen in gleicher Höhe und in gleichbleibenden Zeitabschnitten ausgegangen. (Zu weiteren Einteilungen von Renten vgl. *Kruschwitz, 2010, S. 43 ff.*) Eine Rente heißt **nachschüssig** bzw. **vorschüssig**, wenn sie jeweils am Ende bzw. am Anfang der Periode gezahlt wird. Die Rentenzahlungen können endlich oder ewig sein.

Rente

Die folgenden Faktoren beziehen sich auf eine Rente, die im Zeitpunkt $t = 1$ zum ersten Mal und im Zeitpunkt $t = n$ zum letzten Mal gezahlt wird (also eine in Bezug auf den Zeitraum $[0, n]$ **nachschüssige Rente**). Es wird zunächst $i > 0$ unterstellt.

Nachschüssige Rente

Der **Barwert** R_0 einer nachschüssigen, jährlichen Rente r beträgt (vgl. *Eisenführ/Foit/Kastner, 2009, S. 197 ff.*):

Barwert einer nachschüssigen Rente

$$R_0 = rq^{-1} + rq^{-2} + \ldots + rq^{-(n-1)} + rq^{-n} \tag{4.77}$$

R_0 ist das Kapital, das zu Beginn des ersten Jahres eingezahlt werden muss, damit es unter Berücksichtigung von p % Zinseszins n Jahre lang zur Zahlung einer jährlichen Rente r ausreicht.

QV Wir multiplizieren (4.77) mit q und erhalten:

$$R_0 q = r + rq^{-1} + rq^{-2} + ... + rq^{-(n-1)} \tag{4.78}$$

Subtraktion der Gleichung (4.77) von Gleichung (4.78) ergibt:

$$R_0(q-1) = r \cdot (1-q^{-n}) \quad \Leftrightarrow \quad R_0 = r \cdot \frac{1-q^{-n}}{i} \tag{4.79}$$

oder durch Erweiterung mit q^n:

$$R_0 = r \cdot \frac{q^n - 1}{iq^n} \tag{4.80}$$

Rentenbarwertfaktor   Man erhält also den **Barwert einer nachschüssigen Rente** durch Multiplikation des Rentenbetrags mit dem Rentenbarwertfaktor *RBF*:

$$RBF = \frac{q^n - 1}{iq^n} \tag{4.81}$$

Beispiel

Eine Rente r, die bei 4 % Zinseszinsen fünf Jahre lang jeweils am Jahresende in Höhe von 10.000 € gezahlt wird, hat einen Barwert zu Beginn des ersten Jahres in Höhe von

$$R_0 = 10.000 \cdot RBF(4\,\%;\ 5\ \text{Jahre}) = 10.000\ € \cdot \frac{1{,}04^5 - 1}{0{,}04 \cdot 1{,}04^5}$$

$$= 10.000\ € \cdot 4{,}451822 = 44.518{,}22$$

Endwertfaktor   Den **Endwert** einer Rente erhält man durch Aufzinsen des Barwerts,
QV   also durch Multiplikation des Barwertfaktors (4.81) mit q^n. Dies ist der sogenannte **Endwertfaktor** *EWF*:

$$EWF = \frac{q^n - 1}{i} \tag{4.82}$$

Beispiel

Die im vorigen Beispiel genannte Rente von 10.000 €, zu 4 % angelegt, wächst in fünf Jahren auf einen Endwert von

$$R_5 = 10.000 \cdot EWF(4\%; \ 5 \text{ Jahre}) = 10.000 \ € \cdot \frac{1{,}04^5 - 1}{0{,}04}$$

$$= 10.000 \ € \cdot 5{,}416323 = 54.163{,}23 \ €$$

an.

Jetzt wird die **Rente** r gesucht, die einem vorgegebenen Betrag R_0 in $t = 0$ gleichwertig ist. Dazu stellt man (4.80) nach r um: QV

$$r = R_0 \cdot \frac{iq^n}{q^n - 1} \tag{4.83}$$

Der Kehrwert des Rentenbarwertfaktors heißt **Kapitalwiedergewinnungsfaktor** *KWF*:

Kapitalwiedergewinnungsfaktor

$$KWF = \frac{iq^n}{q^n - 1} \tag{4.84}$$

Beispiel

Ein Darlehen von 10.000 € wird gewährt und soll in gleichen Jahresraten getilgt werden. Der Zinssatz beträgt 4 %, die Laufzeit fünf Jahre. Der jährliche Betrag („Kapitaldienst"), mit dem der Gläubiger sein Kapital inklusive Zinsen wiedergewinnt, ist

$$r = 10.000 \cdot KWF(4\%; \ 5 \text{ Jahre}) = 10.000 \ € \cdot \frac{0{,}04 \cdot 1{,}04^5}{1{,}04^5 - 1}$$

$$= 10.000 \ € \cdot 0{,}224627 = 2.246{,}27 \ €$$

Analog dazu erhält man den gleichwertigen Rentenbetrag bei vorgegebenem Endwert durch Multiplikation des Endwerts mit dem Kehrwert des Rentenendwertfaktors (4.82). Dies ist der **Rückverteilungsfaktor** *RVF*:

Rückverteilungsfaktor

QV

$$RVF = \frac{i}{q^n - 1} \tag{4.85}$$

Ein Sparer möchte in 5 Jahren 10.000 € für eine Weltreise haben. Er legt seine Ersparnisse zu 4 % an. Welchen Betrag muss er jährlich zurücklegen?

$$r = 10.000 \cdot RVF(4\,\%;\ 5\ \text{Jahre}) = 10.000\ \text{€} \cdot \frac{0{,}04}{1{,}04^5 - 1} :$$

$$= 10.000\ \text{€} \cdot 0{,}184627 = 1.846{,}27\ \text{€}$$

Transformierbarkeit der Rentenfaktoren

Jeden der vier Faktoren kann man aus jedem anderen ableiten. Es gilt beispielsweise:

$$KWF = \frac{1}{RBF} \tag{4.86}$$

$$RVF = \frac{1}{EWF} = KWF - i \tag{4.87}$$

$$EWF = q^n \cdot RBF \tag{4.88}$$

$$KWF = q^n \cdot RVF \tag{4.89}$$

Für den **Grenzfall** $i = 0$ gilt offensichtlich:

$$EWF = RBF = n \tag{4.90}$$

d. h. ein n-mal gezahlter Rentenbetrag r hat beim Zinssatz null den Barwert und Endwert R_n. Entsprechend gilt in diesem Fall:

$$KWF = RVF = \frac{1}{n} \tag{4.91}$$

Vorschüssige Rente

Erfolgt die Rentenzahlung nicht am Ende, sondern am Anfang der betrachteten Periode, handelt es sich um eine **vorschüssige Rente**. Man sieht leicht ein, dass sich Rentenbarwert und Rentenendwert jeweils nur um den Faktor q unterscheiden, da die Zahlungen einer zusätzlichen Periode aufgezinst werden. Also gilt:

$$RBF_{\text{vorschüssig}} = q \cdot RBF_{\text{nachschüssig}} \tag{4.92}$$

$$REF_{\text{vorschüssig}} = q \cdot REF_{\text{nachschüssig}} \tag{4.93}$$

Ewige Rente

Der Barwert einer gleichbleibenden nachschüssigen **ewigen Rente** lässt sich nach der Überlegung ermitteln, dass jährlich genausoviel Geld abhoben wird, wie Zinsen entstanden sind:

$$r = R_0 \cdot i \tag{4.94}$$

Dann ändert sich der Kontostand nicht, und für den Barwert gilt:

$$R_0 = \frac{r}{i} \tag{4.95}$$

Beispiel

Ein Hauseigentümer räumt seinem Nachbarn ein Wegerecht ein und verlangt hierfür auf unbegrenzte Zeit am Ende jeden Jahres 200 €. Der Barwert beträgt bei 2 % Zinsen:

$$R_0 = \frac{200 \text{ €}}{0,02} = 10.000 \text{ €}$$

Der Nachbar muss einen Betrag in Höhe von 10.000 € zu 2 % Zinsen als Rücklage anlegen, damit er jedes Jahr 200 € Zinsen daraus entnehmen kann. Oder anders ausgedrückt: Mit einer einmaligen Zahlung in Höhe von 10.000 € ist er seine Zahlungsverpflichtung sofort los.

4.4.7 Tilgungsrechnung

Schuldet ein Schuldner einem Gläubiger ein Kapital, müssen die Modalitäten für die Rückzahlung geklärt werden. Hierzu dient die Tilgungsrechnung.

Tilgungsrechnung

Ist in n Jahren ein bestimmtes Kapital K_n fällig, dann kann es durch einen Betrag K_0, der unter Berücksichtigung von p % Zinseszins in dieser Zeit auf K_n anwachsen würde, am Anfang des ersten Jahres beglichen werden. Nach (4.74) gilt:

QV

$$K_0 = K_n \cdot q^{-n} \tag{4.96}$$

K_0 heißt **Barwert** bzw. **Kapitalwert** des Kapitals K_n und q^{-n} **Abzinsungsfaktor** bzw. **Diskontierungsfaktor.**

Barwert, Diskontierungsfaktor

Beispiel

Wie groß ist bei 5 % Zinseszins der Barwert einer Schuld von 3.500 €, die in drei Jahren fällig ist?

$$K_0 = 3.500 \text{ €} \cdot 1,05^{-3} = 3.023,43 \text{ €}$$

Wird ein geschuldetes Kapital K_0 bei p % Zinseszins zurückgezahlt, so setzen sich diese Zahlungen jeweils aus einer **Tilgungsrate** und einer **Zinsrate** zusammen. Tilgungs- und Zinsrate ergeben die **Annuität**. Durch die periodische Aufteilung der Zahlungen lässt sich die Restschuld am jeweiligen Periodenanfang berechnen und ein Tilgungsplan erstellen. Hierbei werden zwei **Tilgungsarten** unterschieden:

Tilgungsarten

▸ **Ratentilgung:** Bei der Ratentilgung bleibt die Tilgungsrate während der Kreditlaufzeit konstant und verändert sich nicht. Da die Zinsen wegen der abnehmenden Restschuld über den Zeitablauf geringer werden, sinkt auch die Annuität.

▸ **Annuitätentilgung:** Bei der Annuitätentilgung bleibt die Annuität während der Kreditlaufzeit konstant. Da auch hier die Tilgungen zu einer kontinuierlichen Abnahme der Restschuld führen, sinken die Zinsraten, und der Tilgungsanteil steigt um den Betrag der Zinsminderung.

Ratentilgung

Soll ein Kapital K_0 durch **Ratentilgung** in n Jahren zurückgezahlt werden, gilt bei gleichbleibenden Tilgungsraten $T_1 = T_2 = \ldots = T_n = T$:

$$K_0 = \sum_{t=1}^{n} T_t = \sum_{t=1}^{n} T = nT \quad \Leftrightarrow \quad T = \frac{K_0}{n} \tag{4.97}$$

Der Tilgungsplan lautet:

Jahr	Restschuld am Anfang des Jahres	Zinsen	Tilgung	Annuität
1	K_0	$Z_1 = K_0 \cdot i$	T	$A_1 = Z_1 + T$
2	$K_1 = K_0 - T$	$Z_2 = K_1 \cdot i$	T	$A_2 = Z_2 + T$
3	$K_2 = K_1 - T$	$Z_3 = K_2 \cdot i$	T	$A_3 = Z_3 + T$
⋮	⋮	⋮	⋮	⋮
n	$K_{n-1} = K_{n-2} - T$	$Z_n = K_{n-1} \cdot i$	T	$A_n = Z_n + T$

Beispiel

Eine Kreditschuld in Höhe von 10.000 € soll bei 5 % Zinseszinsen in 4 Jahren durch gleichbleibende Raten getilgt werden. Wie lautet der Tilgungsplan?

$$K_0 = 10.000 \ \text{€}; \ i = 0,05; \ T = \frac{10.000 \ \text{€}}{4} = 2.500 \ \text{€}$$

Jahr	Restschuld am Anfang des Jahres	Zinsen	Tilgung	Annuität
1	10.000	500	2.500	3.000
2	7.500	375	2.500	2.875
3	5.000	250	2.500	2.750
4	2.500	125	2.500	2.625

Insgesamt fallen $Z = 1.250$ € Zinsen an.

Das Zurückzahlen eines Kapitals K_0 durch gleichhohe Beträge A in den Zeitpunkten $t = 1, 2, \ldots, n$ wird als **Annuitätentilgung** bezeichnet. Die Annuität ist eine jährliche nachschüssige Rente mit $r = A$, sodass nach (4.80) bzw. (4.83) gilt:

Annuitätentilgung

QV

$$K_0 = A \cdot \frac{q^n - 1}{iq^n} \quad \Leftrightarrow \quad A = K_0 \cdot \frac{iq^n}{q^n - 1} \qquad (4.98)$$

Der Tilgungsplan lautet:

Jahr	Restschuld am Anfang des Jahres	Zinsen	Tilgung	Annuität
1	K_0	$Z_1 = K_0 \cdot i$	$T_1 = A - Z_1$	A
2	$K_1 = K_0 - T_1$	$Z_2 = K_1 \cdot i$	$T_2 = A - Z_2$	A
3	$K_2 = K_1 - T_2$	$Z_3 = K_2 \cdot i$	$T_3 = A - Z_3$	A
$\vdots$	$\vdots$	$\vdots$	$\vdots$	$\vdots$
n	$K_{n-1} = K_{n-2} - T_{n-1}$	$Z_n = K_{n-1} \cdot i$	$T_n = A - Z_n$	A

Beispiel

Eine Kreditschuld in Höhe von 10.000 € soll bei 5 % Zinseszinsen in 4 Jahren durch gleichbleibende Annuitäten getilgt werden. Wie lautet der Tilgungsplan?

$$K_0 = 10.000 \text{ €}; \ i = 0,05; \ A = 10.000 \text{ €} \cdot \frac{0,05 \cdot 1,05^4}{1,05^4 - 1} = 2.820,12 \text{ €}$$

Jahr	Restschuld am Anfang des Jahres	Zinsen	Tilgung	Annuität
1	10.000,00	500,00	2.320,12	2.820,12
2	7.679,88	383,99	2.436,13	2.820,12
3	5.243,75	262,19	2.557,93	2.820,12
4	2.685,82	134,29	2.685,82	2.820,11

In der letzten Zahlungsperiode ergibt sich aufgrund von Rundungs-differenzen eine geringfügig kleinere Annuität. Insgesamt fallen mit $Z = 1.280{,}47$ € höhere Zinsen als bei Ratentilgung an.

In der Finanzpraxis wird häufig die Annuitätentilgung vorgezogen, da sie mit einem konstanten (monatlichen) Rückzahlungsbetrag verbunden ist und die Annuität am Anfang niedriger ist als bei der Ratentilgung. Zudem führt die Annuitätentilgung – wie im Beispiel gezeigt – über die gesamte Laufzeit gesehen zu einer höheren Zinsbelastung für den Kreditnehmer, was für den Kreditgeber von Vorteil ist.

4.5 Grenzwert und Stetigkeit

Stetigkeit

Die **Stetigkeit** einer Funktion hat in der Mathematik eine weitreichende Bedeutung. So werden in den Teilgebieten Differentiation und Integration, die im nachfolgenden Kapitel behandelt werden, oft stetige Funktion vorausgesetzt. Laienhaft formuliert, kann der Graph einer stetigen Funktion gezeichnet werden, ohne den Stift abzusetzen. Folgende Funktionen sind stetig:

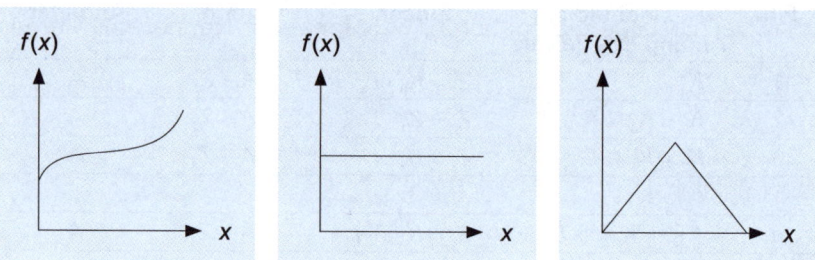

Abb. 4-24: Stetige Funktionen

Folgende Funktionen sind nicht stetig:

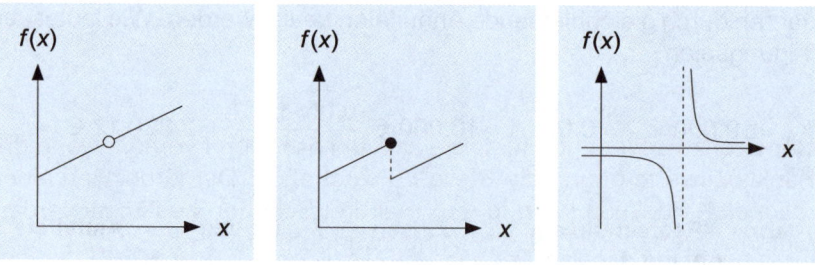

Abb. 4-25: Nichtstetige Funktionen

Zur mathematischen Definition der Stetigkeit wird der Grenzwertbegriff benötigt, der bereits im Zusammenhang mit der Darstellung von Folgen in 4.4.2 eingeführt wurde.

QV

Gegeben sind eine Funktion f auf dem Intervall D_f sowie ein Punkt x_0, zu dem eine Folge $(x_n)_{n \in \mathbb{N}}$ mit $x_n \in D_f \setminus \{x_0\}$ und $\lim\limits_{n \to \infty} x_n = x_0$ existiert.

Grenzwert

Wenn für alle beliebigen Folgen $(x_n)_{n \in \mathbb{N}}$ die zugehörigen Folgen der Funktionswerte $f(x_n)$ mit wachsendem n gegen einen konstanten Wert y_0 konvergieren, heißt y_0 der **Grenzwert** von f bei Annäherung von x an x_0. Man schreibt hierfür

$$\lim_{n \to \infty} f(x_n) = y_0 \tag{4.99}$$

oder auch

$$\lim_{\substack{x \to x_0 \\ x \neq x_0}} f(x) = y_0 \tag{4.100}$$

Wie in Abbildung 4-26 ersichtlich, können Funktionen aus unterschiedlichen Gründen nichtstetig sein. Im ersten Fall hat der Funktionsgraph eine sogenannte **Definitionslücke**, die sich durch einen Punkt problemlos schließen ließe. Im zweiten Fall weist der Graph eine sogenannte **Sprungstelle** auf, d. h. die Funktionswerte springen quasi auf ein niedrigeres (oder höheres) Niveau. Schließlich verlaufen die Äste des Funktionsgraphen im dritten Fall an einer sogenannten **Polstelle** in entgegengesetzte Richtungen. Definitionslücken und Polstellen treten bei rationalen Funktionen auf, wenn diese Funktionswerte nicht zum Definitionsbereich gehören, weil sonst der Nenner null werden würde.

Nichtstetige Funktionen

Beispiel

Die Funktion

$$f(x) = \frac{x^2 - 1}{x + 1}$$

ist an der Stelle $x = -1$ nicht definiert, da der Nenner bei Einsetzen dieses Wertes null ergeben würde. Also gilt:

$$D_f := \{x \in \mathbb{R} \mid x \neq 0\}$$

Der Grenzwert legt nun fest, wie sich die Funktion f verhält, wenn die Funktionswerte gegen die Stelle $x = x_0$ streben. Der Grenzwert einer rationalen Funktion kann in maximal drei Schritten bestimmt werden (vgl. *Arrenberg, 2017, S. 112*), und zwar durch

Bestimmung des Grenzwertes

► Einsetzen von x_0

► Kürzen des Polynoms und Einsetzen von x_0

► Aufstellen einer Wertetabelle mit links- und rechtsseitiger Annäherung an x_0.

Es sollen die nachfolgenden Grenzwerte an der Stelle $x_0 = 2$ bestimmt werden.

1. $\lim\limits_{x \to 2} (2x + 1)$

   Da $x_0 \in D_f$, wird der Grenzwert durch Einsetzen von $x_0 = 2$ bestimmt:

   $$\lim\limits_{x \to 2} (2x + 1) = 2 \cdot 2 + 1 = 5$$

   Der Funktionsgraph ist an der Stelle x_0 stetig.

2. $\lim\limits_{x \to 2} \dfrac{3x^2 + 6x - 24}{x - 2}$

   Da $x_0 \notin D_f$, wird versucht, den Zähler durch den Nenner zu kürzen. Dies gelingt durch Faktorisieren des Zählers:

   $$\lim\limits_{x \to 2} \frac{3x^2 + 6x - 24}{x - 2} = \lim\limits_{x \to 2} \frac{3(x^2 + 2x - 8)}{x - 2}$$

   $$= \lim\limits_{x \to 2} \frac{3(x + 4)(x - 2)}{x - 2} = \lim\limits_{x \to 2} (3x + 12) = 18$$

   Der Funktionsgraph weist an der Stelle x_0 eine Definitionslücke auf.

3. $\lim\limits_{x \to 2} \dfrac{1}{x - 2}$

   $x_0 \notin D_f$ und der Term kann nicht gekürzt werden. Dann wird der Grenzwert durch eine Annäherung an $x_0 = 2$ ermittelt, die in einer Wertetabelle erfasst wird:

x	1,9	1,99	1,999
$f(x)$	−10	−100	−1.000

x	2,001	2,01	2,1
$f(x)$	1.000	100	10

Nähert man sich von links gegen x_0, streben die Funktionswerte offensichtlich gegen $-\infty$. Nähert man sich von rechts gegen x_0, so streben die Funktionswerte gegen $+\infty$. Das bedeutet, dass der Grenzwert an der Stelle $x_0 = 2$ nicht existiert.

Die Stelle $x_0 = 2$ ist der Pol des Funktionsgraphen.

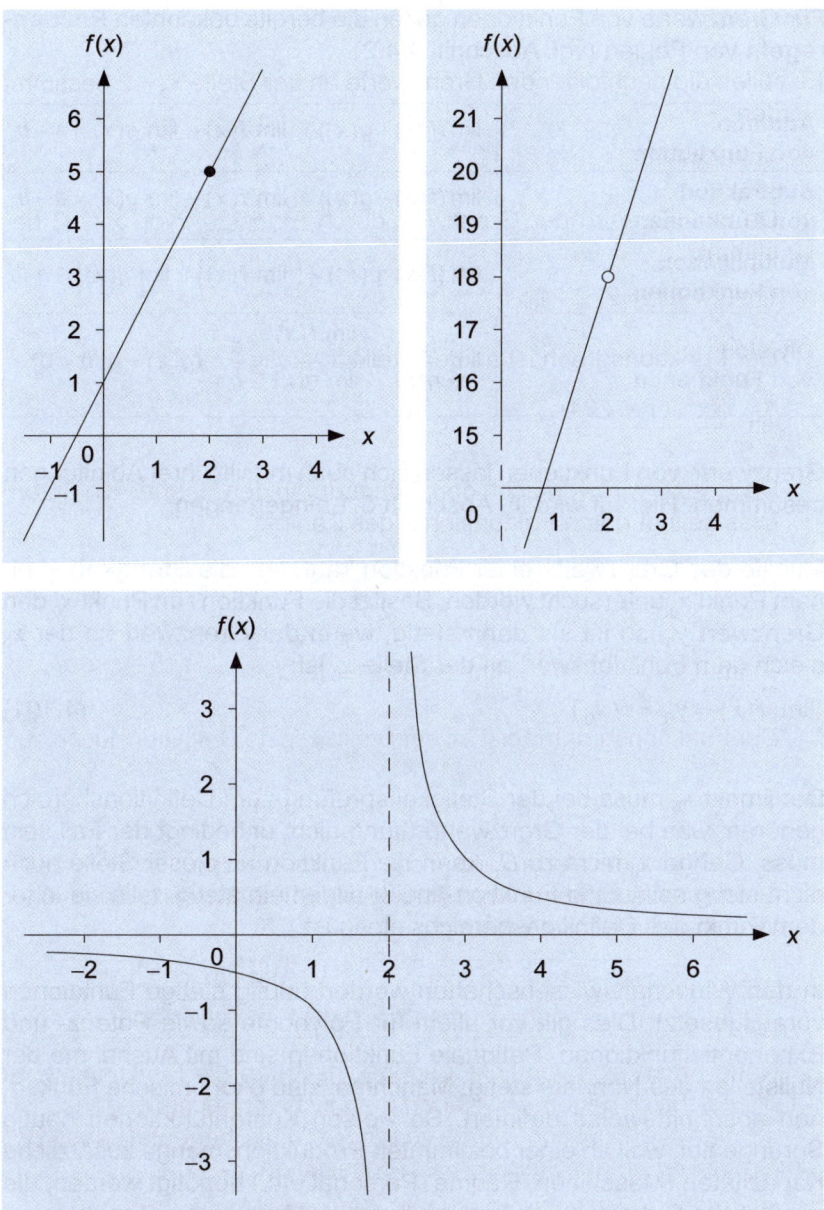

Abb. 4-26: Beurteilung der Stetigkeit an der Stelle x_0

Rechenregeln
für Grenzwerte
QV

Für Grenzwerte von Funktionen gelten die bereits bekannten **Rechenregeln** von Folgen (vgl. Abschnitt 4.4.2).

Addition von Funktionen	$\lim\limits_{x \to x_0} (f(x) + g(x)) = \lim\limits_{x \to x_0} f(x) + \lim\limits_{x \to x_0} g(x) = a + b$
Subtraktion von Funktionen	$\lim\limits_{x \to x_0} (f(x) - g(x)) = \lim\limits_{x \to x_0} f(x) - \lim\limits_{x \to x_0} g(x) = a - b$
Multiplikation von Funktionen	$\lim\limits_{x \to x_0} (f(x) \cdot g(x)) = \left(\lim\limits_{x \to x_0} f(x) \right) \cdot \left(\lim\limits_{x \to x_0} g(x) \right) = a \cdot b$
Division von Funktionen	$\lim\limits_{x \to x_0} \dfrac{f(x)}{g(x)} = \dfrac{\lim\limits_{x \to x_0} f(x)}{\lim\limits_{x \to x_0} g(x)} = \dfrac{a}{b} \quad (g(x) \neq 0,\ b \neq 0)$

QV

Grenzwerte von Funktionen lassen sich auch mithilfe ihrer Ableitungen bestimmen. Hierauf wird im Abschnitt 5.1 eingegangen.

Stetigkeitsprüfung

Mithilfe des Grenzwerts einer Funktion kann nun die **Stetigkeit** in einem Punkt x_0 untersucht werden. Besitzt die Funktion f im Punkt x_0 den Grenzwert y_0, so ist sie dann stetig, wenn der Grenzwert an der x_0 gleich dem Funktionswert an der Stelle x_0 ist:

$$\lim_{x \to x_0} f(x) = y_0 = f(x_0) \tag{4.101}$$

Der Punkt x_0 muss bei der Stetigkeitsprüfung zum Definitionsbereich gehören, was bei der Grenzwertprüfung nicht unbedingt der Fall sein muss. Gehört x_0 nicht zu D_f, kann die Funktion an dieser Stelle auch nicht stetig sein. Eine Funktion f heißt allgemein stetig, falls sie in jedem Punkt des Definitionsbereichs stetig ist.

Sprungfixe Kosten

In den Wirtschaftswissenschaften werden häufig stetige Funktionen vorausgesetzt. Dies gilt vor allem für Polynome sowie Potenz- und Exponentialfunktionen. Rationale Funktionen sind mit Ausnahme der Nullstellen des Nenners stetig. Manchmal sind ökonomische Funktionen abschnittsweise definiert. So weisen Kostenfunktionen häufig Sprünge auf, weil ab einer bestimmten Produktionsmenge zusätzliche Kapazitäten (Maschinen, Räume, Personal etc.) benötigt werden, die zusätzliche Fixkosten wie Abschreibungen, Mieten oder Gehälter verursachen. Man spricht dann auch von **sprungfixen Kosten**. Ebenso ist der Fall denkbar, dass die variablen Kosten durch Ausnutzung von Mengenrabatten bei der Werkstoffbeschaffung sprunghaft sinken. Auch im Lagerbestandsmanagement oder bei der Berechnung von Transportkosten treten unstetige Funktionen auf.

Beispiel

Das Monatseinkommen eines Vertriebsleiters besteht aus einem Fix-
gehalt in Höhe von 2.000 € sowie aus einer verkaufsabhängigen Pro-
vision und einem Bonus. Diese Sonderzahlungen sind nach Absatzmenge gestaffelt:

Absatzmenge (in Stück)	Provision (in Euro/Stück)	Bonus (in Euro)
$0 \leq x < 300$	2	0
$300 \leq x < 700$	3	500
$x \geq 700$	4	1.000

Sei x die Absatzmenge in Stück und $f(x)$ das monatliche Gehalt des
Vertriebsleiters in Euro. Dann lautet die Gehaltsfunktion in Abhängigkeit von der Absatzmenge:

$$f(x) = \begin{cases} 2x + 2.000 & 0 \leq x < 300 \\ 3x + 2.500 & 300 \leq x < 700 \\ 4x + 3.500 & x \geq 700 \end{cases}$$

Der Funktionsgraph weist an den Stellen $x = 300$ und $x = 700$ jeweils
eine Sprungstelle auf, d. h. $f(x)$ ist unstetig.

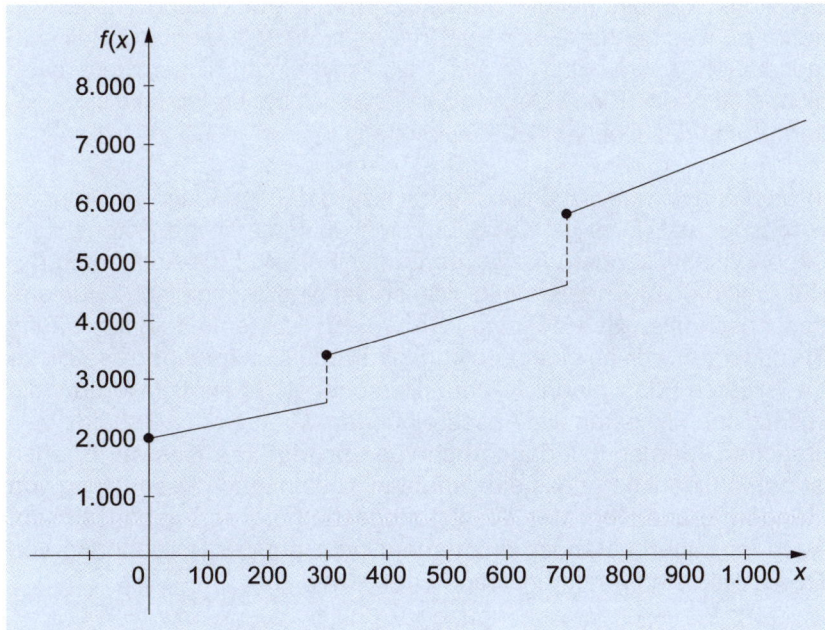

Abb. 4-27: Unstetige Funktion mit Sprungstellen

Kapitel 5

5. Differentialrechnung

5.1 Differentiation von Funktionen mit einer Variablen

5.1.1 Begriff der Ableitung

5.1.2 Analyse des Änderungsverhaltens von funktionalen Zusammenhängen

5.1.3 Ableitungen elementarer Funktionen

5.1.4 Ableitungen verknüpfter Funktionen

5.1.5 Höhere Ableitungen und Regel von de l'Hôspital

5.2 Kurvendiskussion

5.2.1 Monotonie und Krümmungsverhalten

5.2.2 Bestimmung von Nullstellen mithilfe des Newton-Verfahrens

5.2.3 Extrempunkte

5.2.4 Wendepunkte

5.2.5 Elastizitäten

5.2.6 Marginalanalyse

5.3 Differentiation von Funktionen mit mehreren Variablen

5.3.1 Partielle Ableitungen

5.3.2 Partielles und totales Differential

5.3.3 Extrempunkte

5. Differentialrechnung

5.1 Differentiation von Funktionen mit einer Variablen

5.1.1 Begriff der Ableitung

Differentialrechnung Im vorangegangenen Kapitel wurden Zusammenhänge zwischen ökonomischen Größen mithilfe von Funktionen abgebildet. So wurde beispielsweise der Gewinn aus der Differenz zwischen Umsatz und Kosten funktional und graphisch dargestellt. Solche Zusammenhänge werden nun wieder aufgegriffen und mittels der **Differentialrechnung** mathematisch näher untersucht. Im Wesentlichen geht es hierbei darum, (ökonomische) Begebenheiten durch Funktionsgleichungen auf beliebig kleinen (d. h. infinitesimalen) Abschnitten widerspruchsfrei zu beschreiben. Mit einer Funktion f wird bekanntlich jeder reellen Zahl x aus dem Definitionsbereich D_f genau eine reelle Zahl $y = f(x)$ zugeordnet. Der Ableitungsbegriff kann nun allgemein aus dem Änderungsverhalten von f hergeleitet werden. Dabei spielt das Steigungsmaß einer Funktion eine wesentliche Rolle.

Sekante Sei f eine Funktion über dem Intervall $I =[x_0, x_0 + h]$. Die Gerade, die durch die Punkte $P = (x_0, f(x_0))$ und $Q = (x_0, f(x_0 + h))$ verläuft, heißt **Sekante** (vgl. Abbildung 5-1).

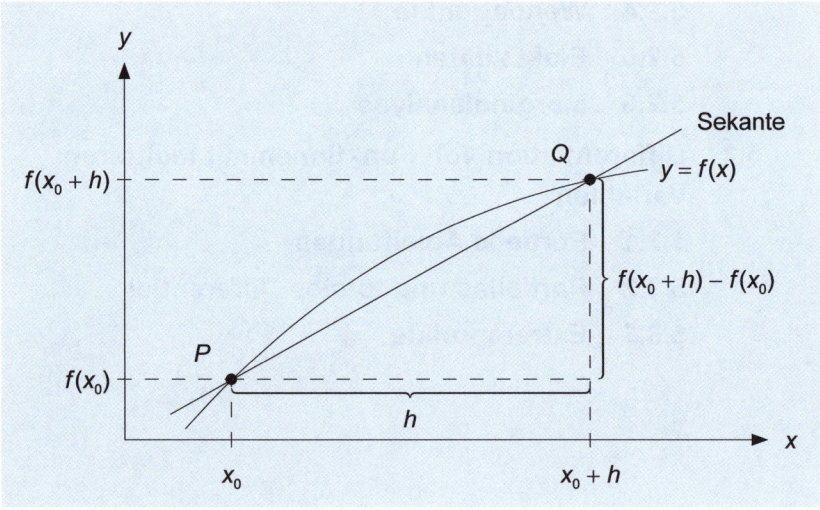

Abb. 5-1: Sekante einer Funktion

Die Steigung der linearen Sekantengleichung $y = a + bx$ kann gemäß (4.6) berechnet werden:

$$b = \frac{f(x_0 + h) - f(x_0)}{h} = \frac{\Delta f(x)}{\Delta x} = \frac{\Delta y}{\Delta x} \qquad (5.1)$$

(5.1) heißt **Differenzenquotient** von $f(x)$ in x_0 und gibt den Anstieg der Sekante im Punkt P an. Für die Gleichung der Sekante durch P und Q erhält man

$$y = a + bx = f(x_0) + \frac{f(x_0 + h) - f(x_0)}{h} \cdot (x - x_0) \qquad (5.2)$$

Lässt man h gegen null und damit Q gegen P streben, geht die Sekante durch P und Q in die **Tangente** an den Graphen von f im Punkt P über (vgl. Abbildung 5-2).

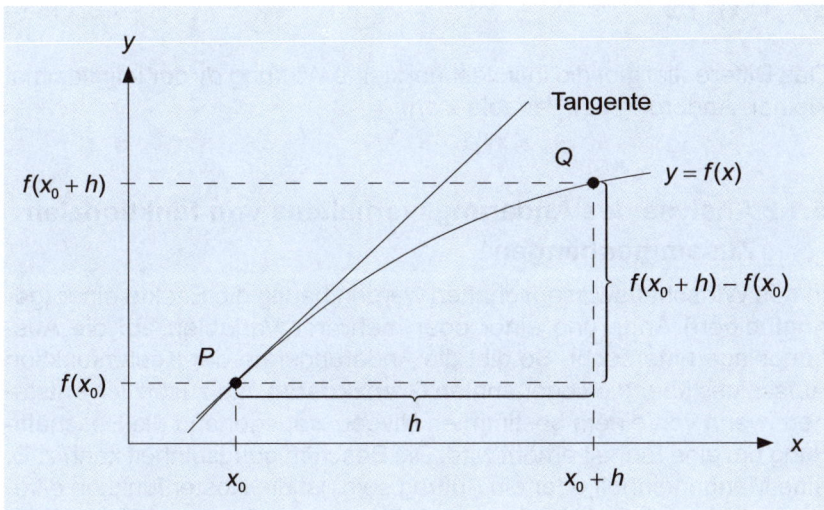

Abb. 5-2: Tangente einer Funktion

Das Anstiegsmaß dieser Tangente heißt **Ableitung** oder **Differential-quotient** von $f(x)$ in x_0. Die Ableitung $f'(x_0)$ ergibt sich aus dem Grenzwert der Tangente für h gegen null:

$$f'(x_0) = \lim_{\substack{h \to 0 \\ h \neq 0}} \frac{f(x_0 + h) - f(x_0)}{h} \qquad (5.3)$$

Differenzierbarkeit, Ableitungsfunktion

Eine Funktion $f(x)$ ist in $x_0 \in I$ **differenzierbar**, wenn der Grenzwert (5.3) existiert. Ist f für alle $x \in I$ differenzierbar, so heißt die Funktion, die jeder Stelle aus I die Ableitung $f'(x)$ zuordnet, **Ableitungsfunktion** von f. Man schreibt:

$$f'(x) = \frac{df(x)}{dx} = \frac{dy}{dx} \tag{5.4}$$

Höhere Ableitung

Ist die Funktion f auf dem Intervall I differenzierbar, so ist f auch auf I stetig. Falls die Ableitungsfunktion f' einer Funktion f ebenfalls differenzierbar ist, erhält man aus der ersten Ableitung f' durch erneutes Ableiten die zweite Ableitung f'', aus dieser f''' usw. Man spricht dann von **höheren Ableitungen** von f. $f^{(n)}$ heißt **n-te Ableitung** von $f(n \in \mathbb{N})$.

Differential

Durch Auflösen von (5.4) nach dy erhält man das **Differential** der Funktion $y = f(x)$:

$$dy = f'(x) \cdot dx \tag{5.5}$$

Das Differential gibt die infinitesimal kleine Wirkung dy der infinitesimal kleinen Änderung der Variable x an.

5.1.2 Analyse des Änderungsverhaltens von funktionalen Zusammenhängen

Grenzkosten

In den Wirtschaftswissenschaften werden häufig die Effekte einer (geringfügigen) Änderung einer oder mehrerer Variablen auf die Ausgangslage untersucht. So gibt die Änderungsrate der Kostenfunktion Aufschluss über die sogenannten **Grenzkosten**, die zusätzlich entstehen, wenn von einem bestimmten Niveau x ausgehend die Beschäftigung um eine Einheit erhöht wird. Die Beschäftigungseinheit kann z. B. eine Mengeneinheit oder ein Auftrag sein. Ist die Kostenfunktion differenzierbar, sind die Grenzkosten mathematisch die erste Ableitung der Kostenfunktion:

$$K'(x) = \frac{dK(x)}{dx} \tag{5.6}$$

In vielen ökonomischen Situationen sind die Grenzkosten entscheidungsrelevant – insbesondere dann, wenn kurzfristig die fixen Kosten nicht berührt werden. So sind beispielsweise für die Entscheidung, ob ein Produkt fremdbezogen oder selbst hergestellt werden soll, die Beschaffungskosten mit den Grenzkosten der Eigenfertigung zu vergleichen. Die Grenzkosten umfassen die variablen Kosten für Roh-, Hilfs- und Betriebsstoffe und anteilige Wartung, aber nicht den Arbeitslohn und die zeitbedingte Abschreibung der Maschinen, die fix sind.

Beispiel

In einem Industrieunternehmen fallen für die Fertigung eines Produkts folgende Gesamtkosten $y = K(x)$ in Abhängigkeit von der Produktionsmenge an:

$K(x) = 0{,}25x^2 + 2x + 4$

Die Entscheidung, ob die Menge – ausgehend von einem bestimmten Produktionsniveau – erhöht werden soll, hängt u. a. davon ab, wie stark dann die Kosten steigen. Diese Veränderung ist mathematisch durch die erste Ableitung der Kostenfunktion bestimmt:

$$K'(x) = \frac{dK(x)}{dx} = 0{,}5x + 2$$

Dann bedeutet beispielsweise $K'(10) = 7$, dass bei einer Steigerung der Ausbringungsmenge um eine Einheit von 10 auf 11 ME der Kostenzuwachs 7 GE betragen wird. Für $x = 20$ beträgt dieser Zuwachs $K'(20) = 12$ GE. In diesem Fall ist die zusätzliche Produktionseinheit billiger, wenn wenig produziert wird. Die Entscheidung, ob die Ausbringungsmenge erhöht werden soll oder nicht, hängt nun davon ab, ob der Erlös für die zusätzliche Produktion die Grenzkosten übersteigt.

Die Grenzkosten bestimmen die Änderung der Gesamtkosten ($\Delta K(x)$), die eintritt, wenn die Beschäftigung um eine Einheit (Δx) erhöht wird. Analytisch gilt $\Delta K(x) = K'(x)$ allerdings nur für eine lineare Kostenfunktion. Im Beispiel beträgt die Differenz zwischen $K(10) = 49$ und $K(11) = 56{,}25$ genau 7,25 GE und nicht 7 GE, wie es die Grenzkostenfunktion ausweist. Dies liegt daran, dass sich die Kosten bei Erhöhung der Ausbringung in Abhängigkeit von der Steigung der Funktion verändern – und die ist bei einer quadratischen Funktion entlang des Graphen unterschiedlich. Kostenveränderung und Grenzkosten sind deshalb allgemein nur annähernd gleich:

Grenzkosten vs. Kostenänderung

$$\Delta K \approx K'(x) = \frac{dK(x)}{dx} \tag{5.7}$$

Grenzbegriffe in den Wirtschaftswissenschaften

In den Wirtschaftswissenschaften existieren neben den Grenzkosten weitere wichtige Grenzbegriffe.

Funktion	Bezeichnung	Ableitung	Bezeichnung
$x = x(r)$	Produktionsfunktion	$x'(r) = \dfrac{dx(r)}{dr}$	Grenzproduktivität
$U = U(x)$	Umsatzfunktion	$U'(x) = \dfrac{dU(x)}{dx}$	Grenzerlös
$K = K(x)$	Kostenfunktion	$K'(x) = \dfrac{dK(x)}{dx}$	Grenzkosten
$G = G(x)$	Gewinnfunktion	$G'(x) = \dfrac{dG(x)}{dx}$	Grenzgewinn

Die **Grenzproduktivität** $x'(r)$ gibt an, um wie viele Mengeneinheiten sich die Ausbringungsmenge etwa verändert, wenn die Faktoreinsatzmenge r um eine Mengeneinheit auf $r + 1$ gesteigert wird. Durch den **Grenzerlös** $U'(x)$ wird ausgedrückt, um wie viele Geldeinheiten sich der Umsatz (Erlös) etwa verändert, wenn die produzierte und abgesetzte Menge x um eine Mengeneinheit auf $x + 1$ gesteigert wird. Schließlich zeigt der **Grenzgewinn** $G'(x)$ den zusätzlichen Gewinn für jede weitere produzierte und abgesetzte Mengeneinheit an. Er berechnet sich aus der Differenz zwischen Grenzerlös und Grenzkosten:

$$G'(x) = U'(x) - K'(x) \tag{5.8}$$

Beispiel

Kommen wir noch einmal auf das Beispiel zur Gewinnmaximierung aus Abschnitt 4.1.2 zurück. Umsatz-, Kosten- und Gewinnfunktion mit der Ausbringung $x \in D_f = [0; 9]$ lauten:

$$U(x) = 26x$$

$$K(x) = x^3 - 9x^2 + 30x + 20$$

$$G(x) = U(x) - K(x) = -x^3 + 9x^2 - 4x - 20$$

Die Ableitungen der drei Funktionen lauten:

$$U'(x) = 26$$

$$K'(x) = 3x^2 - 18x + 30$$

$$G'(x) = U'(x) - K'(x) = -3x^2 + 18x - 4$$

In Abbildung 5-3 ist ersichtlich, dass der größtmögliche Gewinn genau bei der Produktionsmenge erzielt wird, wo die Grenzkostenkurve die Grenzerlöskurve von unten durchstößt. Diese (zweite) Schnittstelle von Grenzerlös und Grenzkosten errechnet sich durch Gleichsetzen der Funktionen und Auflösen nach x:

Grenzerlös gleich Grenzkosten im Gewinnmaximum

$$U'(x) = K'(x)$$
$$\Leftrightarrow 26 = 3x^2 - 18x + 30$$
$$\Leftrightarrow x^2 - 6x + \frac{4}{3} = 0$$
$$\Leftrightarrow x = 3 \pm \sqrt{9 - \frac{4}{3}}$$
$$\Leftrightarrow x_1 \approx 0{,}23 \lor x_2 \approx 5{,}77$$

Der größtmögliche Gewinn wird bei der Ausbringungsmenge $x^* \approx 5{,}77$ ME erzielt und beträgt $G(5{,}77) = 64{,}456$ GE. Grenzkosten und Grenzerlös sind mit $K'(5{,}77) = U'(5{,}77) = 26$ gleich.

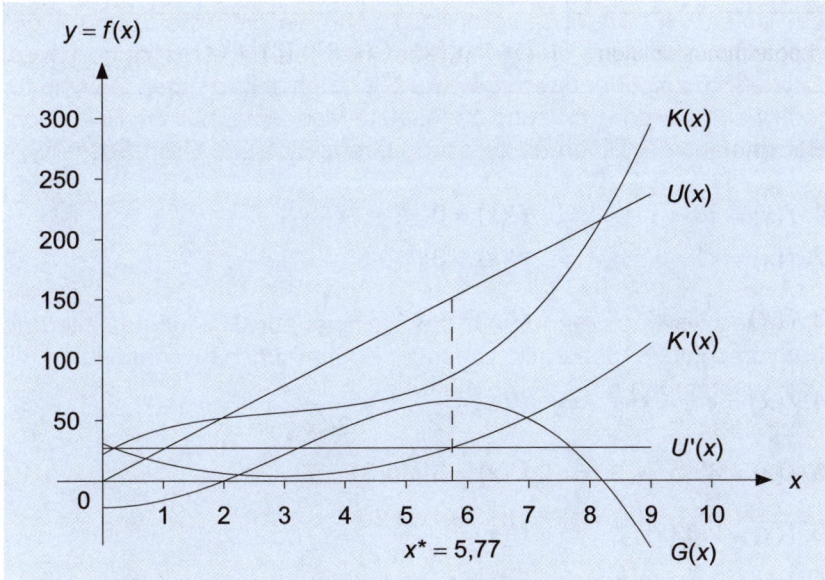

Abb. 5-3: Grenzkosten gleich Grenzerlös im Gewinnmaximum

5.1.3 Ableitungen elementarer Funktionen

Ableitungsfunktion

Die Bestimmung der Ableitung durch Berechnung des Grenzwerts des Differentialquotienten ist aufwendig und in der Regel nicht einfach. Deshalb ist es hilfreich, die Ableitungen der nachfolgenden Grundfunktionen zu kennen. Die meisten anderen Ableitungen wirtschaftswissenschaftlicher Funktionen lassen sich dann auf diese elementaren Funktionen zurückführen. Über die Berechnung der Grenzwerte nach

QV

Formel (5.3) ergeben sich:

Bezeichnung	Funktion	Ableitungsfunktion
Konstante Funktion	$f(x) = c \quad (c \in \mathbb{R})$	$f'(x) = 0$
Potenzfunktion	$f(x) = x^r \quad (r \in \mathbb{R})$	$f'(x) = r \cdot x^{r-1}$
Natürliche Exponentialfunktion	$f(x) = e^x$	$f'(x) = e^x$
Natürliche Logarithmusfunktion	$f(x) = \ln(x)$	$f'(x) = \dfrac{1}{x}$
Exponentialfunktion	$f(x) = a^x \quad (a \in \mathbb{R}^+)$	$f'(x) = a^x \cdot \ln(a)$
Logarithmusfunktion	$f(x) = \log_a(x) \quad (a \in \mathbb{R}^+ \setminus \{1\})$	$f'(x) = \dfrac{1}{x \cdot \ln(a)}$

Beispiel

1. $f(x) = 10$ $\Rightarrow$ $f'(x) = 0$

2. $f(x) = x^3$ $\Rightarrow$ $f'(x) = 3x^2$

3. $f(x) = \dfrac{1}{x} = x^{-1}$ $\Rightarrow$ $f'(x) = -x^{-2} = -\dfrac{1}{x^2}$

4. $f(x) = \sqrt{x} = x^{\frac{1}{2}}$ $\Rightarrow$ $f'(x) = \dfrac{1}{2}x^{-\frac{1}{2}} = \dfrac{1}{2\sqrt{x}}$

5. $f(x) = 3^x$ $\Rightarrow$ $f'(x) = 3^x \cdot \ln(3)$

6. $f(x) = \log_2(x)$ $\Rightarrow$ $f'(x) = \dfrac{1}{x \cdot \ln(2)}$

5.1.4 Ableitungen verknüpfter Funktionen

Differentiationsregeln

Sind die zuvor beschriebenen elementaren Funktionen miteinander verknüpft bzw. kommen als zusammengesetzte Funktionen vor, können die nachfolgend tabellierten **Differentiationsregeln** angewendet werden.

Bezeichnung	Funktion	Ableitungsfunktion
Faktorregel	$c \cdot f(x)$	$c \cdot f'(x)$
Summenregel	$f(x) \pm g(x)$	$f'(x) \pm g'(x)$
Produktregel	$f(x) \cdot g(x)$	$f'(x) \cdot g(x) + f(x) \cdot g'(x)$
Quotientenregel	$\dfrac{f(x)}{g(x)}$	$\dfrac{f'(x) \cdot g(x) - f(x) \cdot g'(x)}{(g(x))^2}$
Kettenregel	$f(g(x))$	$f'(g(x)) \cdot g'(x)$

Folgende Beispiele verdeutlichen die Technik des Ableitens.

Beispiele

1. $f(x) = 4x^3 + 6x^2 - 2x + 8$

   Die Anwendung von Faktor- und Summenregel ergibt:

   $$f'(x) = 3 \cdot 4x^2 + 2 \cdot 6x^1 - 1 \cdot 2x^0 + 0$$
   $$= 12x^2 + 12x - 2$$

2. $h(x) = x \cdot e^x$

   Mit $f(x) = x$ und $f'(x) = 1$ sowie $g(x) = e^x$ und $g'(x) = e^x$ ergibt sich nach der Produktregel:

   $$h'(x) = f'(x) \cdot g(x) + f(x) \cdot g'(x)$$
   $$= e^x + x \cdot e^x$$

3. $h(x) = (3x^2 - 2)^{\frac{2}{3}}$

   Setzt man

   $g(x) = 3x^2 - 2$ mit $g'(x) = 6x$

   sowie

   $f(z) = z^{\frac{2}{3}}$ mit $f'(z) = \dfrac{2}{3} z^{-\frac{1}{3}}$

   dann folgt aus der Kettenregel:

   $$h'(x) = f'(g(x)) \cdot g'(x)$$
   $$= \frac{2}{3}(3x^2 - 2)^{-\frac{1}{3}} \cdot 6x = \frac{4}{\sqrt[3]{3x^2 - 2}}$$

4. $h(x) = \dfrac{(x^2 - 2)^2}{x + 5}$

   Setzt man

   $f(x) = (x^2 - 2)^2$ mit $f'(x) = 2 \cdot (x^2 - 2) \cdot 2x$

   sowie

   $g(x) = x + 5$ mit $g'(x) = 1$

dann ergibt sich nach der Quotientenregel:

$$h'(x) = \frac{f'(x) \cdot g(x) - f(x) \cdot g'(x)}{(g(x))^2}$$

$$= \frac{4x \cdot (x^2 - 2) \cdot (x + 5) - (x^2 - 2)^2 \cdot 1}{(x + 5)^2} = \frac{3x^4 + 20x^3 - 4x^2 - 40x - 4}{x^2 + 10x + 25}$$

5. $h(x) = \ln\sqrt{1 + x^3}$

Setzt man

$$g(x) = \sqrt{1 + x^3} \text{ mit } g'(x) = \frac{3x^2}{2\sqrt{1 + x^3}}$$

sowie

$$f(z) = \ln(z) \text{ mit } f'(z) = \frac{1}{z}$$

dann folgt aus der Kettenregel:

$$h'(x) = f'(g(x)) \cdot g'(x)$$

$$= \frac{1}{\sqrt{1 + x^3}} \cdot \frac{3x^2}{2\sqrt{1 + x^3}} = \frac{3x^2}{2(1 + x^3)}$$

5.1.5 Höhere Ableitungen und Regel von de l'Hôspital

Höhere Ableitungen

Höhere Ableitungen $f^{(n)}$ erhält man durch wiederholte Anwendung der Differentiationsregeln. Aus der Ableitungsregel für ein Polynom n-ter Ordnung folgt beispielsweise, dass deren Ableitung um ein Grad kleiner ist als der Grad der ursprünglichen Funktion. Aus einer kubischen Funktion wird abgeleitet eine quadratische, aus dieser abgeleitet eine lineare und aus dieser abgeleitet eine konstante Funktion, bis schließlich $f^{(n)} = 0$ resultiert.

Beispiele

Es sollen die höheren Ableitungen der nachfolgenden ökonomischen Funktionen bestimmt werden.

QV 1. Ertragsgesetzliche Produktionsfunktion (vgl. Abschnitt 4.2.3):

$$x(r) = -0{,}05r^3 + 8r^2 + 20r + 5.000$$

$$x'(r) = x^{(1)}(r) = -0{,}15r^2 + 16r + 20$$

$$x''(r) = x^{(2)}(r) = -0{,}3r + 16$$

$$x'''(r) = x^{(3)}(r) = -0{,}3$$

$$x^{(n)}(r) = 0 \qquad\qquad (n = 4, 5, 6, \ldots)$$

2. Ertragsgesetzliche Kostenfunktion (vgl. Abschnitt 4.2.3):   QV

$$K(x) = 1{,}5x^3 - 22{,}5x^2 + 150x + 96$$

$$K'(x) = K^{(1)}(x) = 4{,}5x^2 - 45x + 150$$

$$K''(x) = K^{(2)}(x) = 9x - 45$$

$$K'''(x) = K^{(3)}(x) = 9$$

$$K^{(n)}(x) = 0 \qquad\qquad (n = 4, 5, 6, ...)$$

3. Umsatzfunktion im Produktlebenszyklus (vgl. Abschnitt 4.2.6):   QV

$$U(t) = 5t^2 e^{-1{,}2t}$$

$$U'(t) = U^{(1)}(t) = 10te^{-1{,}2x} - 6t^2 e^{-1{,}2x} = -2t \cdot (3t - 5) \cdot e^{-1{,}2t}$$

$$U''(t) = U^{(2)}(t) = (7{,}2t^2 - 24t + 10) \cdot e^{-1{,}2t}$$

$$U'''(t) = U^{(3)}(t) = (-8{,}64t^2 + 43{,}2t - 36) \cdot e^{-1{,}2t}$$

Nach der **Regel von de l'Hôspital**, die nach dem französischen Mathematiker *Guillaume François Antoine de l'Hôspital* (1661 - 1704) benannt ist, können Grenzwerte auch über Ableitungen bestimmt werden, die sich als Quotient zweier gegen null konvergierender Funktionen schreiben lassen (vgl. *Arrenberg, 2017, S. 136*). Seien die Funktionen f und g im Intervall $I \in D_f$ differenzierbar mit $g'(x) \neq 0$ für alle $x \in I$. Sei zudem $x_0 \in I$ mit $f(x_0) = g(x_0) = 0$. Dann gilt:

$$\lim_{\substack{x \to x_0 \\ x \neq x_0}} \frac{f(x)}{g(x)} = \lim_{\substack{x \to x_0 \\ x \neq x_0}} \frac{f'(x)}{g'(x)} \qquad (5.9)$$

falls der Grenzwert $x \to x_0$ von $\frac{f'(x)}{g'(x)}$ existiert.

Beispiel

Gegeben sei die Funktion

$$h(x) = \frac{3x^2 + 6x - 24}{x - 2}$$

Zu bestimmen sei der Grenzwert $x \to 2$. Mit $f(x) = 3x^2 + 6x - 24$ und $f'(x) = 6x + 6$ sowie $g(x) = x - 2$ und $g'(x) = 1$ gilt nach (5.9):   QV

$$\lim_{\substack{x \to 2 \\ x \neq 2}} \frac{3x^2 + 6x - 24}{x - 2} = \lim_{\substack{x \to 2 \\ x \neq 2}} \frac{6x + 6}{1} = \frac{6 \cdot 2 + 6}{1} = 18$$

5.2 Kurvendiskussion

5.2.1 Monotonie und Krümmungsverhalten

Monotonie Das **Monotonieverhalten** einer Funktion wurde in Abschnitt 4.3.1 bereits anhand des Funktionsgraphen beurteilt. Die graphische Analyse kann jedoch – wie gezeigt – fehlerhaft sein. Die erste Ableitung zeigt dagegen eindeutig an, ob eine Funktion f steigt oder fällt.

Sei eine Funktion f im Intervall $I \in D_f$ stetig und differenzierbar. Dann ist f

- ► **monoton wachsend** bzw. **streng monoton wachsend** in I, wenn $f'(x) \geq 0$ bzw. $f'(x) > 0$ für alle $x \in I$ gilt,

- ► **monoton fallend** bzw. **streng monoton fallend** in I, wenn $f'(x) \leq 0$ bzw. $f'(x) < 0$ für alle $x \in I$ gilt,

- ► **konstant** in I, wenn $f'(x) = 0$ für alle $x \in I$ gilt.

Krümmung Darüber hinaus lässt die zweite Ableitung Aussagen über das **Krümmungsverhalten** von f zu. Man unterscheidet **konvexe** und **konkave** Kurven. Ein konvexes Verhalten des Funktionsgraphen wird auch als linksgekrümmt, ein konkaves Verhalten als rechtsgekrümmt bezeichnet. Man kann sich dies leicht verdeutlichen, indem man den Funktionsgraphen gedanklich von links nach rechts mit dem Fahrrad befährt (vgl. *Arrenberg, 2017, S. 145*). In einer konvexen Kurve ist der Fahrradlenker nach links eingeschlagen, in einer konkaven Kurve nach rechts (vgl. Abbildung 5-4).

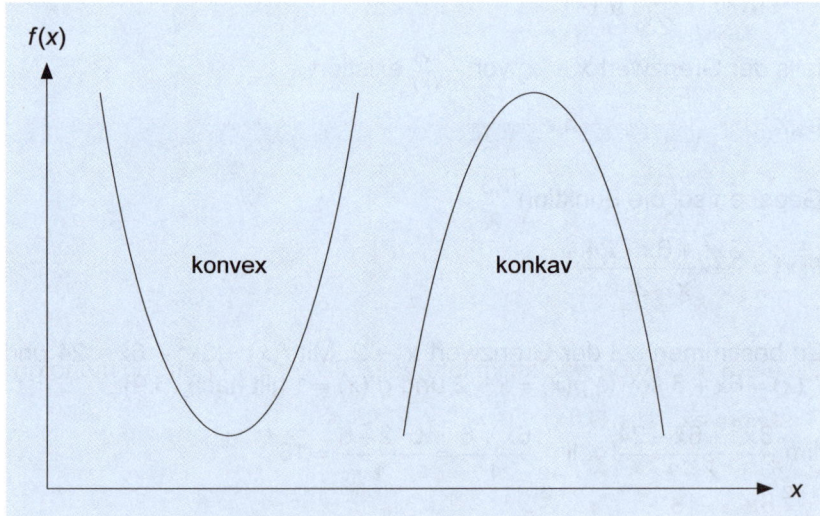

Abb. 5-4: Konvexe und konkave Krümmung des Funktionsgraphen

Eine Funktion *f* ist

- **konvex** (linksgekrümmt) in *I*, wenn $f''(x) > 0$ für alle $x \in I$ gilt
- **konkav** (rechtsgekrümmt) in *I*, wenn $f''(x) < 0$ für alle $x \in I$ gilt.

Konvex vs. konkav

Die Wölbung einer Kurve ist zur Bestimmung der Extremstellen einer Funktion wichtig. Das Minimum einer Funktion geht mit einer konvexen, das Maximum mit einer konkaven Krümmung einher.

Beispiel

Gegeben ist die Gewinnfunktion

$$G(x) = -x^3 + 9x^2 - 4x - 20$$

in Abhängigkeit von der Ausbringungsmenge $x \in [0, 9]$.

Es gilt:

$$G'(x) = -3x^2 + 18x - 4$$
$$G''(x) = -6x + 18$$

G ist streng monoton wachsend, falls $G'(x) > 0$:

$$G'(x) = -3x^2 + 18x - 4 > 0$$
$$\Leftrightarrow x^2 - 6x + \frac{4}{3} < 0$$
$$\Leftrightarrow x^2 - 6x + 3^2 < -\frac{4}{3} + 3^2$$
$$\Leftrightarrow (x - 3)^2 < \frac{23}{3}$$
$$\Leftrightarrow x - 3 < \sqrt{\frac{23}{3}} \vee x - 3 > -\sqrt{\frac{23}{3}}$$
$$\Leftrightarrow x < 3 + \sqrt{\frac{23}{3}} \vee x > 3 - \sqrt{\frac{23}{3}}$$
$$\Leftrightarrow x < 5{,}77 \vee x > 0{,}23$$
$$\Leftrightarrow 0{,}23 < x < 5{,}77$$

Die Gewinnfunktion wächst im Intervall $0{,}23 < x < 5{,}77$ streng monoton.

G ist konvex, falls $G''(x) > 0$:

$$G''(x) = -6x + 18 > 0$$
$$\Leftrightarrow -6x > -18$$
$$\Leftrightarrow x < 3$$

Die Gewinnfunktion ist für $x < 3$ linksgekrümmt.

G ist konkav, falls $G''(x) < 0$:

$G''(x) = -6x + 18 < 0$

$\Leftrightarrow -6x < -18$

$\Leftrightarrow x > 3$

Die Gewinnfunktion ist für $x > 3$ rechtsgekrümmt. Das Gewinnmaximum muss im Intervall [3, 9] liegen.

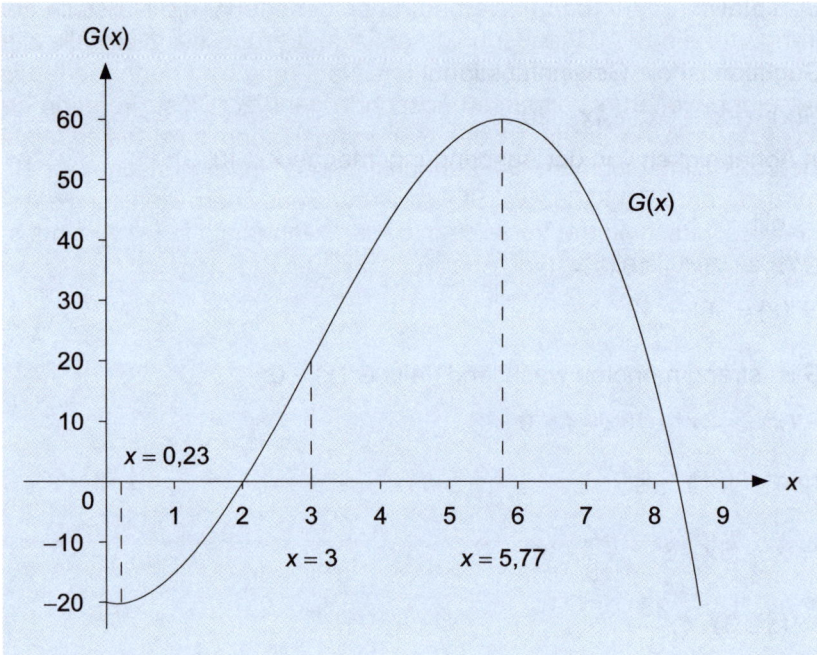

Abb. 5-5: Krümmungsverhalten der Gewinnfunktion im Beispiel

5.2.2 Bestimmung von Nullstellen mithilfe des Newton-Verfahrens

Nullstelle In den bisherigen Ausführungen war es bereits mehrfach erforderlich, die Nullstellen einer Funktion f zu bestimmen. Hierfür muss die Gleichung

$$y = f(x) = 0 \qquad (5.10)$$

gelöst werden. Während dies bei linearen oder quadratischen Funktionen mit einfachen algebraischen Umformungen gelingt, ist dies bei Polynomen dritter oder höherer Grades ungleich schwieriger. Manchmal können Terme von Polynomen durch Faktorisieren zerlegt werden, sodass sich die Nullstellen unmittelbar aus den Faktoren ablesen lassen. Gelingt dies nicht, wird häufig eine ganzzahlige Lösung durch „Probieren" gesucht, um dann die Gleichung mittels Polynomdivision zu reduzieren und weitere Nullstellen zu entdecken. Diese Vorgehensweise ist jedoch umständlich und zeitaufwendig, weshalb im Folgenden das nach *Isaac Newton* (1643 - 1727) benannte **Newton-Verfahren** als Approximation einer Nullstelle erläutert wird.

Das Newton-Verfahren basiert auf der Überlegung, die Nullstelle der Tangente eines Ausgangspunkts als Annäherung der Nullstelle der Funktion zu verwenden. Die erhaltene Näherung wird dann wiederum für einen weiteren Verbesserungsschritt genutzt. Diese Iteration erfolgt, bis die Änderung in der Näherungslösung eine festgesetzte Schranke unterschritten hat. Zunächst werden für eine stetige und differenzierbare Funktion zwei Stellen a und b aus D_f ermittelt, für die $f(a)$ und $f(b)$ verschiedene Vorzeichen haben. Dann hat f in $[a, b]$ mindestens eine Nullstelle x_N (vgl. Abbildung 5-6).

Newton-Verfahren

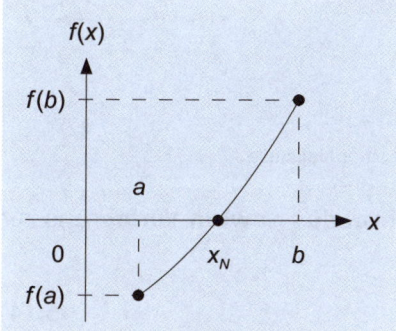 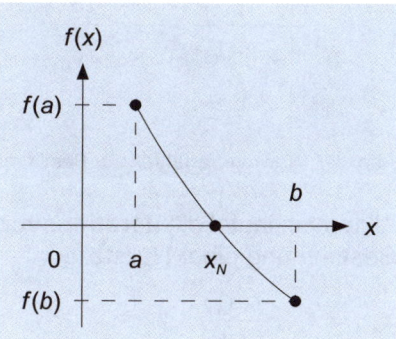

Abb. 5-6: Nullstelle im Intervall $[a, b]$

Hat die Funktion an den Stellen $f(a)$ und $f(b)$ verschiedene Vorzeichen, wird ein Näherungswert $x_0 \in [a, b]$ für die Nullstelle x_N gesucht (vgl. Abbildung 5-7). Die im Punkt $P_0(x_0 | f(x_0))$ verlaufende Tangente schneidet die x-Achse an der Stelle x_1. Da x_1 in der Regel ein besserer Näherungswert für x_N ist als x_0, wird x_0 durch x_1 ersetzt. Eine mehrfache Wiederholung dieses Verfahrens führt zu einer Folge $(x_0, x_1, x_2, \ldots)$ von immer besseren Näherungswerten für x_N. Die Gleichung der Tangente im Punkt P_0 berechnet sich wie folgt:

QV

$$y = f'(x_0) \cdot (x - x_0) + f(x_0) \tag{5.11}$$

Diese Tangente schneidet die x-Achse an der Stelle x_1 mit $f(x_1) = 0$:

$$f'(x_0) \cdot (x_1 - x_0) + f(x_0) = 0 \tag{5.12}$$

Auflösen nach x_1 ergibt:

$$x_1 = x_0 - \frac{f(x_0)}{f'(x_0)} \qquad (5.13)$$

mit $f'(x_0) \neq 0$. Mit x_1 als Startwert lässt sich diese Rechnung für x_2 wiederholen usw.

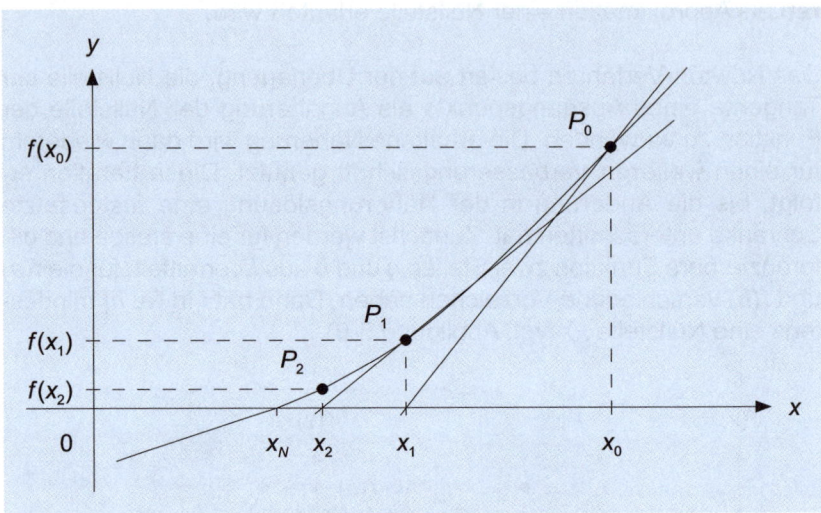

Abb. 5-7: Newton-Verfahren zur Bestimmung einer Nullstelle

Iterationsvorschrift   Allgemein lautet die **Iterationsvorschrift des Newton-Verfahrens** zur Bestimmung einer Nullstelle x_N:

$$x_{n+1} = x_n - \frac{f(x_n)}{f'(x_n)} \qquad (5.14)$$

mit x_0 als Startwert.

Beispiel

Betrachten wir noch einmal die Gewinnfunktion

$$G(x) = -x^3 + 9x^2 - 4x - 20$$

QV   aus dem Beispiel in Abschnitt 4.3.2 (vgl. Abbildung 5-8).

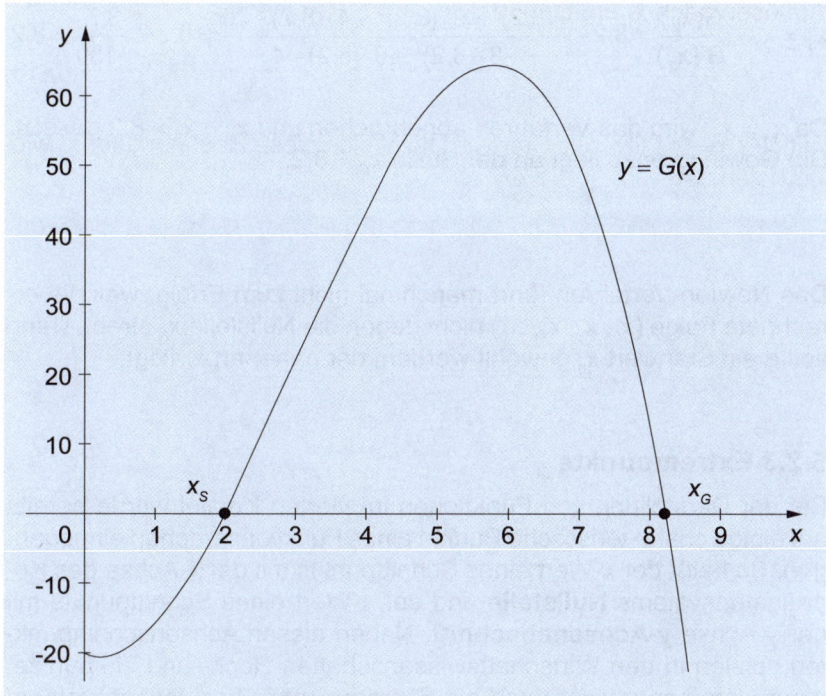

Abb. 5-8: Gewinnschwelle und Gewinngrenze als Nullstellen

Die erste positive Nullstelle gibt die Gewinnschwelle x_S, die zweite positive Nullstelle die Gewinngrenze x_G an. Der Funktionsgraphen deutet auf $x_S = 2$. Dass es sich tatsächlich um einen ganzzahligen Wert handelt, kann leicht durch Einsetzen in die Gewinnfunktion überprüft werden:

$$G(x_s = 2) = -2^3 + 9 \cdot 2^2 - 4 \cdot 2 - 20 = 0$$

x_G ist offensichtlich nicht ganzzahlig und wird deshalb mit dem Newton-Verfahren bestimmt. Da der Gewinn an der Stelle $a = 7$ mit $G(7) = 50$ positiv und an der Stelle $b = 9$ mit $G(9) = -56$ negativ ist, liefert $x_0 = 8$ einen guten Startwert. Die Iterationsvorschrift für die Werte x_n ($n = 0$, 1, 2, …) lautet nach (5.14):

QV

$$x_{n+1} = x_n - \frac{G(x_n)}{G'(x_n)} = x_n - \frac{-x_n^3 + 9x_n^2 - 4x_n - 20}{-3x_n^2 + 9x_n - 4}$$

Für die weiteren Folgenglieder ergibt sich (auf eine Nachkommastelle gerundet):

$$x_1 = x_0 - \frac{G(x_0)}{G'(x_0)} = 8 - \frac{-8^3 + 9 \cdot 8^2 - 4 \cdot 8 - 20}{-3 \cdot 8^2 + 9 \cdot 8 - 4} = 8 - \frac{12}{-124} = 8,1$$

$$x_2 = x_1 - \frac{G(x_1)}{G'(x_1)} = 8,1 - \frac{-(8,1)^3 + 9 \cdot (8,1)^2 - 4 \cdot (8,1) - 20}{-3 \cdot (8,1)^2 + 9 \cdot (8,1) - 4} = 8,1 - \frac{6,6}{-127,9} = 8,2$$

$$x_3 = x_2 - \frac{G(x_2)}{G'(x_2)} = 8,2 - \frac{-(8,2)^3 + 9 \cdot (8,2)^2 - 4 \cdot (8,2) - 20}{-3 \cdot (8,2)^2 + 9 \cdot (8,2) - 4} = 8,2 - \frac{3,7}{-130} = 8,2$$

Da $x_3 = x_2$, wird das Verfahren abgebrochen und $x_N = x_3 = 8,2$ gesetzt. Die Gewinngrenze liegt an der Stelle $x_G = 8,2$.

Das Newton-Verfahren führt manchmal nicht zum Erfolg, weil die errechnete Folge (x_0, x_1, x_2, …) nicht gegen die Nullstelle x_N strebt. Dann sollte ein Startwert x_0 gewählt werden, der näher an x_N liegt.

5.2.3 Extrempunkte

Extrempunkt

Bei der Darstellung von Funktionen im vierten Kapitel wurde bereits auf einige charakteristische Punkte eines Funktionsgraphen eingegangen. So heißt der x-Wert eines Schnittpunkts mit der x-Achse des Koordinatensystems **Nullstelle** und der y-Wert eines Schnittpunkts mit der y-Achse **y-Achsenabschnitt**. Neben diesen Achsenschnittpunkten spielen in den Wirtschaftswissenschaften Hoch- und Tiefpunkte, die zusammengefasst auch als **Extrempunkte** bezeichnet werden, eine besondere Rolle. So sind beispielsweise Gewinnmaximum, Kostenminimum, Betriebsoptimum oder Betriebsminimum bedeutende ökonomische Extrempunkte, auf die noch näher eingegangen wird. Die x-Koordinaten dieser Punkte werden **Extremstellen**, die y-Koordinaten **Extremwerte** bzw. **Extrema** genannt.

Lokales vs. globales Extremum

Eine auf dem Intervall I definierte Funktion f hat an der Stelle $x_0 \in I$

► ein **lokales Maximum**, wenn es eine Umgebung $U(x_0) \subset I$ gibt, für die $f(x) \leq f(x_0)$ für alle $x \in U(x_0)$ gilt,

► ein **lokales Minimum**, wenn es eine Umgebung $U(x_0) \subset I$ gibt, für die $f(x) \geq f(x_0)$ für alle $x \in U(x_0)$ gilt.

$U(x_0)$ ist eine symmetrische, offene Umgebung um x_0 und eine Teilmenge von I. Deshalb können lokale Extremwerte nur im Innern eines Intervalls liegen. Dagegen dürfen **globale Extrema** auch am Rand des Definitionsbereichs vorkommen. Gilt $f(x) \leq f(x_0)$ bzw. $f(x) \geq f(x_0)$ für alle $x \in D_f$, so heißt x_0 **globales Maximum** bzw. **globales Minimum** von f.

Beispiel

Gegeben sei die Funktion f mit

$$f(x) = 0,05x^4 - 0,35x^3 + 0,25x^2 + 1,55x - 1,5$$

QV

Der Funktionsgraph hat den in Abbildung 5-9 dargestellten Verlauf.

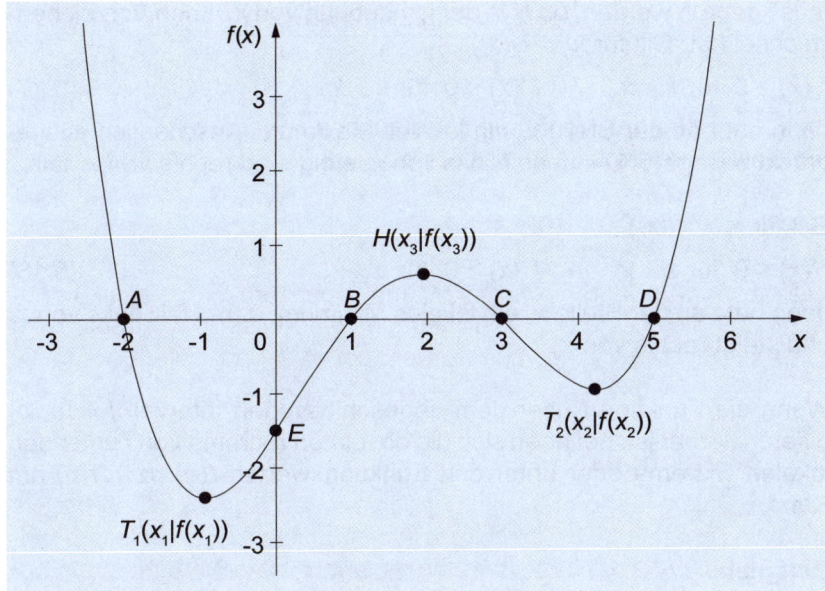

Abb. 5-9: Charakteristische Punkte eines Funktionsgraphen

Die Funktion f hat mit $x_A = -2$, $x_B = 1$, $x_C = 3$ und $x_D = 5$ vier Nullstellen. Der y-Achsenabschnitt liegt bei $y_E = -1{,}5$. x_1, x_2 und x_3 sind Extremstellen mit den Extremwerten $f(x_1)$, $f(x_2)$ und $f(x_3)$. $T_1(x_1|f(x_1))$ und $T_2(x_2|f(x_2))$ sind lokale Minima, $H(x_3|f(x_3))$ ist ein lokales Maximum. Da f keinen kleineren Funktionswert als $f(x_1)$ besitzt, ist $T_1(x_1|f(x_1))$ auch globales Minimum.

Lokale Extrempunkte einer Funktion f lassen sich wie folgt bestimmen: Bestimmung lokaler Extrempunkte

1. **Notwendige Bedingung prüfen:** Wenn f eine auf dem Intervall I differenzierbare Funktion ist und bei $x_0 \in I$ ein lokales Extremum besitzt, dann ist

$$f'(x_0) = 0 \tag{5.15}$$

2. **Hinreichende Bedingung prüfen:** f sei über dem Intervall I zweimal differenzierbar und es gibt eine Umgebung $U(x_0) \subset I$. Wenn

$$f'(x_0) = 0 \quad \wedge \quad f''(x_0) < 0 \ \ (f''(x_0) > 0) \tag{5.16}$$

dann hat f an der Stelle x_0 ein lokales Maximum (Minimum).

3. **y-Koordinaten der Extrempunkte bestimmen:** Einsetzen der Extremstellen in $f(x)$.

Diese häufig genutzte Vorgehensweise lässt jedoch keine Aussage über die Existenz eines Extremwerts zu, wenn $f''(x_0) = 0$ gilt. Dann muss geprüft werden, ob f' in der Umgebung von x_0 einen Vorzeichen-wechsel hat. Gilt für $x_0 \in U(x_0)$

$$f'(x) \geq 0 \text{ für } x < x_0 \quad \wedge \quad f'(x) \leq 0 \text{ für } x > x_0 \tag{5.17}$$

dann hat f an der Stelle x_0 ein lokales Maximum. Anschaulich ausge-drückt besagt (5.17), dass f links von x_0 steigt und rechts von x_0 fällt.

Gilt für $x_0 \in U(x_0)$

$$f'(x) \leq 0 \text{ für } x < x_0 \quad \wedge \quad f'(x) \geq 0 \text{ für } x > x_0 \tag{5.18}$$

dann hat f an der Stelle x_0 ein lokales Minimum, d. h. f fällt links von x_0 und steigt rechts von x_0.

Wenn die Funktion f über dem abgeschlossenen Intervall $I = [a, b]$ differenzierbar ist, befinden sich die absoluten Extrema von f unter den lokalen Extrema oder unter den Funktionswerten $f(a)$ bzw. $f(b)$ am Rand.

Beispiel

Gegeben ist die Gewinnfunktion

$$G(x) = -x^3 + 9x^2 - 4x - 20$$

in Abhängigkeit von der Ausbringungsmenge $x \in [0, 9]$. Gesucht ist das Gewinnmaximum. Die erste und die zweite Ableitung lauten:

$$G'(x) = -3x^2 + 18x - 4$$
$$G''(x) = -6x + 18$$

Prüfen der notwendigen Bedingung für ein lokales Extremum ergibt:

$$G'(x) = -3x^2 + 18x - 4 = 0$$
$$\Leftrightarrow x^2 - 6x + \frac{4}{3} = 0$$
$$\Leftrightarrow x_1 = 3 - \sqrt{9 - \frac{4}{3}} \approx 0,23 \quad \vee \quad x_2 = 3 + \sqrt{9 - \frac{4}{3}} \approx 5,77$$

Prüfen der hinreichenden Bedingung für ein lokales Extremum an den Stellen $x_1 = 0,23$ und $x_2 = 5,77$ ergibt:

$$G''(x_1 = 0,23) = -6 \cdot 0,23 + 18 = 16,62 > 0$$
$$G''(x_2 = 5,77) = -6 \cdot 5,77 + 18 = -16,62 < 0$$

$G(x)$ hat an der Stelle $x_1 = 0,23$ ein lokales Minimum und an der Stelle $x_2 = 5,77$ ein lokales Maximum. Da die Funktionswerte am Rand des Intervalls [0, 9] mit $G(0) = -20$ und $G(9) = -56$ negativ sind, hat die Gewinnfunktion an der Stelle $x = 5,77$ ein globales Maximum.

Ein viel beachtetes ökonomisches Anwendungsbeispiel der Extremwertbestimmung ist die **Ermittlung der optimalen Bestellmenge** (vgl. *Wöhe/Döring/Brösel, 2016, S. 328 ff.*). Das Problem stellt sich wie folgt dar:

Unternehmen beschaffen das zur Fertigung von Produkten erforderliche Material häufig von Lieferanten und lagern nicht sofort benötigte Mengen ein. Dabei stellt sich die Frage, ob es ökonomisch sinnvoller ist, den Materialbedarf einer Periode in einem Los zu beziehen oder mehrere Bestellungen mit kleineren Mengen zu ordern. Neben den Materialkosten entstehen auch Kosten für die einzelnen Bestellungen und für die Lagerung des Materials. Gesucht ist die optimale Bestellmenge, bei der die Summe aus diesen Kosten minimal ist. Dabei wird vereinfachend angenommen, dass keine Bedarfsschwankungen auftreten, der Lagerabgang kontinuierlich erfolgt, konstante Einstandspreise gelten und keine Lagerungs- und Finanzierungsrestriktionen bestehen.

Die **Gesamtkosten** $K(q)$ pro Periode in Abhängigkeit von der Bestellmenge q setzen sich aus den Materialkosten K_M, den Bestellkosten $K_B(q)$ und den Lagerkosten $K_L(q)$ zusammen. Es gilt:

$$K(q) = K_M + K_B(q) + K_L(q) \qquad (5.19)$$

Die **Materialkosten** K_M sind unabhängig von der Bestellmenge q. Sie sind das Produkt von Jahresbedarf D (in ME) und Preis p (in GE pro ME):

$$K_M = D \cdot p \qquad (5.20)$$

Jede Bestellung verursacht gleich hohe bestellfixe Kosten s (in GE). Bei n Bestellungen zur Deckung des Periodenbedarfs D ergibt sich mit $n \cdot q = D$ für die **Bestellkosten**:

$$K_B(q) = n \cdot s = \frac{D}{q} \cdot s \qquad (5.21)$$

Annahmegemäß wird das Lager mit jeder Bestellung um die Bestellmenge q gefüllt. Da der Lagerabgang bis zum Nullbestand kontinuierlich erfolgt, um dann sofort wieder mit q auf den Höchstbestand anzusteigen, ist durchschnittlich stets die halbe Bestellmenge $q/2$ gelagert. Dieses gebundene Kapital wird mit dem Preis p bewertet und einem Zinssatz i verzinst. Die Kosten für die Ein- und Auslagerung werden wie Zinskosten behandelt, sodass man i entsprechend erhöht. Die **Lagerkosten** lauten dann:

$$K_L(q) = \frac{q}{2} \cdot p \cdot i \qquad (5.22)$$

Das Produkt aus Preis und Zinssatz wird auch zum Lagerkostensatz h zusammengefasst.

QV Einsetzen von (5.20) bis (5.22) in (5.19) führt zu den Gesamtkosten (in GE):

$$K(q) = D \cdot p + \frac{D}{q} \cdot s + \frac{q}{2} \cdot p \cdot i \tag{5.23}$$

Kostenminimum Gesucht ist die **optimale Bestellmenge** q_{opt}, die die Kostenfunktion minimal werden lässt. Notwendige Bedingung hierfür ist, dass die Grenzkosten gleich null sind:

$$K'(q) = -\frac{D \cdot s}{q^2} + \frac{p \cdot i}{2} = 0 \tag{5.24}$$

Auflösen von (5.24) nach q ergibt:

$$\frac{D \cdot s}{q^2} = \frac{p \cdot i}{2} \quad \Leftrightarrow \quad q^2 = \frac{2 \cdot D \cdot s}{p \cdot i}$$

$$\Leftrightarrow \quad q_1 = \sqrt{\frac{2 \cdot D \cdot s}{p \cdot i}} \quad \vee \quad q_2 = -\sqrt{\frac{2 \cdot D \cdot s}{p \cdot i}} \tag{5.25}$$

Da nur positive Bestellmengen in Betracht kommen, entfällt die Lösung q_2. Zur Prüfung der hinreichenden Bedingung für die Existenz eines Minimums wird die zweite Ableitung der Kostenfunktion gebildet:

$$K''(q) = \frac{2 \cdot D \cdot s}{q^3} > 0 \tag{5.26}$$

Optimale Bestellmenge Da D, s und q ausschließlich positive Wert annehmen, ist die hinreichende Bedingung für ein Minimum an der Stelle q_1 erfüllt. Die Formel für die **Berechnung der optimalen Bestellmenge** lautet:

$$q_{opt} = \sqrt{\frac{2 \cdot D \cdot s}{p \cdot i}} \tag{5.27}$$

QV
QV
In der Gesamtkostenfunktion $K(q) = K_M + K_B(q) + K_L(q)$ der Gleichung (5.19) ist K_M konstant. Die Funktionen K und K_{BL} mit $K_{BL}(q) = K_B(q) + K_L(q)$ haben also – unabhängig von der Höhe der Materialkosten K_M – an der gleichen Stelle ihr Minimum. Abbildung 5-10 zeigt, dass die Lagerkosten K_L mit zunehmender Bestellmenge q steigen, die Bestellkosten K_B dagegen fallen. Das Minimum der Gesamtkosten K_{BL} liegt im Schnittpunkt von Bestell- und Lagerkosten. Die zugehörige Stelle q_{opt} ist die optimale Bestellmenge.

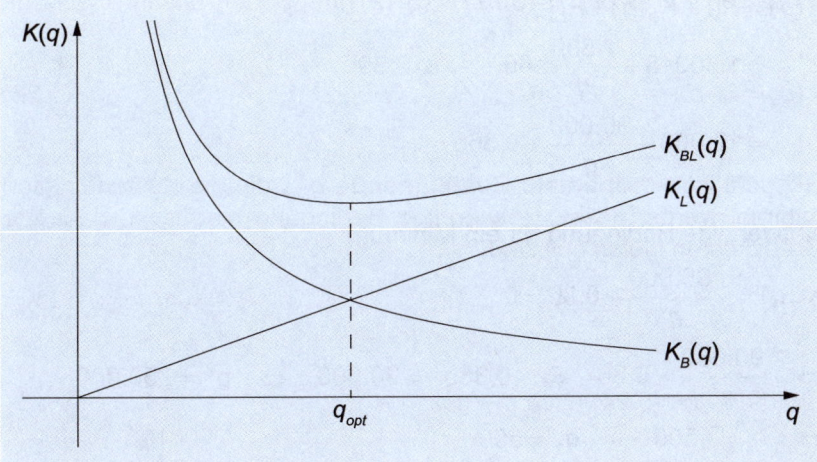

Abb. 5-10: Optimale Bestellmenge

Beispiel

Ein Maschinenbauer benötigt im nächsten Jahr $D = 1.500$ Spezial-schrauben, die $p = 8$ € pro Stück kosten. Jede Bestellung verursacht Kosten in Höhe von $s = 60$ €. Der Zinssatz für das gebundene Kapital und die eingerechneten Lagerkosten wird mit $i = 0,09$ angegeben.

Der Tabelle kann man entnehmen, dass die Gesamtkosten mit $K = 12.360$ € bei $q_{opt} = 500$ Stück minimal sind. Es sollten drei Bestellungen getätigt werden.

Anzahl Bestellungen	Bestell-menge	Durch-schn. Lager-bestand	Material-kosten	Bestell-kosten	Lager-kosten	Gesamt-kosten
n	q	$q/2$	$K_M = 1.500 \cdot 8$	$K_B = n \cdot 60$	$K_L = q/2 \cdot 8 \cdot 0,09$	$K = K_M + K_a + K_L$
1	1.500	750,0	12.000	60	540	12.600
2	750	375,0	12.000	120	270	12.390
3	500	250,0	12.000	180	180	12.360
4	375	187,5	12.000	240	135	12.375
5	300	150,0	12.000	300	108	12.408
6	250	125,0	12.000	360	90	12.450

Man sieht, dass Bestell- und Lagerkosten im Optimum übereinstimmen. Die Höhe der Materialkosten wirkt sich zwar auf die Gesamtkosten aus, sie nimmt aber auf die Ermittlung der optimalen Bestellmenge keinen Einfluss. Eine Berechnung der optimalen Bestellmenge führt zu demselben Ergebnis:

$$K(q) = K_M + K_B(q) + K_L(q)$$

$$= 1.500 \cdot 8 + \frac{1.500}{q} \cdot 60 + \frac{q}{2} \cdot 8 \cdot 0{,}09$$

$$= 12.000 + \frac{90.000}{q} + 0{,}36q$$

Notwendige Bedingung für ein Minimum:

$$K'(q) = -\frac{90.000}{q^2} + 0{,}36 = 0$$

$$\Leftrightarrow \quad \frac{90.000}{q^2} = 0{,}36 \quad \Leftrightarrow \quad 0{,}36q^2 = 90.000 \quad \Leftrightarrow \quad q^2 = 250.000$$

$$\Leftrightarrow \quad q_1 = -500 \quad \vee \quad q_2 = 500$$

Da $q > 0$ gilt, entfällt $q = -500$ aus der Lösungsmenge. Prüfen der hinreichenden Extremalbedingung für $q = 500$ ergibt:

$$K''(500) = \frac{180.000}{500^3} = 0{,}00144 > 0$$

$K(q)$ hat an der Stelle $q = 500$ ein Minimum. Die optimale Bestellmenge lautet:

$$q_{opt} = \sqrt{\frac{2 \cdot 1.500 \cdot 60}{8 \cdot 0{,}09}} = 500$$

Es sollten $n = 1.500 \div 500 = 3$ Bestellungen getätigt werden.

5.2.4 Wendepunkte

Außer Null- und Extremstellen haben Funktionen häufig Stellen, an denen sich das Krümmungsverhalten des Funktionsgraphen ändert.

Wendepunkt   Die Funktion f sei auf einem Intervall I definiert, differenzierbar und es gelte $x_0 \in I$. Eine Stelle x_0, bei der der Funktionsgraph von einer Linkskrümmung in eine Rechtskrümmung übergeht oder umgekehrt, heißt **Wendestelle** von f. Der zugehörige Punkt $(x_0 \mid f(x_0))$ heißt **Wendepunkt** des Funktionsgraphen f. Verläuft darüber hinaus die Tangente im Wendepunkt waagerecht, heißt $(x_0 \mid f(x_0))$ **Sattelpunkt**.

Beispiele

1. Gegeben sei die Funktion f mit

$$f(x) = \frac{1}{3}x^3 - 2x^2 + 5x - \frac{8}{3}$$

Es gilt:

$$f'(x) = x^2 - 4x + 5$$
$$f''(x) = 2x - 4$$
$$f'''(x) = 2$$

In Abbildung 5-11 sind der Funktionsgraph $y = f(x)$ sowie die erste und zweite Ableitung von f gezeichnet. f hat an der Stelle $x_0 = 2$ den Wendepunkt $W(2|2)$. Man erkennt, dass die erste Ableitung an dieser Stelle ein Minimum annimmt und die zweite Ableitung damit gleich null ist. Die hinreichende Bedingung für eine Wendestelle ist mit $f'''(x) = 2 > 0$ ebenfalls erfüllt.

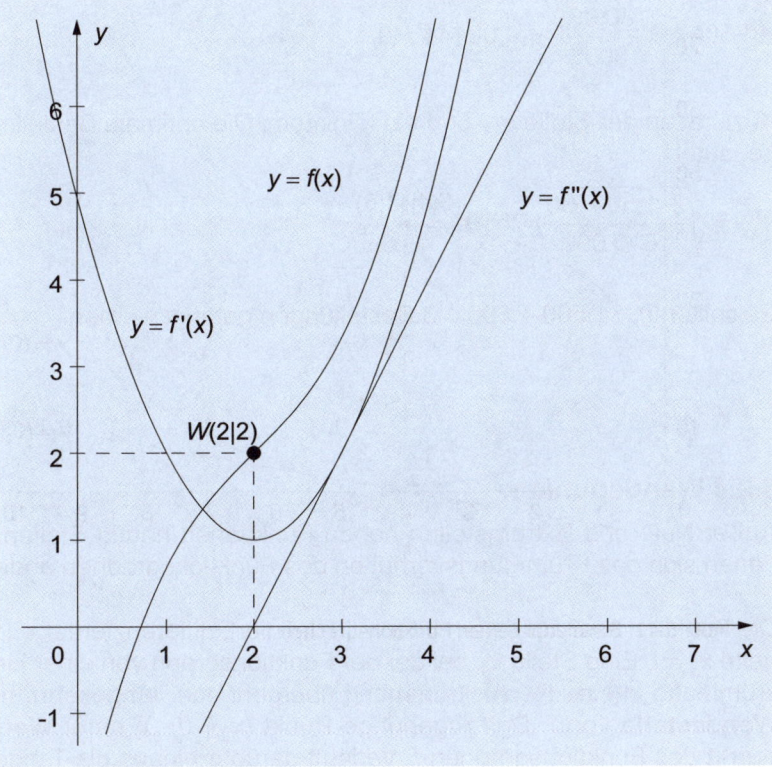

Abb. 5-11: Wendepunkt eines Funktionsgraphen

2. Gegeben sei die ertragsgesetzliche Kostenfunktion K mit

$K(x) = 0{,}3x^3 - 3{,}6x^2 + 15x + 20 \quad (0 \leq x \leq 9)$

Es gilt:

$K'(x) = 0{,}9x^2 - 7{,}2x + 15$

$K''(x) = 1{,}8x - 7{,}2$

$K'''(x) = 1{,}8$

In Abbildung 5-12 sind der Funktionsgraph $y = K(x)$ sowie die erste und zweite Ableitung der Kostenfunktion gezeichnet. $K(x)$ hat an der Stelle $x_0 = 4$ den Sattelpunkt $S(4|41{,}6)$. Man erkennt, dass die erste Abteilung an dieser Stelle ein Minimum annimmt. Die zweite Ableitung ist gleich null. Die hinreichende Bedingung für eine Wendestelle ist mit $K'''(x) = 1{,}8 > 0$ ebenfalls erfüllt.

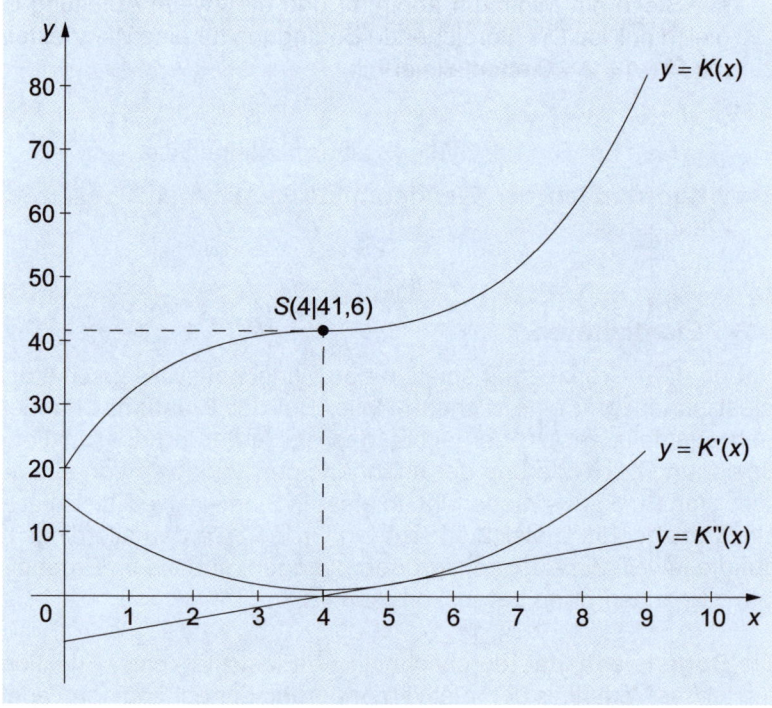

Abb. 5-12: Sattelpunkt eines Funktionsgraphen

Wendestellen einer Funktion *f* lassen sich wie folgt bestimmen:

1. **Notwendige Bedingung prüfen:** Wenn *f* eine auf dem Intervall *I* zweimal differenzierbare Funktion ist und bei $x_0 \in I$ eine Wendestelle besitzt, dann ist

$$f''(x_0) = 0 \qquad (5.28)$$

2. **Hinreichende Bedingung prüfen:**

   (1) Wenn

   $$f''(x_0) = 0 \quad \wedge \quad f'''(x_0) \neq 0 \qquad (5.29)$$

   dann hat *f* an der Stelle x_0 eine Wendestelle.

   (2) Wenn

   $$f''(x_0) = 0 \quad \wedge \quad f'''(x_0) = 0 \qquad (5.30)$$

   dann hat *f* an der Stelle x_0 eine Wendestelle, falls f'' für $U(x_0) \subset I$ einen Vorzeichenwechsel aufweist.

   (3) Gilt darüber hinaus auch

   $$f'(x_0) = 0 \qquad (5.31)$$

   dann hat *f* an der Stelle x_0 einen Sattelpunkt.

3. **y-Koordinaten der Wendepunkte bestimmen:** Einsetzen der Wendestellen in $f(x)$.

5.2.5 Elastizitäten

Neben dem Grenzbegriff spielt in den Wirtschaftswissenschaften der Elastizitätsbegriff eine wichtige Rolle. Bei der **Elastizität** handelt es sich ebenfalls um ein Verhältnis, das die Änderung der funktionalen Beziehung bei Änderung der unabhängigen Variablen von einem bestimmten Punkt aus wiedergibt. In diesem Sinne ist die Elastizität auch ein Grenzbegriff. Die sich ändernden Größen werden allerdings noch auf die jeweiligen Ausgangsgrößen bezogen, sodass im Ergebnis relative Bezugsgrößen herauskommen.

Die **Bogenelastizität** (durchschnittliche Elastizität) einer Funktion $y = f(x)$ ist das Verhältnis der relativen Änderung der abhängigen Variablen zur relativen Änderung der unabhängigen Variablen im Intervall $[x, x + \Delta x]$ (vgl. *Hoffmann/Krause, 2013, S. 177*). Sie ist wie folgt definiert:

$$\eta_y(x) = \frac{\frac{\Delta y}{y}}{\frac{\Delta x}{x}} = \frac{\Delta y}{\Delta x} \cdot \frac{x}{y} = \frac{f(x + \Delta x) - f(x)}{\Delta x} \cdot \frac{x}{f(x)} \qquad (5.32)$$

Punktelastizität   Lässt man die Änderung der unabhängigen Variablen Δx gegen null streben, erhält man den Grenzwert der Bogenelastizität. Dieser Grenzwert heißt **Punktelastizität** von y in Bezug auf x. Es gilt:

$$\varepsilon_y(x) = \lim_{\Delta x \to 0} \frac{\Delta y}{\Delta x} \cdot \frac{x}{y} = \frac{dy}{dx} \cdot \frac{x}{y} = f'(x) \cdot \frac{x}{f(x)} \tag{5.33}$$

Die Elastizität gibt näherungsweise an, um wieviel Prozent sich der Funktionswert verändert, wenn das Argument um ein Prozent steigt. Ändert sich der Funktionswert um mehr als ein Prozent, so spricht man von einem elastischen Verhalten, ändert er sich um weniger als ein Prozent, von einem unelastischen Verhalten. Allgemein gilt:

Punktelastizität	Funktionsbereich
$|\varepsilon_y(x)| = 0$	vollkommen unelastisch
$|\varepsilon_y(x)| < 1$	unelastisch
$|\varepsilon_y(x)| = 1$	proportional
$|\varepsilon_y(x)| > 1$	elastisch
$|\varepsilon_y(x)| = \infty$	vollkommen elastisch

Der Wert von $\varepsilon_y(x)$ ist positiv (negativ), wenn $f(x)$ eine positive (negative) Steigung hat.

Nachfrageelastizität   Der dargestellte Zusammenhang soll nun am Beispiel der **Nachfrageelastizität** verdeutlicht werden. Für eine gegebene Preis-Absatz-Funktion $p(x)$ wird zunächst die Umkehrfunktion f^{-1} gebildet. Diese Nachfragefunktion $x(p)$ gibt die nachgefragte Menge x in Abhängigkeit vom gesetzten Preis p an. Wenn der Preis von p_1 um Δp GE auf p_2 erhöht (ermäßigt) wird, so sinkt (steigt) die nachgefragte Menge von x_1 um Δx ME auf x_2. Diese Veränderung kann durch den Differenzenquotienten

QV   (5.1) oder durch den Differentialquotienten (5.3) ausgedrückt werden. Für die **Punktelastizität der Nachfrage** gilt:

$$\varepsilon_x(p) = \frac{dx}{dp} \cdot \frac{p}{x} = x'(p) \cdot \frac{p}{x(p)} \tag{5.34}$$

Beispiel

Ein Unternehmen vermutet, dass auf einem Markt folgende Preis-Absatz-Funktion gilt:

$$p(x) = -\frac{1}{2}x + 5$$

Zunächst wird die Umkehrfunktion gebildet, da der Preis die unabhängige Variable darstellt:

$$x(p) = -2p + 10$$

Für verschiedene Preise p_i lassen sich nun folgende Werte bestimmen:

p_i	$x(p_i)$	U_i	$\dfrac{dx}{dp}$	$\dfrac{x_i}{p_i}$	ε_i	$\lvert\varepsilon_i\rvert$	Nachfrage-verhalten
$p_1 = 1$	$x_1 = 8$	8	-2	0,125	$-0,25$	< 1	unelastisch
$p_2 = 2$	$x_2 = 6$	12	-2	1/3	$-2/3$	< 1	unelastisch
$p_3 = 2,5$	$x_3 = 5$	12,5	-2	0,5	-1	$= 1$	proportional
$p_4 = 3$	$x_4 = 4$	12	-2	0,75	$-1,5$	> 1	elastisch
$p_5 = 4$	$x_5 = 2$	8	-2	2	-4	> 1	elastisch

Das Nachfrageverhalten ist für $p < 2,5$ unelastisch, im Punkt $p = 2,5$ proportional und für $p > 2,5$ elastisch. Je höher der Preis ist, desto stärker reagieren die Nachfrager demnach auf Preissteigerungen. Eine Elastizität $\varepsilon_5 = -4$ bedeutet beispielsweise, dass die Nachfrage um 4 % zurückgeht, falls der Preis ausgehend von $p_5 = 4$ GE um 1 % auf 4,04 GE steigt. Dies lässt sich durch Einsetzen der zugehörigen Werte in die Nachfragefunktion leicht nachprüfen:

$$p_5 = 4,\ x_5(4) = -2 \cdot 4 + 10 = 2$$

$$p_6 = 4,04,\ x_6(4,04) = -2 \cdot 4,04 + 10 = 1,92$$

$$\Delta p = \frac{p_6 - p_5}{p_5} = \frac{4,04 - 4}{4} = 0,01 = +1\,\%$$

$$\Delta x = \frac{x_6 - x_5}{x_5} = \frac{1,92 - 2}{2} = -0,04 = -4\,\%$$

Abbildung 5-13 verdeutlicht die Preiselastizität der Nachfrage im Beispiel graphisch.

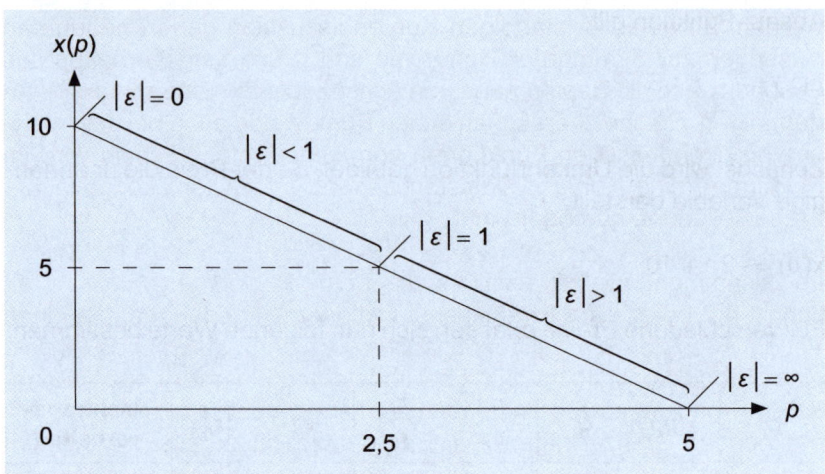

Abb. 5-13: Preiselastizität der Nachfrage im Beispiel

Auswirkungen der Preiselastizität

Wie Abbildung 5-13 zeigt, gibt es auf der Nachfragefunktion einen Punkt, für den $|\varepsilon| = 1$ gilt (hier: (p_3, x_3)). Für jedes andere Punktepaar nimmt die Elastizität einen anderen Wert an. (Eine Ausnahme bildet die gleichseitige Hyperbel $f(x) = 1/x$, für die in jedem Punkt $|\varepsilon| = 1$ gilt.) Alle Punkte mit $p > 2,5$ haben Werte $|\varepsilon| > 1$. In diesem elastischen Bereich wird eine Preissenkung mit der dadurch ausgelösten Absatzausweitung überkompensiert, sodass der Umsatz steigt. Das Unternehmen sollte also den Preis solange senken, bis die Preiselastizität mit $|\varepsilon| = 1$ proportional ist. In diesem Punkt erreicht der Umsatz sein Maximum. Umgekehrt verhält es sich im Bereich unelastischer Nachfrage mit $|\varepsilon| < 1$. Hier ist es für das Unternehmen sinnvoll, den Preis zu erhöhen. Der Umsatz steigt, weil der Absatzrückgang durch den erhöhten Preis überkompensiert wird. Dieser Zusammenhang setzt sich fort, bis wiederum $|\varepsilon| = 1$ gilt.

Der Elastizitätsbegriff lässt sich auf weitere ökonomische Fragestellungen anwenden (z. B. Angebotselastizität, Kreuzpreiselastizität, Kostenelastizität, Einkommenselastizität etc.). In allen Fällen wird die Frage geklärt, wie die funktional abhängige Größe reagiert, wenn die unabhängige Variable von einem bestimmten Ausgangspunkt verändert wird.

5.2.6 Marginalanalyse

Mit Funktionsuntersuchungen sollen gesicherte Aussagen über wesentliche Eigenschaften einer Funktion und ihres Graphen getroffen werden. Zu einer vollständigen Kurvendiskussion gehört neben den Aussagen zur Symmetrie, Monotonie und Krümmungsverhalten des Graphen auch die Bestimmung von Achsenschnitt-, Extrem- und Wendepunkten. Solche charakteristischen Punkte sind auch bei der Analyse von ökonomischen Funktionen von Bedeutung. Deshalb wird im Folgenden eine Kurvendiskussion anhand spezieller ökonomischer Fragestellungen durchgeführt.

Im Zusammenhang mit der Darstellung von Polynomen wurde in Abschnitt 4.2 bereits auf Produktionsfunktionen eingegangen, die einen Verlauf nach dem Ertragsgesetz aufweisen. Der zunehmende Einsatz eines Produktionsfaktors r führt bei konstanten Einsatzmengen der anderen Produktionsfaktoren zunächst zu steigenden und später zu abnehmenden Grenzerträgen. Der Ertrag steigt bis zu einem Maximum und nimmt danach sogar ab. Dieses sogenannte **Vierphasenschema** der Erträge lässt sich auch auf die zugehörigen Produktionskosten übertragen. Die Gesamtkostenfunktion $K(x)$ einer ertragsgesetzlichen Produktionsfunktion $x(r)$ verläuft ausgehend vom Fixkostensockel K_f zunächst degressiv und anschließend progressiv, sodass sich insgesamt ein s-förmiger Kostenverlauf ergibt (vgl. *Wöhe/Döring/Brösel, 2016, S. 303 ff.*). Die vier Phasen des ertragsgesetzlichen Kostenverlaufs erstrecken sich dabei über den Definitionsbereich einer positiven Produktionsmenge x bis hin zur Kapazitätsgrenze x_{max}, d. h. $D_K := [0; x_{max}]$.

Vierphasenschema des Ertragsgesetzes

In Phase I steigen die Gesamtkosten $K(x)$ degressiv bis zu einem Punkt A (vgl. Abbildung 5-14). In dieser Phase nehmen die Kostenzuwächse ab, sodass die Grenzkosten $K'(x)$ fallen. Auch die gesamten Stückkosten $k(x)$ und die variablen Stückkosten $k_v(x)$ sinken. Das Ende der ersten Phase ist in der Wendestelle x_A der Gesamtkostenkurve erreicht. Dort nimmt die Grenzkostenfunktion ihr Minimum an. Diese Stelle wird als **Schwelle des Ertragsgesetzes** bezeichnet. Phase II ist durch einen progressiv steigenden Verlauf der Gesamtkosten gekennzeichnet. Die gesamten und auch die variablen Stückkosten sinken weiterhin. Die Grenzkostenkurve steigt und durchstößt in der Stelle x_B die variable Stückkostenkurve in deren Minimum. Diese Stelle kennzeichnet das Ende der zweiten Phase, heißt **Betriebsminimum** und gibt die kurzfristige Preisuntergrenze an. In Phase III fallen nur noch die gesamten Stückkosten, alle anderen Kostenfunkten steigen. Endpunkt der dritten Phase ist das Minimum der Stückkostenfunktion x_C, in dem die Grenzkostenkurve die Stückkostenkurve von unten durchstößt. Dieser Punkt heißt **Betriebsoptimum** und bildet die langfristige Preisuntergrenze. In Phase IV, die bis zur Kapazitätsgrenze x_{max} reicht, steigen dann auch die Stückkosten.

Charakteristische Kostenpunkte

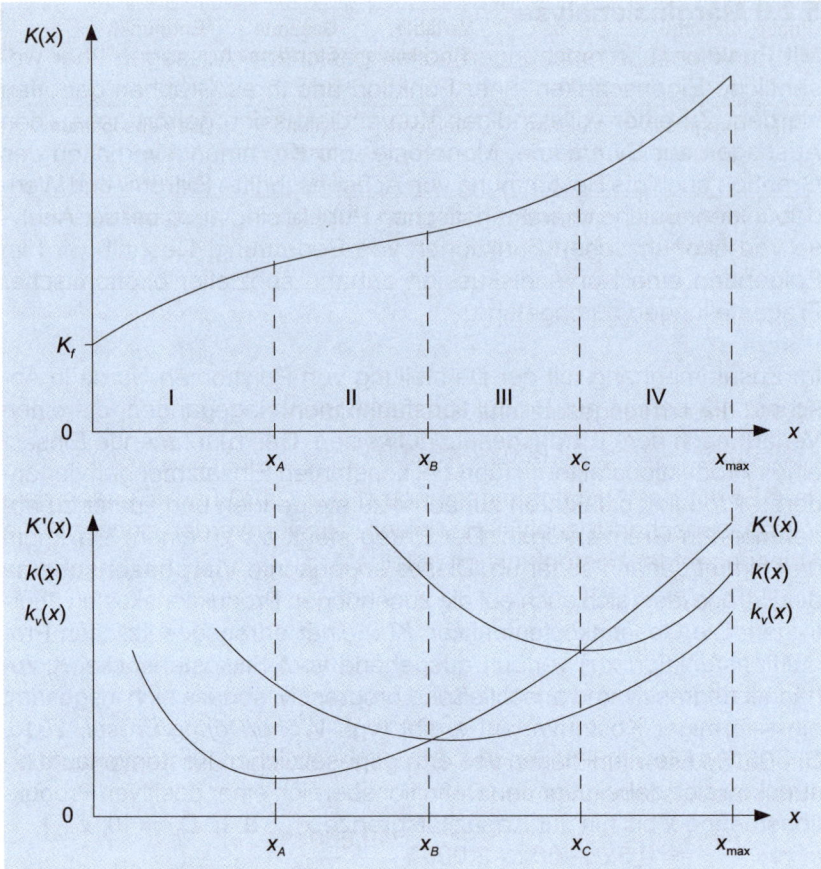

Abb. 5-14: Vierphasenschema eines ertragsgesetzlichen Kostenverlaufs

In der nachfolgenden Tabelle sind die Kostenverläufe nach dem Vierphasenschema noch einmal im Überblick dargestellt (vgl. *Stark et al.,
2014, S. 59*).

Phase	Gesamt-kosten $K(x)$	Grenz-kosten $K'(x)$	Variable Stückkosten $k_v(x)$	Gesamte Stückkosten $k(x)$	Endpunkt
I	degressiv steigend	fallend bis zum Minimum	fallend	fallend	Schwelle des Ertragsgesetzes x_A Wendepunkt von K Minimum von K'
II	progressiv steigend	steigend $K' \leq k_v$ $K' \leq k$	fallend bis zum Minimum	fallend	Betriebsminimum x_B $K' = k_v$ Minimum von k_v

Phase	Gesamt-kosten $K(x)$	Grenz-kosten $K'(x)$	Variable Stückkosten $k_v(x)$	Gesamte Stückkosten $k(x)$	Endpunkt
III	progressiv steigend	steigend $K' \geq k_v$ $K' \geq k$	steigend	fallend bis zum Minimum	Betriebsoptimum x_c $K' = k$ Minimum von k
IV	progressiv steigend	steigend $K' > k_v$ $K' > k$	steigend	steigend	Kapazitätsgrenze x_{max}

Beispiel

Es soll die ertragsgesetzliche Kostenfunktion

$$K(x) = 0,5x^3 - 60x^2 + 3.000x + 46.000$$

Kostenfunktion

(in GE) mit der Ausbringungsmenge $0 \leq x \leq 100$ (in ME) nach dem Vierphasenschema analysiert werden. Hierfür werden zunächst die Ableitungen der Kostenfunktion gebildet:

$$K'(x) = 1,5x^2 - 120x + 3.000$$
$$K''(x) = 3x - 120$$
$$K'''(x) = 3$$

Die Stückkostenfunktion ergibt sich durch Division der Kostenfunktion durch die Ausbringungsmenge:

Stückkostenfunktion

$$k(x) = \frac{K(x)}{x} = 0,5x^2 - 60x + 3.000 + \frac{49.000}{x}$$

$$k'(x) = x - 60 - \frac{49.000}{x^2}$$

$$k''(x) = 1 + \frac{98.000}{x^3}$$

Die variablen Stückkosten sind die variablen Kosten geteilt durch die Ausbringungsmenge:

Variable Stückkostenfunktion

$$k_v(x) = \frac{K_v(x)}{x} = 0,5x^2 - 60x + 3.000$$

$$k_v'(x) = x - 60$$

$$k_v''(x) = 1$$

Phase I:

Schwelle des Ertragsgesetzes

Die erste Phase verläuft vom Ursprung bis zur Schwelle des Ertragsgesetzes x_A, dem Wendepunkt der Kostenfunktion. Prüfen der notwendigen Bedingung für eine Wendestelle ergibt:

$$K''(x) = 0 \Leftrightarrow 3x - 120 = 0 \Leftrightarrow x_A = 40$$

Da mit $K'''(40) = 3 \neq 0$ auch die hinreichende Bedingung erfüllt ist, hat $K(x)$ bei $x_A = 40$ eine Wendestelle. An dieser Stelle sind die Grenzkosten mit $K'(40) = 600$ minimal.

Phase II:

Betriebsminimum

Die zweite Phase verläuft von x_A bis zum Betriebsminimum. Dies ist das Minimum der variablen Stückkostenfunktion. Es muss notwendig gelten:

$$k_V'(x) = 0 \Leftrightarrow x - 60 = 0 \Leftrightarrow x_B = 60$$

Da mit $k_V''(60) = 1 > 0$ auch die hinreichende Bedingung erfüllt ist, hat die Stückkostenfunktion an der Stelle $x_B = 60$ ein lokales Minimum mit $k_V(60) = 1.200$ GE pro ME als kurzfristiger Preisuntergrenze. Zu diesem Preis wird ein Umsatz in Höhe von $U(60) = 1.200 \cdot 60 = 72.000$ GE erzielt. Abzüglich der Kosten in Höhe von $K(60) = 121.000$ GE entsteht ein Verlust in Höhe der Fixkosten $K_f = 49.000$ GE.

Phase III:

Betriebsoptimum

Die dritte Phase verläuft von x_B bis zum Betriebsoptimum. Dies ist das Minimum der gesamten Stückkostenfunktion. Es muss notwendig gelten:

$$k'(x) = 0 \Leftrightarrow x - 60 - \frac{49.000}{x^2} = 0 \Leftrightarrow x^3 - 60x^2 - 49.000 = 0$$

QV Formel (2.25) führt zu $x_1 = 70$ als Nullstelle. Polynomdivision ergibt:

$$(x^3 - 60x^2 - 49.000) \div (x - 70) = x^2 + 10x + 700$$

QV Die *pq*-Formel (2.22) liefert mit

$$x_{2,3} = -5 \pm \sqrt{25 - 700} \notin \mathbb{R}$$

keine weiteren reellen Lösungen, sodass das Betriebsoptimum an der Stelle $x_C = 70$ liegt.

$k(70) = 1.950$ GE pro ME ist die langfristige Preisuntergrenze, bei der die Umsatzerlöse den Kosten entsprechen:

$$U(70) = 1.950 \cdot 70 = 136.500 = 0,5 \cdot 70^3 - 60 \cdot 70^2 + 3.000 \cdot 70 + 49.000 = K(70)$$

Nachfolgende Tabelle zeigt Kostenverläufe und Phasen im Überblick.

Ausbringungsmenge x in GE	Gesamtkosten $K(x)$ in GE	Grenzkosten $K'(x)$ in GE/ME	Variable Stückkosten $k_v(x)$ in GE/ME	Gesamte Stückkosten $k(x)$ in GE/ME	Phase
0	49.000	3.000	3.000	–	
10	73.500	1.950	2.450	7.350	
20	89.000	1.200	2.000	4.450	I
30	98.500	750	1.650	3.283	
40	105.000	600	1.400	2.625	
50	111.500	750	1.250	2.230	II
60	121.000	1.200	1.200	2.017	
70	136.500	1.950	1.250	1.950	III
80	161.000	3.000	1.400	2.013	
90	197.500	4.350	1.650	2.194	IV
100	249.000	6.000	2.000	2.490	

In einer Marktwirtschaft streben Unternehmen nach Gewinnen. Es liegt die Vermutung nahe, dass der größtmögliche Gewinn erzielt werden kann, wenn das Unternehmen im Betriebsoptimum produziert. Dabei wird jedoch vernachlässigt, dass der Gewinn nicht nur von den Kosten, sondern auch von den Erlösen abhängt. Für ein Unternehmen, das in starkem Wettbewerb mit der Konkurrenz steht, ist der Marktpreis eine nicht beeinflussbare Konstante. Eine solche Marktform vollständiger Konkurrenz heißt **Polypol**. Die Umsatzfunktion ergibt sich dann aus dem Produkt von Marktpreis und Nachfragemenge.

Polypol

Im **Angebotsmonopol** kann das Unternehmen dagegen als alleiniger Anbieter Preise festsetzen und so die Nachfrage und damit die Umsatzerlöse beeinflussen. Allerdings reagieren die Konsumenten mit ihrer Zahlungsbereitschaft auf die Preisgestaltung: Bei einem hohen Preis ist die nachgefragte Menge tendenziell gering, bei einem niedrigen Preis eher hoch. Dieser Zusammenhang wird bei der Formulierung der Umsatzfunktion durch das Produkt von Preis-Absatz-Funktion und Nachfragemenge berücksichtigt (vgl. Abschnitt 4.2). Bei der Gewinnanalyse ist also neben der Kosten- auch die Wettbewerbssituation zu berücksichtigen. Der Gewinn wird maximal, wenn der Grenzgewinn gleich null ist. In diesem Punkt sind Grenzerlöse und Grenzkosten gleich (vgl. Gleichung 5.8).

Angebotsmonopol

QV

QV

Die zugehörige Preis-Mengen-Kombination auf der Preis-Absatz-Funktion heiß **Cournotscher Punkt**, benannt nach dem französischen Mathematiker *Antoine-Augustin Cournot* (1801 - 1877).

Cournotscher Punkt

Beispiel

Für einen Monopolisten sind die Preis-Absatz-Funktion

$$p(x) = -10x + 120$$

sowie die Kostenfunktion

$$K(x) = x^3 - 12x^2 + 60x + 96$$

für die Produktionsmengen $x \in [0, 12]$ ME gegeben. Es gilt:

$$K'(x) = 3x^2 - 24x + 60$$

$$k(x) = \frac{K(x)}{x} = x^2 - 12x + 60 + \frac{96}{x}$$

$$k'(x) = 2x - 12 - \frac{96}{x^2}$$

$$U(x) = p(x) \cdot x = -10x^2 + 120x$$

$$U'(x) = -20x + 120$$

$$G(x) = U(x) - K(x) = (-10x^2 + 120x) - (x^3 - 12x^2 + 60x + 96)$$

$$= -x^3 + 2x^2 + 60x - 96$$

Die Gewinnzone ergibt sich aus den Schnittstellen von $G(x)$ mit der x-Achse:

$$G(x) = -x^3 + 2x^2 + 60x - 96 = 0 \quad \Leftrightarrow \quad x_1 \approx -7{,}58, \ x_2 = 8, \ x_3 \approx 1{,}58$$

Die Gewinnschwelle ist durch die erste positive Nullstelle $x_S = 1{,}58$, die Gewinngrenze durch die zweite positive Nullstelle $x_G = 8$ gekennzeichnet. Im Gewinnmaximum entsprechen die Grenzerlöse den Grenzkosten:

$$U'(x) = K'(x) \quad \Leftrightarrow \quad -20x + 120 = 3x^2 - 24x + 60 \quad \Leftrightarrow \quad 3x^2 - 4x - 60 = 0$$

$$\Leftrightarrow \quad x_1 \approx 5{,}19, \ x_2 \approx -3{,}85$$

Da das Gewinnmaximum in der Gewinnzone liegen muss, wird der maximale Gewinn an der Stelle $x^* = 5{,}19$ erzielt und beträgt $G(5{,}19) \approx 129{,}5$ GE. Der Monopolist bestimmt den Cournot-Preis durch Einsetzen von x^* in die Preis-Absatz-Funktion:

$$p(5{,}19) = -10 \cdot 5{,}19 + 120 = 68{,}1$$

Das Betriebsoptimum liegt im Minimum der Stückkostenfunktion:

$$k'(x) = 2x - 12 - \frac{96}{x^2} = 0 \quad \Leftrightarrow \quad 2x^3 - 12x^2 - 96 = 0 \quad \Leftrightarrow \quad x_1 \approx 6{,}98, \ x_2, x_3 \notin \mathbb{R}$$

Da es nur eine reelle Lösung gibt und $k''(6,98) > 0$ gilt, liegt das Betriebsoptimum an der Stelle $x_O = 6,98$. Der Gewinn an dieser Stelle liegt mit $G(6,98) \approx 80,2$ deutlich unter dem Gewinnmaximum. Abbildung 5-15 zeigt die Zusammenhänge graphisch.

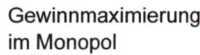

Gewinnmaximierung im Monopol

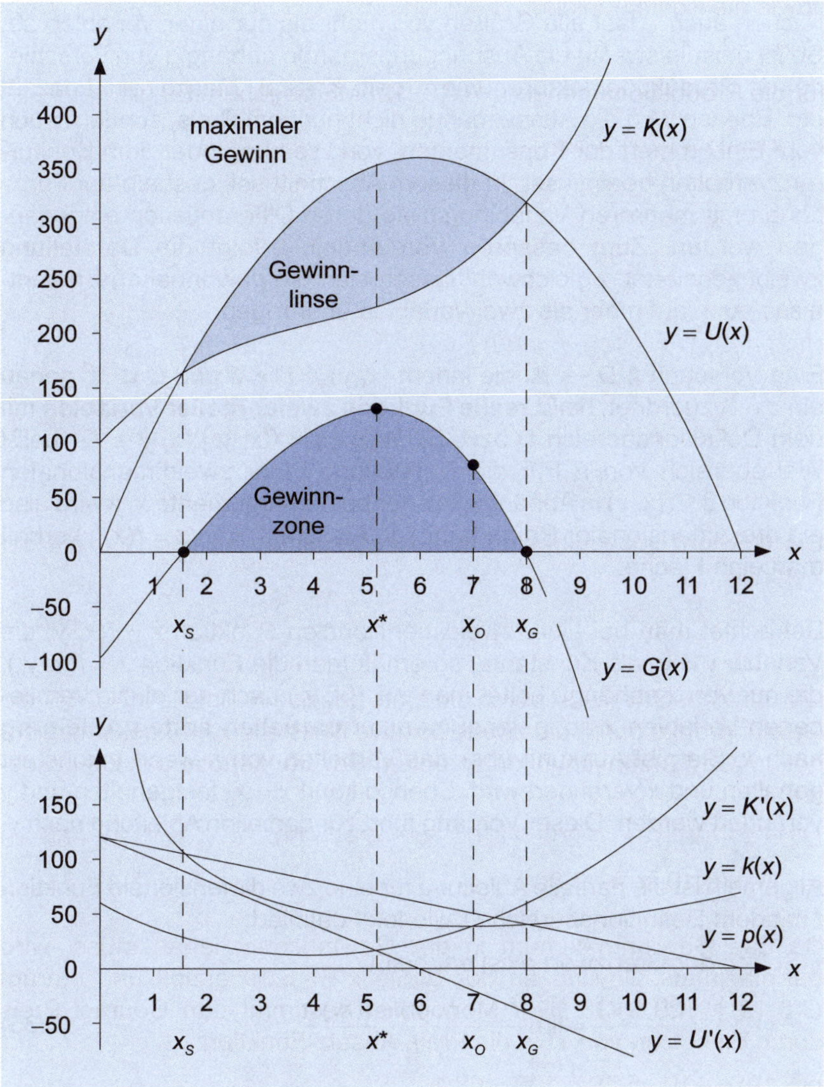

Abb. 5-15: Gewinnmaximierung im Monopol

5.3 Differentiation von Funktionen mit mehreren Variablen

5.3.1 Partielle Ableitungen

Funktionen mit
mehreren Variablen
In den Wirtschaftswissenschaften hängen – wie in vielen anderen Bereichen auch – fast alle Größen von mehr als nur einer Variablen ab. So ist beispielsweise die Ausbringungsmenge abhängig von verschiedenen Produktionsfaktoren wie Arbeit, Kapital, Maschinenkapazität etc. Ebenso wird die Absatzmenge nicht nur vom Preis, sondern auch vom Einkommen der Konsumenten, von Werbung oder dem Konkurrenzverhalten beeinflusst. In diesem Abschnitt soll deshalb auf Funktionen mit mehreren Variablen sowie deren Differentiation eingegangen werden. Zum besseren Verständnis erfolgt die Darstellung zweidimensional – gleichwohl lassen sich die gewonnenen Erkenntnisse auch auf mehr als zwei Variablen übertragen.

Eine Vorschrift $f: D \longrightarrow \mathbb{R}$, die jedem $(x, y) \in D \neq \emptyset$ und $D \subset \mathbb{R}^2$ genau ein $z \in \mathbb{R}$ zuordnet, heißt **reelle Funktion zweier reeller Variablen** mit dem Definitionsbereich D bzw. D_f. $W_f = \{z = f(x, y \mid (x, y \in D\}$ heißt Wertebereich von f. Für die Darstellung einer zweidimensionalen Funktion $z = f(x, y)$ in Abhängigkeit der beiden Argumente x, y wird also ein dreidimensionaler Raum benötigt. Als Graph von $z = f(x, y)$ erhält man eine Fläche.

Partielle erste
Ableitung
Betrachtet man bei einer zweidimensionalen Funktion $z = f(x, y)$ die Variable $y = y_0$ als Konstante, so erhält man die Funktion $z = f(x, y_0)$, die nur von x abhängt. Leitet man $z = f(x, y_0)$ nach der einzig verbliebenen Variablen x ab, gelangt man zur **partiellen ersten Ableitung** nach x. Sie gibt Auskunft über das Verhalten von f, wenn y konstant gehalten und x verändert wird. Ebenso kann $x = x_0$ festgehalten und y verändert werden. Dieser Vorgang führt zur partiellen Ableitung nach y.

Allgemein ist die partielle Ableitung für eine zweidimensionale Funktion f mit dem Definitionsbereich D_f wie folgt definiert:

► Sofern der Grenzwert existiert, heißt

$$f_x(x,y) = \frac{\partial f(x,y)}{\partial x} = \lim_{\substack{h \to 0 \\ h \neq 0}} \frac{f(x+h, y) - f(x,y)}{h} \qquad (5.35)$$

partielle Ableitung nach x.

► Sofern der Grenzwert existiert, heißt

$$f_y(x,y) = \frac{\partial f(x,y)}{\partial y} = \lim_{\substack{h \to 0 \\ h \neq 0}} \frac{f(x, y+h) - f(x,y)}{h} \qquad (5.36)$$

partielle Ableitung nach y.

Analog können die partiellen Ableitungen mit mehr als zwei Variablen definiert werden.

Es ist unmittelbar ersichtlich, dass zur Bildung der partiellen Ableitung die aus Abschnitt 5.1.3 bekannten Ableitungsregeln verwendet werden können. Dabei ist lediglich zu beachten, dass bei Bildung der partiellen Ableitung nach x (bzw. y) die Variable y (bzw. x) als Konstante aufgefasst wird.

QV

Beispiele

1. $f(x, y) = x^5 + 2y^2$

$$f_x(x,y) = \frac{\partial f(x,y)}{\partial x} = 5x^4$$

$$f_y(x,y) = \frac{\partial f(x,y)}{\partial y} = 4y$$

2. $f(x, y) = 3x^4 y - 2x^2 y^3$

$$f_x(x,y) = \frac{\partial f(x,y)}{\partial x} = 12x^3 y - 4xy^3$$

$$f_y(x,y) = \frac{\partial f(x,y)}{\partial y} = 3x^4 - 6x^2 y^2$$

3. $K(x, y) = 1{,}5x^2 + 0{,}5xy + 2y^2$

$$K_x(x,y) = \frac{\partial K(x,y)}{\partial x} = 3x + 0{,}5y$$

$$K_y(x,y) = \frac{\partial K(x,y)}{\partial y} = 0{,}5x + 4y$$

Ist die partielle Ableitung $f_x(x, y)$ partiell nach x bzw. y differenzierbar, erhält man die **partiellen zweiten Ableitungen**

Partielle zweite Ableitung

$$f_{xx}(x,y) = \frac{\partial^2 f(x,y)}{\partial x^2} \quad \text{bzw.} \quad f_{xy}(x,y) = \frac{\partial^2 f(x,y)}{\partial x \partial y} \tag{5.37}$$

Analog lauten die partiellen zweiten Ableitungen der partiellen ersten Ableitung $f_y(x, y)$:

$$f_{yx}(x,y) = \frac{\partial^2 f(x,y)}{\partial y \partial x} \quad \text{bzw.} \quad f_{yy}(x,y) = \frac{\partial^2 f(x,y)}{\partial y^2} \tag{5.38}$$

Beispiel

$$f(x,y) = 3x^2y + 5xy^3$$

$$f_x(x,y) = 6xy + 5y^3 \qquad f_y(x,y) = 3x^2 + 15xy^2$$

$$f_{xx}(x,y) = 6y \qquad f_{yy}(x,y) = 30xy$$

$$f_{xy}(x,y) = 6x + 15y^2 \qquad f_{yx}(x,y) = 6x + 15y^2$$

5.3.2 Partielles und totales Differential

Partielles Differential
QV

Analog zum Differential einer Funktion mit einer Variablen (vgl. Abschnitt 5.1.1) gibt das **partielle Differential** die (infinitesimal kleine) Wirkung der abhängigen Variablen bei einer (infinitesimal kleinen) Änderung einer von mehreren unabhängigen Variablen an. Für die zweidimensionale Funktion z = f(x, y) lautet das partielle Differential nach der Variablen x:

$$dz_x = \frac{\partial f(x,y)}{\partial x} \cdot dx \qquad (5.39)$$

Entsprechend ist das partielle Differential nach der Variablen y wie folgt definiert:

$$dz_y = \frac{\partial f(x,y)}{\partial y} \cdot dy \qquad (5.40)$$

Totales Differential

Werden beide Variablen x und y um die Beträge dx und dy gleichzeitig geändert, gelangt man zum **totalen Differential** der Funktion z = f(x, y):

$$dz = dz_x + dz_y = \frac{\partial f(x,y)}{\partial x} \cdot dx + \frac{\partial f(x,y)}{\partial y} \cdot dy \qquad (5.41)$$

QV

Man erkennt sofort, dass sich (5.41) aus der Addition von (5.39) und (5.40) ergibt.

Partieller
Grenzertrag

Partielle Ableitungen und Differentiale werden in den Wirtschaftswissenschaften zur Erklärung von mehrdimensionalen Grenzbegriffen und Elastizitäten herangezogen. So gibt beispielweise der **partielle Grenzertrag** die Veränderung der Ausbringungsmenge an einer bestimmten Stelle der Produktionsfunktion bei infinitesimaler Veränderung eines einzigen Einsatzfaktors um eine Einheit an, während die anderen Einsatzfaktoren konstant gehalten werden. Angenommen, der

Ertrag (Output) x hängt von zwei Einsatzfaktoren r_1, r_2 ab, sodass die Produktionsfunktion

$$x = x(r_1, r_2) \tag{5.42}$$

gilt. Hält man einen Faktor, z. B. r_2, konstant, kann die Ertragsänderung bei Variation des Faktors r_1 mit der partiellen Ableitung der Produktionsfunktion nach r_1 gemessen werden:

$$x_{r_1}(r_1, r_2) = \frac{\partial x(r_1, r_2)}{\partial r_1} \tag{5.43}$$

Variiert man beide Einsatzfaktoren r_1, r_2 simultan um infinitesimale Beträge dr_1 und dr_2, ändert sich der Ertrag gemäß dem totalen Differential (vgl. *Ohse, 2004, S. 293*):

$$dx = \frac{\partial x(r_1, r_2)}{\partial r_1} \cdot dr_1 + \frac{\partial x(r_1, r_2)}{\partial r_2} \cdot dr_2 \tag{5.44}$$

Beispiel

Betrachten wir noch einmal die Cobb-Douglas-Produktionsfunktion (4.14) aus Abschnitt 4.2.4, die die produzierten Güter P in Abhängigkeit von der Anzahl Lohnempfänger L und dem eingesetzten Kapital C abbildet:

$$P(L,C) = 1{,}01 \cdot L^{0{,}75} \cdot C^{0{,}25}$$

Die partiellen Ableitungen lauten:

$$P_L(L,C) = \frac{\partial P(L,C)}{\partial L} = 1{,}01 \cdot 0{,}75 \cdot L^{-0{,}25} \cdot C^{0{,}25} = 0{,}7575 \cdot L^{-0{,}25} \cdot C^{0{,}25}$$

$$P_C(L,C) = \frac{\partial P(L,C)}{\partial C} = 1{,}01 \cdot L^{0{,}75} \cdot 0{,}25 \cdot C^{-0{,}75} = 0{,}2525 \cdot L^{0{,}75} \cdot C^{-0{,}75}$$

Angenommen, es stehen 10 Arbeitskräfte und 100.000 GE Kapital zur Verfügung. Dann werden

$$P(10, 100.000) = 1{,}01 \cdot 10^{0{,}75} \cdot 100.000^{0{,}25} = 101$$

Güter hergestellt. Würde nun bei konstantem Kapitaleinsatz eine Arbeitskraft mehr beschäftigt, stiege die Produktivität auf

$$P(11, 100.000) = 1{,}01 \cdot 11^{0{,}75} \cdot 100.000^{0{,}25} = 108{,}484$$

Güter, also um ungefähr 7,5 ME. Diese Veränderung wird näherungsweise durch die partielle Ableitung nach L an der Stelle $L = 10$ ausgedrückt:

$$P_L(10, 100.000) = 0{,}7575 \cdot 10^{-0{,}25} \cdot 100.000^{0{,}25} = 7{,}575$$

Die partielle Ableitung bezieht sich stets auf eine Veränderung der unabhängigen Variablen um eine Einheit (hier um eine Arbeitskraft). Möchte man dagegen den Ertragszuwachs bei beliebiger Änderung des Produktionsfaktors L bestimmen, ist das partielle Differential heranzuziehen:

$$dP_L = P_L(L,C) \cdot dL = 0{,}7575 \cdot L^{-0{,}25} \cdot C^{0{,}25} \cdot dL$$
$$dP_C = P_C(L,C) \cdot dC = 0{,}2525 \cdot L^{0{,}75} \cdot C^{-0{,}75} \cdot dC$$

Beispielsweise entspricht eine Erhöhung des Arbeitseinsatzes von $L = 10$ auf $L = 15$ einer Veränderung von $dL = 5$, was zu einem Produktivitätszuwachs von

$$dP_L = 0{,}7575 \cdot 10^{-0{,}25} \cdot 100.000^{0{,}25} \cdot 5 = 37{,}875$$

führt.

Schließlich gibt das totale Differential näherungsweise die Veränderung des Ertrags bei gleichzeitiger Änderung der Einsatzfaktoren an, hier:

$$dP(L,C) = \frac{\partial P(L,C)}{\partial L} \cdot dL + \frac{\partial P(L,C)}{\partial C} \cdot dC$$
$$= 0{,}7575 \cdot L^{-0{,}25} \cdot C^{0{,}25} \cdot dL + 0{,}2525 \cdot L^{0{,}75} \cdot C^{-0{,}75} \cdot dC$$

Reduziert man beispielsweise den Arbeitseinsatz um zwei Arbeitskräfte und erhöht gleichzeitig den Kapitaleinsatz um 10.000 GE, ergibt sich folgende Ertragsänderung:

$$dP(L,C) = 0{,}7575 \cdot 10^{-0{,}25} \cdot 100.000^{0{,}25} \cdot (-2)$$
$$+ 0{,}2525 \cdot 10^{0{,}75} \cdot 100.000^{-0{,}75} \cdot 10.000 = -12{,}625$$

Die Ausbringungsmenge sinkt um ungefähr 13 ME.

5.3.3 Extrempunkte

Mehrdimensionale Extrempunkte

In Analogie zu Funktionen einer Variablen sind **Extrempunkte von Funktionen mit zwei oder mehr Variablen** in den Wirtschaftswissenschaften von Bedeutung. So hängt das Gewinnmaximum in der Regel vom Absatz mehrerer Güter ab und meist nicht nur von dem Preis, den das Unternehmen verlangt, sondern auch von den Preisen der Konkurrenzprodukte. Im Folgenden wird die Optimierung von Funktionen mit zwei Variablen erläutert (vgl. *Merz/Wüthrich, 2013, S. 708 ff.*).

Es seien für $f(x, y)$ auf $D_f \subset \mathbb{R}^2$ sämtliche zweiten partiellen Ableitungen stetig. Existiert ein Punkt $(x_0, y_0) \in D_f$ mit den folgenden Eigenschaften:

Relatives Extremum

1. Es gibt eine Umgebung $U(x_0, y_0) \in D_f$.

2. Es gilt die notwendige Bedingung

$$f_x(x_0, y_0) = 0 \quad \wedge \quad f_y(x_0, y_0) = 0 \tag{5.45}$$

3. Es gilt die hinreichende Bedingung

$$f_{xx}(x_0, y_0) \cdot f_{yy}(x_0, y_0) - (f_{xy}(x_0, y_0))^2 > 0 \tag{5.46}$$

dann hat f im Punkt (x_0, y_0) ein **relatives Extremum**, und zwar ein

▸ Maximum, falls

$$f_{xx}(x_0, y_0) < 0 \tag{5.47}$$

▸ Minimum, falls

$$f_{xx}(x_0, y_0) > 0 \tag{5.48}$$

Ist dagegen die hinreichende Bedingung (5.46) mit $f_{xx}(x_0, y_0) \cdot f_{yy}(x_0, y_0) - (f_{xy}(x_0, y_0))^2 > 0$ nicht erfüllt, liegt kein relatives Extremum vor. Gilt $f_{xx}(x_0, y_0) \cdot f_{yy}(x_0, y_0) - (f_{xy}(x_0, y_0))^2 = 0$, kann keine Aussage über die Existenz eines Extremwerts getroffen werden.

An folgendem Beispiel soll gezeigt werden, welchen maximalen Gewinn ein Monopolist mit zwei Produkten erzielen kann, wenn die Nachfrage des einen Produkts nicht nur vom eigenen Preis, sondern auch vom Preis des anderen Produkts abhängt.

Beispiel

Ein Monopolist will den maximalen Gewinn G sowie die zugehörigen Absatzmengen x_1, x_2 der beiden Produkte bestimmen. Eine Marktuntersuchung ergibt folgende Nachfragefunktionen mit den Preisen p_1, p_2:

$$x_1 = f(p_1, p_2) = 20 - 4p_1 + 2p_2$$
$$x_2 = g(p_1, p_2) = 10 + p_1 - p_2$$

Die Controllingabteilung ermittelt folgende Gesamtkostenfunktion:

$$K(x_1, x_2) = 1{,}5x_1^2 + 0{,}5x_1x_2 + 2x_2^2$$

Die Preis-Absatz-Funktionen ergeben sich, wenn man das lineare Gleichungssystem der beiden Nachfragefunktionen nach p_1 bzw. p_2 löst:

① $\quad -4p_1 + 2p_2 \ = x_1 - 20$

② $\qquad p_1 - p_2 \ = x_2 - 10 \quad | \cdot 2$

③ $\quad -2p_1 \qquad\quad = x_1 + 2x_2 - 40$

Aus ③ folgt die Preis-Absatz-Funktion für Produkt 1:

$p_1 = -0{,}5x_1 - x_2 + 20$

Einsetzen in ① ergibt:

$-4 \cdot (-0{,}5x_1 - x_2 + 20) + 2p_2 = x_1 - 20$

$\Leftrightarrow p_2 = -0{,}5x_1 - 2x_2 + 30$

Die Umsatzfunktion ist das Produkt der Preis-Absatz-Funktion mit der jeweiligen Menge:

$$U(x_1, x_2) = p_1(x_1, x_2) \cdot x_1 + p_1(x_1, x_2) \cdot x_1$$
$$= (-0{,}5x_1 - x_2 + 20) \cdot x_1 + (-0{,}5x_1 - 2x_2 + 30) \cdot x_2$$
$$= -0{,}5x_1^2 - x_1x_2 + 20x_1 - 0{,}5x_1x_2 - 2x_2^2 + 30x_2$$
$$= -0{,}5x_1^2 - 1{,}5x_1x_2 - 2x_2^2 + 20x_1 + 30x_2$$

Damit lautet die Gewinnfunktion:

$$G(x_1, x_2) = U(x_1, x_2) - K(x_1, x_2)$$
$$= -0{,}5x_1^2 - 1{,}5x_1x_2 - 2x_2^2 + 20x_1 + 30x_2 - (1{,}5x_1^2 + 0{,}5x_1x_2 + 2x_2^2)$$
$$= -2x_1^2 - 2x_1x_2 - 4x_2^2 + 20x_1 + 30x_2$$

Zur Bestimmung des Gewinnmaximums werden die partiellen Ableitungen gleich null gesetzt:

$G_{x_1}(x_1, x_2) = -4x_1 - 2x_2 + 20 = 0$

$G_{x_2}(x_1, x_2) = -2x_1 - 8x_2 + 30 = 0$

Lösen des linearen Gleichungssystems ergibt:

①	$-4x_1 - 2x_2$	$= -20$	
②	$-2x_1 - 8x_2$	$= -30$	$\mid \cdot (-2)$
③	$14x_2$	$= 40$	
④	x_2	$= 2\frac{6}{7}$	

Einsetzen von ④ in ① führt zu $x_1 = 3\frac{4}{7}$. Zur Prüfung, ob ein Maximum vorliegt, werden die zweiten partiellen Ableitungen gebildet:

$G_{x_1x_1}(x_1, x_2) = -4$

$G_{x_2x_2}(x_1, x_2) = -8$

$G_{x_1x_2}(x_1, x_2) = -2$

Prüfen der hinreichenden Bedingung (5.46) für die Existenz eines re- **QV**
lativen Extremums ergibt:

$$G_{x_1 x_1}(x_1^{opt}, x_2^{opt}) \cdot G_{x_2 x_2}(x_1^{opt}, x_2^{opt}) - (G_{x_1 x_2}(x_1^{opt}, x_2^{opt}))^2$$
$$= -4 \cdot (-8) - (-2)^2 = 28 > 0$$

Es liegt also an der Stelle $(x_1^{opt}, x_2^{opt}) = (3\frac{4}{7}, 2\frac{6}{7})$ ein relatives Extremum
vor, das mit

$$G_{x_1 x_1}(x_1^{opt}, x_2^{opt}) = -4 < 0$$

ein Maximum ist. Der maximale Gewinn beträgt:

$$G(x_1^{opt}, x_2^{opt}) = -2 \cdot (3\tfrac{4}{7})^2 - 2 \cdot 3\tfrac{4}{7} \cdot 2\tfrac{6}{7} - 4 \cdot (2\tfrac{6}{7})^2 + 20 \cdot 3\tfrac{4}{7} + 30 \cdot 2\tfrac{6}{7} = 78\tfrac{4}{7}$$

Kapitel 6

6. Integralrechnung

6.1 Die Technik des Integrierens

6.1.1 Stammfunktion und unbestimmtes Integral

Integralrechnung

Die **Integralrechnung** hat zur Aufgabe, den Inhalt von Flächenstücken zu bestimmen, die vom Graphen einer über dem abgeschlossenen Intervall [a, b] stetigen Funktion, der x-Achse und den Parallelen zur y-Achse durch die Punkte $x = a$ und $x = b$ begrenzt werden. Praktisch entspricht dies der Umkehraufgabe zur Differentiation. Während man in der Differentialrechnung Ableitungen von Funktionen bildet, sucht man in der Integralrechnung eben jene Funktionen, deren erste Ableitung mit einer vorgegebenen Funktion übereinstimmt.

Stammfunktion

Eine solche Funktion heißt **Stammfunktion** von f. Sind beispielsweise die Grenzkosten $K'(x)$ für die Produktion eines Guts gegeben, lässt sich mithilfe der Stammfunktion auf die Kostenfunktion $K(x)$ schließen. Auch lassen sich ausgehend von der Marktsituation eines Produkts – unabhängig vom Funktionstypen – Konsumenten- und Produzentenrente berechnen.

Eine Funktion F heißt Stammfunktion zu einer Funktion f auf einem Intervall I, wenn gilt:

$$F'(x) = f(x) \qquad \forall\, x \in I \tag{6.1}$$

Es ist üblich, Stammfunktionen mit Großbuchstaben zu bezeichnen. Es fällt auf, dass die in (6.1) gesuchte Funktion nicht eindeutig ist, da man zu $F(x)$ jede beliebige Konstante c addieren kann, die dann beim Ableiten wegfällt. Weil c frei wählbar ist, ist die gesuchte Funktion unbestimmt.

Unbestimmtes Integral

Die Gesamtheit aller Stammfunktionen einer gegebenen Funktion f heißt **unbestimmtes Integral**. Man schreibt hierfür:

$$\int f(x)dx = F(x) + c \tag{6.2}$$

Das Integralzeichen $\int$ ist vom stilisierten S (für Summe) abgeleitet: die Variable dx steht für infinitesimal (immer kleiner werdende) Intervallbreiten Δx. Die Funktion $f(x)$ nennt man Integrand mit der Integrationsvariablen x. Die Wahl des x für die Variable ist willkürlich, sodass auch jeder andere Buchstabe verwendet werden kann.

6.1.2 Grundintegrale

Grundintegral

Die Berechnung eines Integrals setzt die Bestimmung einer Stammfunktion voraus. Um den Aufwand zur Bestimmung einer zusammengesetzen Stammfunktion gering zu halten, geht man wie bei der Bildung der Ableitung vor: Man ermittelt zunächst eine Stammfunktion zu einfachen Funktionen und wendet dann Regeln für die zusammengesetzte Funktion an. Einige **Grundintegrale zu elementaren Funktionen** sind in der nachfolgenden Tabelle zusammengestellt (vgl. *Röpcke/ Wessler, 2012, S. 97*).

$f(x)$	$F(x)$
a	$ax + c$
x^r	$\frac{1}{r+1} x^{r+1} + c$
e^x	$e^x + c$
$\frac{1}{x}$	$\ln\|x\| + c$
a^x	$\frac{a^x}{\ln(a)} + c$
$\ln\|x\|$	$x \cdot (\ln\|x\| - 1) + c$
$\log_a(x)$	$\frac{x \cdot (\ln\|x\| - 1)}{\ln(a)} + c$

6.2 Das bestimmte Integral

6.2.1 Hauptsatz der Integralrechnung

Der Zusammenhang zwischen Ableitung und Integral führt zum **Hauptsatz der Integralrechnung**. Ist $f(x)$ über $[a, b]$ stetig, dann gilt für jede Stammfunktion $F(x)$ von $f(x)$ über $[a, b]$:

Hauptsatz der Integralrechnung

$$\int_a^b f(x)\,dx = F(b) - F(a) \tag{6.3}$$

Für das Integral (6.3) werden auch folgende Schreibweisen verwendet:

$$F(b) - F(a) = F(x)\big|_a^b = \left[F(x)\right]_a^b \tag{6.4}$$

Bei der Berechnung des Integrals von $f(x)$ nach (6.3) bzw. (6.4) wird also zunächst eine Stammfunktion $F(x)$ bestimmt, dann werden die Funktionswerte der Integrationsgrenzen $F(b)$ und $F(a)$ berechnet und schließlich ihre Differenz gebildet.

Beispiel

Der Lebenszyklus eines Produkts lässt sich durch die Absatzfunktion a mit

$$a(t) = t \cdot e^{-0,8t} \qquad (t \geq 0)$$

beschreiben, wobei t die Zeit in Jahren nach Markteinführung des Produkts und $a(t)$ den Absatz in Tausend ME pro Jahr angibt.

Die Stammfunktion A mit

$$A(t) = (-1{,}25t - 1{,}5625) \cdot e^{-0{,}8t} \qquad (t \geq 0)$$

gibt den Gesamtabsatz des Produkts im Zeitraum $t_0 \leq t \leq t_n$ an. $A(t)$ ist eine Stammfunktion von $a(t)$, denn es gilt:

$$
\begin{aligned}
A'(t) &= -1{,}25 \cdot e^{-0{,}8t} + (-1{,}25t - 1{,}5625) \cdot e^{-0{,}8t} \cdot (-0{,}8) \\
&= -1{,}25 \cdot e^{-0{,}8t} + t \cdot e^{-0{,}8t} + 1{,}25 \cdot e^{-0{,}8t} \\
&= t \cdot e^{-0{,}8t} \\
&= a(t)
\end{aligned}
$$

Der gesamte Absatz in den ersten drei Jahren nach der Markteinführung beträgt dann

$$
\int_0^3 a(t)\,dt = \left[A(t) \right]_0^3 = \left[(-1{,}25t - 1{,}5625) \cdot e^{-0{,}8t} \right]_0^3 = A(3) - A(0)
$$

$$
\begin{aligned}
&= ((-1{,}25 \cdot 3 - 1{,}5625) \cdot e^{-0{,}8 \cdot 3}) - ((-1{,}25 \cdot 0 - 1{,}5625) \cdot e^{-0{,}8 \cdot 0}) \\
&= -0{,}4819 - (-1{,}5625) \\
&= 1{,}08
\end{aligned}
$$

QV Der Absatz beträgt 1.080 ME. Abbildung 6-1 zeigt den Lebenszyklus im Zeitablauf. Die schattierte Fläche gibt den Gesamtabsatz in den ersten drei Jahren nach Markteinführung an.

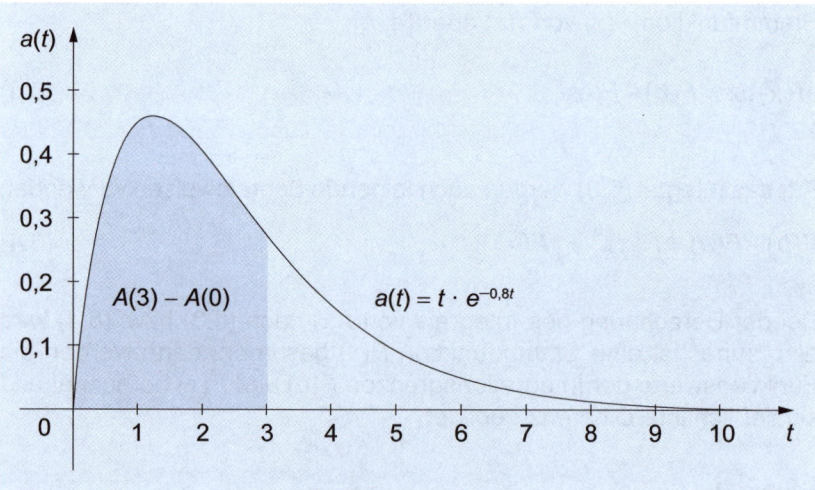

Abb. 6-1: Ermittlung des Absatzes im Produktlebenszyklus

6.2.2 Integral und Flächeninhalt

Eine wichtige Anwendung der Integration ist die **Berechnung des Flä-**   Flächeninhalt
cheninhalts mit Integralen. Das nach dem Hauptsatz der Integralrechnung berechnete Integral (6.3) bestimmt den Inhalt der durch den Gra-   **QV**
phen von f über $[a, b]$ sowie die Parallelen zur y-Achse durch $x = a$ und
$x = b$ begrenzten Fläche A (vgl. Abbildung 6-2):

$$A = \int_a^b f(x)dx = F(b) - F(a) \qquad\qquad (6.5)$$

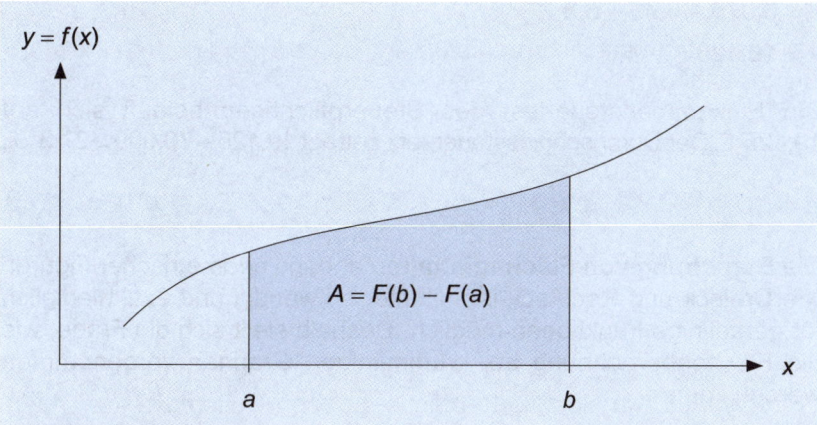

Abb. 6-2: Fläche über $[a, b]$

Beispiel

In einem Land gelte der in Abbildung 6-3 dargestellte Grenzsteuersatz,
der angibt, wie hoch die Steuerlast für jeden zusätzlich verdienten Euro
ist.

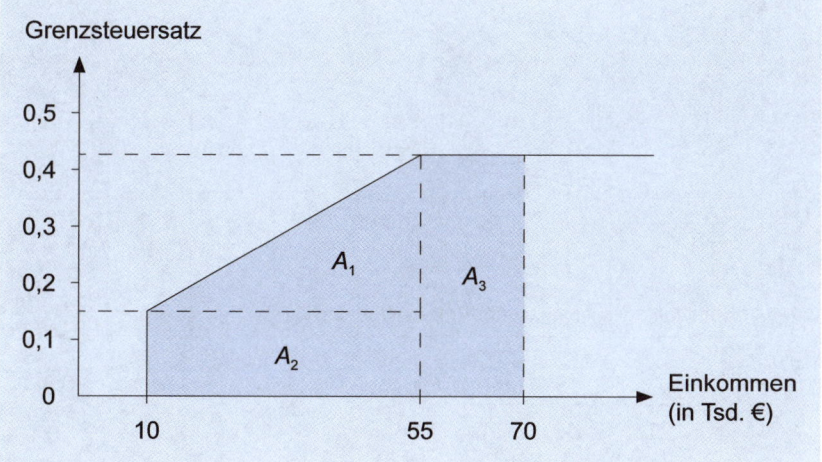

Abb. 6-3: Grenzsteuersatz in Abhängigkeit vom Jahreseinkommen

213

Die Graphik zeigt, dass bis 10.000 € keine Einkommensteuer anfällt. Bei 10.000 € beträgt der Grenzsteuersatz 15 %, um danach linear bis auf 55.000 € anzusteigen. Ab 55.000 € beträgt der Grenzsteuersatz konstant 42 %.

Angenommen, ein Steuerpflichtiger hat ein Jahreseinkommen in Höhe von 70.000 €. Dann entspricht die Einkommensteuerlast des Steuerpflichtigen der schraffierten Fläche. Der Flächeninhalt A berechnet sich aus dem Dreieck A_1 sowie den beiden Rechtecken A_2 und A_3:

$$A = A_1 + A_2 + A_3 = (55-10) \cdot (0,42-0,15) \div 2 + (55-10) \cdot 0,15 + (70-55) \cdot 0,42$$
$$= 6,075 + 6,75 + 6,3$$
$$= 19,125$$

Die Einkommensteuerlast des Steuerpflichtigen beläuft sich auf 19.125 €. Der Durchschnittssteuersatz beträgt $19.125 \div 70.000 \approx 27{,}3\,\%$.

Flächenberechnung — Die **Berechung von Flächeninhalten** anhand geometrischer Figuren wie Dreieck und Rechteck ist mitunter aufwendig und exakt lediglich für geradlinige Funktionen möglich. Deshalb stellt sich die Frage, wie die Flächenberechnung bei krummlinigen Graphen vorgenommen werden kann.

Ist $y = f(x)$ eine über das Intervall $[a, b]$ stetige Funktion, kann der Inhalt der durch den Graphen von f über $[a, b]$ sowie die Parallelen zur y-Achse durch $x = a$ und $x = b$ begrenzten Fläche näherungsweise durch eine Summe von Rechteckinhalten bestimmt werden, wie Abbildung 6-4 zeigt.

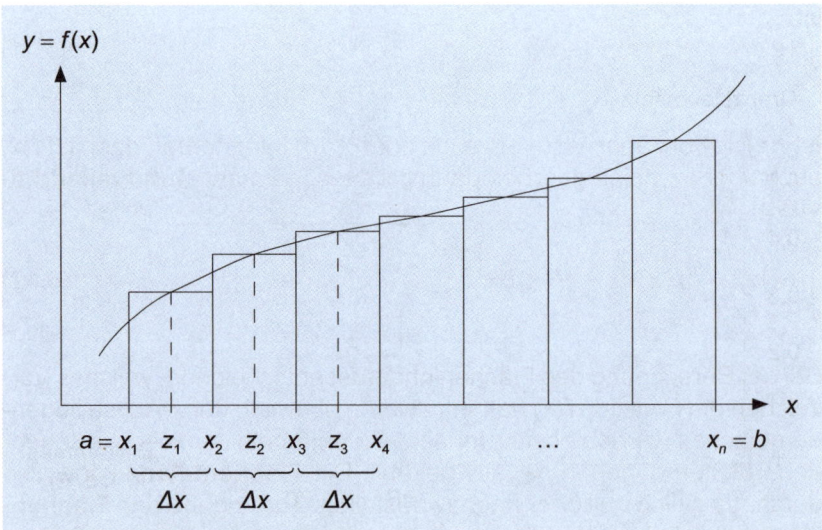

Abb. 6-4: Flächenberechnung mittels Rechtecksumme

Die gleich breiten Rechtecke im Intervall $[a, b]$ summieren sich wie folgt zur Fläche A_n:

$$A_n = f(z_1) \cdot (x_2 - x_1) + f(z_2) \cdot (x_3 - x_2) + ... + f(z_n) \cdot (x_n - x_{n-1}) \qquad (6.6)$$

Rechtecksumme

Die Differenzen $(x_2 - x_1)$, $(x_3 - x_2)$ etc. sind gleich und können mit Δx abgekürzt werden:

$$A_n = f(z_1) \cdot \Delta x + f(z_2) \cdot \Delta x + ... + f(z_n) \cdot \Delta x \qquad (6.7)$$

Bei stetigen Funktionen ergibt sich unabhängig von der Art der Rechtecksumme für $n \to \infty$ stets der gleiche Grenzwert (vgl. *Stark et al., 2014, S. 152*):

$$\lim_{n \to \infty} A_n = f(z_1) \cdot \Delta x + f(z_2) \cdot \Delta x + ... + f(z_n) \cdot \Delta x \qquad (6.8)$$

Dieser Grenzwert wurde von *Gottfried Wilhelm Leibniz* (1646 - 1716) eingeführt und heißt **bestimmtes Integral** der Funktion f über $[a, b]$. Man schreibt hierfür:

Bestimmtes Integral

$$\int_a^b f(x)\,dx \qquad (6.9)$$

(lies: Integral von $f(x)$ von a bis b). a heißt untere, b obere Integrationsgrenze, wobei angenommen wird, dass $a < b$ gilt. Es ist zweckmäßig, auch die Fälle $a > b$ und $a = b$ zu definieren. Ist $f(x)$ im Intervall $[a, b]$ integrierbar, dann setzt man

$$\int_b^a f(x)\,dx = -\int_a^b f(x)\,dx \qquad (6.10)$$

und

$$\int_c^c f(x)\,dx = 0 \quad \forall\, c \in [a, b] \qquad (6.11)$$

Ist $f(x)$ sowohl über $[a, b]$ als auch über $[c, d]$ integrierbar, dann ist $f(x)$ auch über $[a, c]$ integrierbar, dann gilt die sogenannte **Intervalladditivität**:

Intervalladditivität

$$\int_a^c f(x)\,dx = \int_a^b f(x)\,dx + \int_b^c f(x)\,dx \qquad (6.12)$$

Bei der Berechnung des Flächeninhalts ist entscheidend, welches Vorzeichen die Funktion $f(x)$ hat. Inhalte von oberhalb der x-Achse liegenden Flächen werden positiv, Inhalte von unterhalb der x-Achse liegenden Flächen dagegen negativ gezählt. Die **Flächenbilanz** kann also durchaus gleich null oder negativ ausfallen. Zur Angabe des **Flächeninhalts** (und nicht der Flächenbilanz) wird deshalb der Absolutbetrag

Flächenbilanz

des Integranden $f(x)$ bestimmt. Hierdurch wird die im negativen Bereich verlaufende Fläche quasi in den positiven Bereich umgeklappt.

Beispiel

Gesucht ist der Inhalt des Flächenstücks A, das der Graph der Funktion

$f(x) = (0{,}5x - 2)^3$

mit der x-Achse zwischen 1 und 7 einschließt (vgl. Abbildung 6-5).

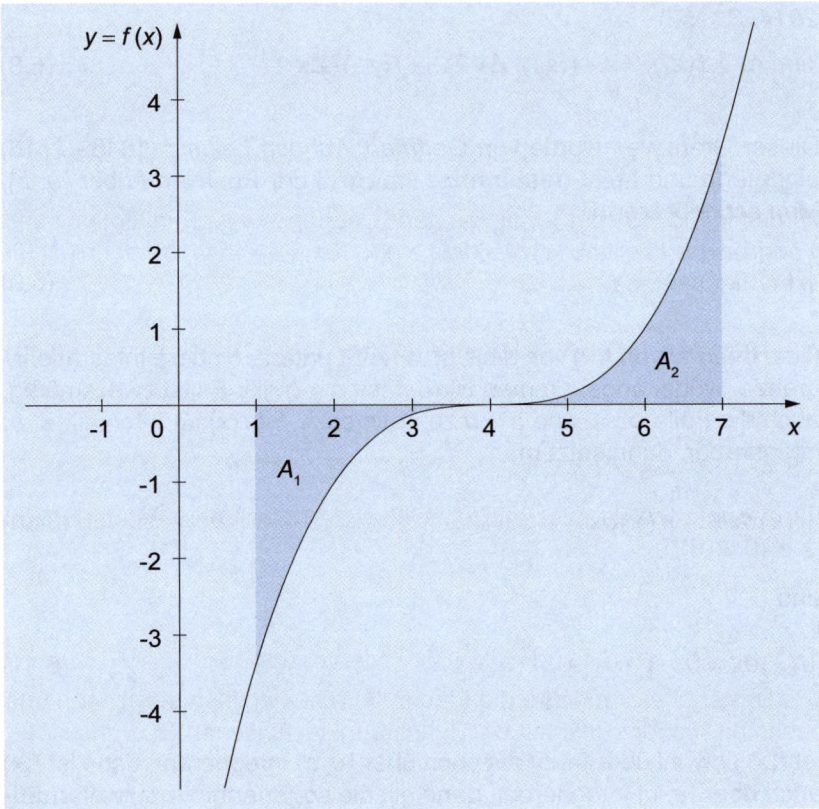

Abb. 6-5: Flächenberechnung mithilfe bestimmter Integrale

Integrieren ergibt zunächst:

$$\int_1^7 (\tfrac{1}{2}x - 2)^3 \, dx = \left[\tfrac{1}{2}(\tfrac{1}{2}x - 2)^4 \right]_1^7 = \tfrac{81}{32} - \tfrac{81}{32} = 0$$

Die Flächenbilanz der beiden gleich großen Teilstücke A_1 und A_2 ist gleich null. Der gesamte Flächeninhalt A ergibt sich durch Addition des Absolutbetrags der Teilstücke A_1 und A_2:

$$A = A_1 + A_2 = \int_1^4 \left|(\tfrac{1}{2}x - 2)^3\right| dx + \int_4^7 \left|(\tfrac{1}{2}x - 2)^3\right| dx$$

$$= \left[\left|\tfrac{1}{2}(\tfrac{1}{2}x - 2)^4\right|\right]_1^4 + \left[\left|\tfrac{1}{2}(\tfrac{1}{2}x - 2)^4\right|\right]_4^7 = \left|-\tfrac{81}{32}\right| + \left|\tfrac{81}{32}\right| = \tfrac{81}{16}$$

Wird eine Fläche über $[a, b]$ von den Graphen zweier Funktionen f und g begrenzt und gilt außerdem $f(x) \geq g(x)$ für alle $x \in [a, b]$, dann gilt für ihren Flächeninhalt A:

Flächeninhalt zwischen zwei Graphen

$$A = \int_a^b f(x)dx - \int_a^b g(x)dx = \int_a^b (f(x) - g(x))dx \qquad (6.13)$$

Beispiel

Ein Monopolist arbeitet mit folgender Umsatz- und Kostenfunktion ($x \in [0, 10]$):

$$U(x) = 100x - 10x^2$$
$$K(x) = 4x^3 - 34x^2 + 99x + 6$$

Der Unternehmer möchte die Fläche der Gewinnlinse berechnen und bestimmt hierfür zunächst die Schnittpunkte zwischen $U(x)$ und $K(x)$:

$$U(x) = K(x)$$
$$\Leftrightarrow 100x - 10x^2 = 4x^3 - 34x^2 + 99x + 6$$
$$\Leftrightarrow -4x^3 + 24x^2 + x - 6 = 0$$
$$\Leftrightarrow x_1 = -0{,}5 \notin D_f, \; x_2 = 0{,}5, \; x_3 = 6$$

Die Gewinnschwelle liegt bei $x_S = 0{,}5$, die Gewinngrenze bei $x_G = 6$ (vgl. Abbildung 6-6).

QV

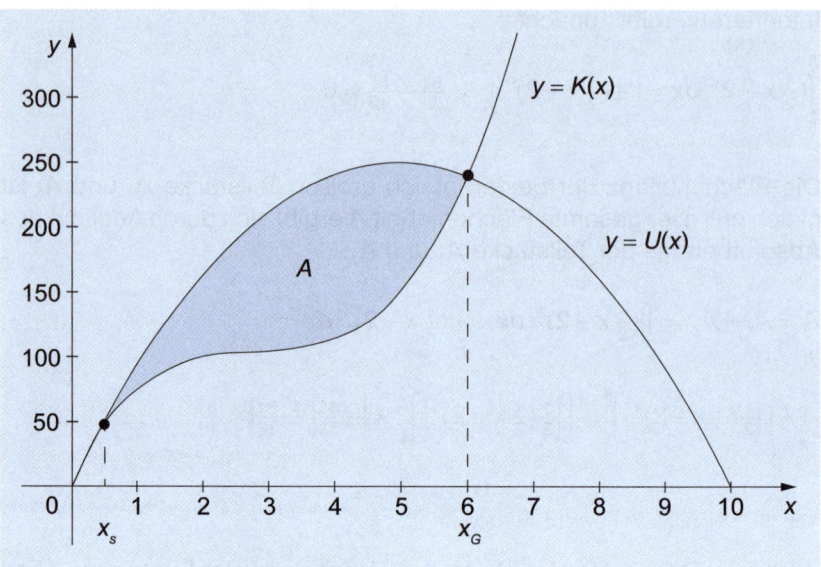

Abb. 6-6: Flächenberechnung der Gewinnlinse

Der Flächeninhalt A der Gewinnlinse berechnet sich aus dem Integral der Fläche über dem Intervall $[x_S, x_G]$ zwischen der Umsatz- und der Kostenfunktion:

$$A = \int_{x_S}^{x_G} (U(x) - K(x))\,dx = \int_{x_S}^{x_G} G(x)\,dx = \int_{0,5}^{6} (-4x^3 + 24x^2 + x - 6)\,dx$$

$$= \left[-x^4 + 8x^3 + 0,5x^2 - 6x \right]_{0,5}^{6} = 414 - (-1,9375) = 415,9375$$

Marktgleichgewicht

QV

In der Mikroökonomie wird die Integralrechnung dazu genutzt, Konsumenten- und Produzentenrente im Polypol zu berechnen. In diesem Modell der vollständigen Konkurrenz bildet sich der Preis im Gleichgewicht zwischen angebotener und nachgefragter Menge am Markt. Dieses sogenannte **Marktgleichgewicht** entspricht graphisch dem Schnittpunkt zwischen Angebotsfunktion $p_A(x)$ und Nachfragefunktion $p_N(x)$. Der zugehörige Preis p_0 heißt **Gleichgewichtspreis**, die zugehörige Menge x_0 **Gleichgewichtsmenge** (vgl. Abbildung 6-7).

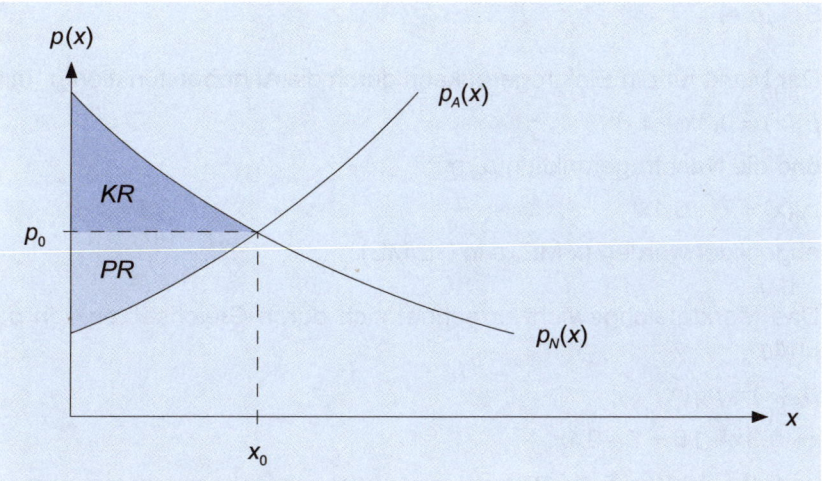

Abb. 6-7: Marktgleichgewicht im Polypol

Die Nachfragekurve spiegelt die Zahlungsbereitschaft der Konsumenten wider (vgl. Abschnitt 4.2.2). Konsumenten, die für das Gut einen höheren Preis als den Gleichgewichtspreis zu zahlen bereit sind, erzielen einen zusätzlichen Nutzen. Dieser Nutzen heißt **Konsumentenrente**. Sie entspricht der Fläche KR unterhalb der Nachfragekurve bis zum Gleichgewichtspreis p_0 (vgl. Abbildung 6-7). Dagegen drückt die Angebotsfunktion die Preis-Mengen-Kombination der Anbieterseite aus. Ist der Preis niedrig, sind nur wenige Produzenten aufgrund ihrer Kostenstruktur gewillt, das Produkt zu verkaufen, sodass die am Markt gehandelte Menge gering ist. Bei einem hohen Preis ist die Menge dagegen ebenfalls hoch.

Die **Produzentenrente** gibt den zusätzlichen Nutzen an, den die Produzenten aus dem Marktpreis p_0 erzielen, obwohl sie das Produkt auch zu einem niedrigeren Preis verkaufen würden. Die Produzentenrente ist in der Graphik mit PR bezeichnet und liegt oberhalb der Angebotskurve bis zum Gleichgewichtspreis p_0.

Konsumentenrente und Produzentenrente berechnen sich wie folgt:

$$KR = \int_0^{x_0} (p_N(x) - p_0)\,dx = \int_0^{x_0} p_N(x)\,dx - x_0 \cdot p_0 \tag{6.14}$$

$$PR = \int_0^{x_0} (p_0 - p_A(x))\,dx = x_0 \cdot p_0 - \int_0^{x_0} p_A(x)\,dx \tag{6.15}$$

wobei p_N die Nachfragefunktion, p_A die Angebotsfunktion, p_0 der Gleichgewichtspreis und x_0 die Gleichgewichtsmenge darstellen.

Konsumentenrente
QV

QV

Produzentenrente

Beispiel

Der Markt für ein Elektrogerät kann durch die Angebotsfunktion p_A mit

$$p_A(x) = 0{,}3x + 1{,}6$$

und die Nachfragefunktion p_N mit

$$p_N(x) = 7 - 0{,}1x^2$$

abgebildet werden (x ME, p in GE/ME).

Das Marktgleichgewicht errechnet sich durch Gleichsetzen von p_N und p_A:

$$p_A(x) = p_N(x)$$
$$\Leftrightarrow 0{,}3x + 1{,}6 = 7 - 0{,}1x^2$$
$$\Leftrightarrow 0{,}1x^2 + 0{,}3x - 5{,}4 = 0$$
$$\Leftrightarrow x_1 = -9 \notin D_f \ \vee \ x_2 = 6$$

Die Gleichgewichtsmenge liegt bei $x_0 = 6$. Einsetzen in p_A und Auflösen nach p ergibt:

$$p_A(6) = 0{,}3 \cdot 6 + 1{,}6 = 3{,}4$$

Der Gleichgewichtspreis beträgt $p_0 = 3{,}4$ GE/ME.

QV   Konsumenten- und Produzentenrente errechnen sich nach (6.14) und (6.15):

$$KR = \int_0^6 (7 - 0{,}1x^2)\,dx - 6 \cdot 3{,}4 = \left[7x - \tfrac{1}{30}x^3 \right]_0^6 - 20{,}4 = 34{,}8 - 20{,}4 = 14{,}4$$

$$PR = 6 \cdot 3{,}4 - \int_0^6 (0{,}3x + 1{,}6)\,dx = 20{,}4 - \left[0{,}15x^2 + 1{,}6x \right]_0^6 = 20{,}4 - 15 = 5{,}4$$

Die Konsumenten erzielen aus dem Marktgleichgewicht einen höheren Nutzen als die Produzenten, wie Abbildung 6-8 zeigt.

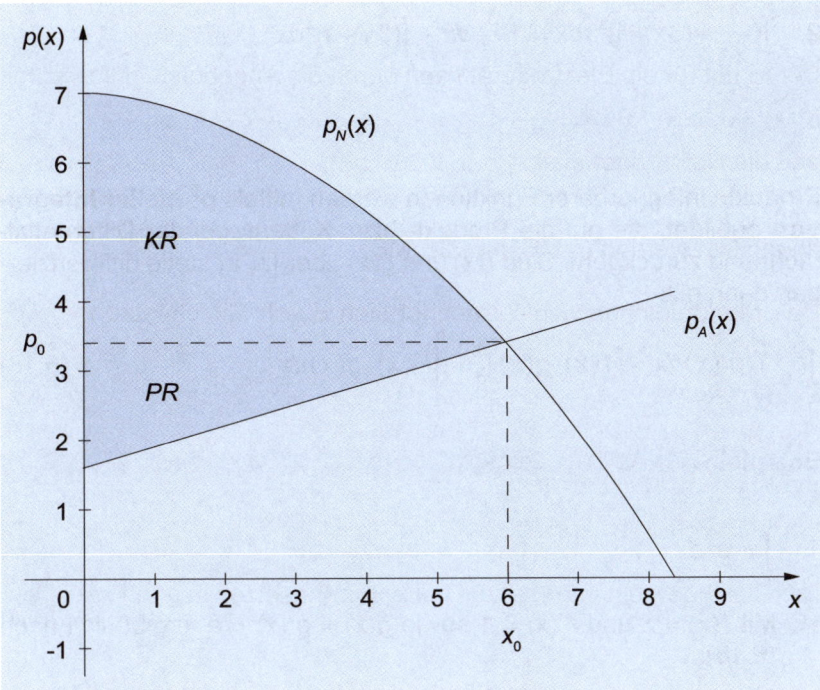

Abb. 6-8: Konsumenten- und Produzentenrente im Beispiel

6.2.3 Integrationsregeln

Für das Produkt aus einer Zahl $c \in \mathbb{R}$ mit einer integrierbaren Funktion $f(x)$ kann man die **Faktorregel** heranziehen:

Faktorregel

$$\int_a^b c \cdot f(x)\,dx = c \cdot \int_a^b f(x)\,dx \tag{6.16}$$

Sind $f(x)$ und $g(x)$ über $[a, b]$ integrierbar, dann gilt nach der **Summenregel**:

$$\int_a^b (f(x) \pm g(x))\,dx = \int_a^b f(x)\,dx \pm \int_a^b g(x)\,dx \tag{6.17}$$

Beispiele

1. $\int_a^b 6x^2\,dx = 6 \cdot \int_a^b x^2\,dx$

2. $\int\limits_a^b (\frac{1}{x^3} - (3x+1)^3)\,dx = \int\limits_a^b \frac{1}{x^3}\,dx - \int\limits_a^b (3x+1)^3\,dx$

Partielle Integration

Produkte integrierbarer Funktionen werden mittels **partieller Integration** gebildet, die auf die Produkt- bzw. Kettenregel der Differentialrechnung zurückgeht. Sind $f(x)$ und $g(x)$ über $[a, b]$ stetig differenzierbar, dann gilt:

$$\int\limits_a^b f(x) \cdot g'(x)\,dx = \left[f(x) \cdot g(x) \right]_a^b - \int\limits_a^b f'(x) \cdot g(x)\,dx \qquad (6.18)$$

Beispiele

1. $\int\limits_0^1 x \cdot e^x\,dx$

   Mit $f(x) = x$ und $f'(x) = 1$ sowie $g(x) = g'(x) = e^x$ ergibt sich nach (6.18):

   $$\int\limits_0^1 x \cdot e^x\,dx = \left[x \cdot e^x \right]_0^1 - \int\limits_0^1 1 \cdot e^x\,dx = \left[x \cdot e^x \right]_0^1 - \left[e^x \right]_0^1 = (e-0) - (e-1) = 1$$

2. $\int\limits_a^b \ln(x)\,dx \quad (a, b \geq 1)$

   Mit $f(x) = \ln(x)$ und $f'(x) = \dfrac{1}{x}$ sowie $g(x) = x$ und $g'(x) = 1$ ergibt sich nach (6.18):

   $$\int\limits_a^b \ln(x)\,dx = \int\limits_a^b \ln(x) \cdot 1\,dx = \left[x \cdot \ln(x) \right]_a^b - \int\limits_a^b \frac{1}{x} \cdot x\,dx = \left[x \cdot \ln(x) \right]_a^b - \left[x \right]_a^b$$

   $$= (b \cdot \ln(b) - a \cdot \ln(a)) - (b - a) = b \cdot (\ln(b) - 1) - a \cdot (\ln(a) - 1)$$

6.3 Integralfunktionen

Bisher wurden Integrale berechnet, die eine feste Unter- und Obergrenze aufweisen. Mit diesen bestimmten Integralen können orientierte Flächeninhalte und Gesamtänderungen von Größen bestimmt werden. Man kann die Obergrenze eines Integrals über eine Funktion f auch variabel halten. Dann erhält man eine neue Funktion.

Die Funktion f sei auf dem Intervall I stetig. Zu jeder Zahl $u \in I$ heißt   Integralfunktion
die Funktion J_u mit

$$J_u(x) = \int_u^x f(t)dt \quad \text{mit } x \in I \tag{6.19}$$

Integralfunktion von f zur unteren Grenze u (vgl. *Stark et al., 2014, S. 165*). J_u ist differenzierbar mit $J_u'(x) = f(x)$ für $x \in I$, sodass jede Integralfunktion J_u eine Stammfunktion von f ist. Man beachte, dass mit der Bezeichnung x für die obere Integrationsgrenze ein anderer Buchstabe für die unabhängige Variable gewählt werden muss (hier t).

Der Funktionsterm einer Integralfunktion lässt sich mit dem Hauptsatz der Integralrechnung bestimmen, wenn für f eine Stammfunktion bekannt ist.

Beispiel

In einer Telefonzentrale eines Radiosenders können die pro Minute t ankommenden Anrufe nach Ausstrahlung eines Radiobeitrags mit der Funktion

$$f(t) = 3 \cdot (t^2 + t) \cdot e^{-0,4t}$$

beschrieben werden. Der Funktionswert

$$J_0(x) = \int_0^x f(t)dt$$

gibt die Zahl der bis zur Minute x ankommenden Anrufe an. Möchte man beispielsweise wissen, wie viele Anrufe in den ersten fünf Minuten nach Beginn der Aktion eingehen, kann dies mit folgender Integralfunktion berechnet werden:

$$J_0(5) = \int_0^5 (3 \cdot (t^2 + t) \cdot e^{-0,4t})dt = \left[-7,5e^{-0,4t} \cdot (t^2 + t + 15) \right]_0^5$$

$$= -45,7 - (-112,5) = 66,8$$

In den ersten fünf Minuten werden ungefähr 67 Anrufe eingehen.

In den Wirtschaftswissenschaften wird die Integralfunktion zur Rekonstruktion ökonomischer Funktionen aus ihren Grenzfunktionen genutzt. So lassen sich die Gesamtkosten aus den Grenzkosten, die Umsatzerlöse aus dem Grenzerlös und der Gewinn aus dem Grenzgewinn herleiten.

Bestimmung der Kostenfunktion

Wenn mit K' eine Grenzkostenfunktion gegeben ist, dann gilt nach (4.4) und (6.19) für die Kostenfunktion K in Abhängigkeit von der Ausbringungsmenge x:

$$K(x) = K_v(x) + K_f = \int_0^x K'(t)dt + K_f \tag{6.20}$$

Beispiel

Ein Unternehmen produziert Metallprofile. Die Grenzkostenfunktion lässt sich mit

$$K'(x) = 0{,}6x^2 - 5{,}6x + 14$$

beschreiben. Zudem ist bekannt, dass bei einer Ausbringungsmenge von $x = 4$ ME Kosten in Höhe von 61 GE entstehen. Nach (6.20) gilt für die Gesamtkostenfunktion:

$$K(x) = \int_0^x (0{,}6t^2 - 5{,}6t + 14)dt + K_f = \left[0{,}2t^3 - 2{,}8t^2 + 14t\right]_0^x + K_f$$

$$= 0{,}2x^3 - 2{,}8x^2 + 14x + K_f$$

Zudem gilt:

$$K(4) = 0{,}2 \cdot 4^3 - 2{,}8 \cdot 4^2 + 14 \cdot 4 + K_f = 61$$

$$\Leftrightarrow K_f = 37$$

Die Gesamtkostenfunktion lautet:

$$K(x) = 0{,}2x^3 + 2{,}8x^2 + 14x + 37$$

Umsatzfunktion

Wenn mit U' eine Grenzerlösfunktion gegeben ist, dann gilt für die Umsatzerlösfunktion U in Abhängigkeit von der Absatzmenge x:

$$U(x) = \int_0^x U'(t)dt \tag{6.21}$$

Gewinnfunktion

Wenn mit G' eine Grenzgewinnfunktion gegeben ist, dann gilt für die Gewinnfunktion G in Abhängigkeit von der Absatzmenge x:

$$G(x) = \int_0^x G'(t)dt - K_f \tag{6.22}$$

Der **Deckungsbeitrag** ist die Differenz zwischen den erzielten Umsatzerlösen $U(x)$ und den variablen Kosten $K_v(x)$. Es handelt sich also um den Betrag, der zur Deckung der Fixkosten zur Verfügung steht. Der Deckungsbeitrag D lässt sich wie folgt berechnen:

Deckungsbeitrag

$$D(x) = \int_0^x (U'(t) - K'(t))dt = \int_0^x G'(t)dt \qquad (6.23)$$

Beispiel

Ein Süßwarenhersteller ermittelt für die Produktion eines neuen Schokoriegels folgende Funktionen:

$K'(x) = 0{,}06x^2 - 4{,}2x + 88$

$U'(x) = 550 - 4{,}8x$

Zudem ist $K_f = 12.000$ GE bekannt. Die Kostenfunktion errechnet sich nach (6.20):

QV

$$K(x) = \int_0^x (0{,}06t^2 - 4{,}2t + 88)dt + 12.000 = \left[0{,}02t^3 - 2{,}1t^2 + 88t\right]_0^x + 12.000$$

$$= 0{,}02x^3 - 2{,}1x^2 + 88x + 12.000$$

Die Umsatzfunktion lautet nach (6.21):

QV

$$U(x) = \int_0^x (550 - 4{,}8t)dt = \left[550t - 2{,}4t^2\right]_0^x = 550x - 2{,}4x^2$$

Die Gewinnfunktion ist die Differenz aus Umsatzerlösen und Kosten:

$G(x) = (550x - 2{,}4x^2) - (0{,}02x^3 - 2{,}1x^2 + 88x + 12.000)$

$\quad = -0{,}02x^3 - 0{,}3x^2 + 462x - 12.000$

Die erste Ableitung der Gewinnfunktion führt zur Grenzgewinnfunktion:

$G'(x) = -0{,}06x^2 - 0{,}6x + 462$

Dann lautet der Deckungsbeitrag gemäß (6.23):

QV

$$D(x) = \int_0^x (-0{,}06t^2 - 0{,}6t + 462)dt = \left[-0{,}02t^3 - 0{,}3t^2 + 462t\right]_0^x$$

$$= -0{,}02x^3 - 0{,}3x^2 + 462x$$

Der Deckungsbeitrag entspricht also dem Teil der Gewinnfunktion, der von der Absatzmenge x abhängt.

Kapitel 7

7. Lineare Optimierung

7.1 Formulierung eines linearen Modells

Lineare Optimierung

Im vorangegangenen Abschnitt wurde gezeigt, wie lineare Gleichungssysteme aufgestellt und – falls möglich – gelöst werden können. In wirtschaftswissenschaftlichen Anwendungen ist die Gleichheitsbedingung bei den beschränkenden Restriktionen jedoch häufig nicht erfüllt, sodass die gezeigten Verfahren zur Lösung von linearen Gleichungssystemen nicht greifen. So muss beispielsweise eine verfügbare Produktionskapazität nicht unbedingt ausgeschöpft werden, weil man die Maschine bei Schichtende abstellen kann. Ebenso wird ein verfügbarer Lagerbestand an Rohstoffen üblicherweise nicht in jeder Periode vollständig aufgebraucht. In beiden Fällen handelt es sich mathematisch um eine Kleiner-gleich-Bedingung. Zudem könnte auch eine Größer-gleich-Bedingung vorliegen – beispielsweise, wenn ein bestimmter Mindestanteil eines Inhaltsstoffs in einer Produktmischung enthalten sein muss. Solche Ungleichungssysteme lassen sich mithilfe der linearen Optimierung lösen.

LP-Modelle

Die **lineare Optimierung** ist eines der wichtigsten Verfahren des Operations Research, bei der die Optimierung einer Zielfunktion angestrebt wird. Die Zielerreichung ist dabei durch lineare Gleichungen und Ungleichungen eingeschränkt. Zielfunktion und Nebenbedingungen ergeben ein sogenanntes **LP-Modell**, wobei die Abkürzung LP für „lineare Programmierung" oder „lineare Planung" steht. Linear sind diese Modelle, weil die Zielfunktion und alle Restriktionen Linearkombinationen der Entscheidungsvariablen sind. Es existieren gute Lösungsmethoden und hochentwickelte Software, sodass LP-Modelle fast immer in vertretbarer Zeit optimal gelöst werden können.

Struktur eines LP-Modells

Die allgemeine Struktur eines linearen Optimierungsproblems ist durch folgende Bestandteile gekennzeichnet (vgl. *Kathöfer/Müller-Funk, 2008, S. 84 f.*):

- ▸ **Entscheidungsvariablen:** Die Entscheidungsvariablen sind Inputwerte des Modells und damit potenzielle Kandidaten für die gesuchte Lösung.

- ▸ **Zielfunktion:** Die Zielfunktion ist eine Kombination der Entscheidungsvariablen mit bestimmten Zielfunktionskoeffizienten, die meist Kosten-, Ertrags- oder Gewinnfaktoren darstellen. Sie wird entweder minimiert oder maximiert. Jedes Minimierungsproblem lässt sich in ein Maximierungsproblem überführen und umgekehrt. Konstanten wie Fixkosten o. Ä. verändern zwar den Zielfunktionswert, nicht aber die Optimierung und die Lösungswerte. Sie werden deshalb in der Zielfunktion häufig weggelassen.

► **Nebenbedingungen:** Es liegt eine bestimmte Anzahl an Restriktionen in linearer Form vor, die die potenzielle Lösungsmenge des Problems beschränken. Die Nebenbedingungen bilden häufig technische Begrenzungen, Lagerbestände, Arbeitszeit, Maschinen, Personal oder Finanzmittel ab und sind durch eine „≤"-Bedingung gegeben. Auf der linken Seite der Restriktionen steht die genutzte, auf der rechten Seite die verfügbare Kapazität. Sollen bei der Optimierung Mindestanforderungen berücksichtigt werden, ist die Restriktion als „≥"-Bedingung zu formulieren. Für die Einhaltung eines bestimmten Werts (z. B. eines Finanzbudgets) wird in der Nebenbedingung das Gleichheitszeichen gesetzt. Schließlich ist in ökonomischen Situationen die sogenannte Nichtnegativitätsbedingung eine typische Forderung an die Lösung.

Wie ein Entscheidungsproblem als LP-Modell formuliert wird, hängt zwar grundsätzlich vom zugrunde liegenden Planungsproblem ab. Die zuvor genannte Struktur kann jedoch verallgemeinert in der sogenannten **kanonischen Form** mathematisch angegeben werden. Sie lautet (vgl. *Ohse, 2005, S. 340 f.*):

Kanonische Form

$$\text{Optimiere} \quad Z = \sum_{j=1}^{n} c_j x_j + z_0 \tag{7.1}$$

unter den Nebenbedingungen

$$\sum_{j=1}^{n} a_{ij} x_j \overset{\geq}{\underset{\leq}{=}} b_i \quad \text{f. r } i = 1, 2, ..., m \tag{7.2}$$

$$x_j \geq 0 \qquad \text{für } j = 1, 2, ..., n \tag{7.3}$$

Die Symbole haben folgende Bedeutung:

x_j Entscheidungsvariable ($j = 1, 2, ..., n$)

c_j Zielfunktionskoeffizient ($j = 1, 2, ..., n$)

a_{ij} Koeffizient der Nebenbedingungen als Gewichtungsfaktoren der Entscheidungsvariablen x_j ($j = 1, 2, ..., n$) bezüglich der i-ten Nebenbedingung ($i = 1, 2, ..., m$)

b_i Rechte Seite der Restriktion $i = 1, 2, ..., m$ als Zahlenwert, der überschritten, erreicht oder unterschritten werden soll

Ein sinnvolles wirtschaftswissenschaftliches Problem ergibt sich nur dann, wenn das Gleichungssystem der Nebenbedingungen unterbestimmt ist, also $n > m$ gilt. Als **Optimierungsrichtung** kommen sowohl die Maximierung als auch die Minimierung in Betracht. Der Index i steht für eine der m Nebenbedingungen, der Index j für eine der n Variablen. Für jede Restriktion (7.2) ist genau eine der Bedingungen ≤, = oder ≥

Optimierungs-
richtung

QV

anzugeben. Bei Maximierungsproblemen steht die Bedingung $\leq$ und bei Minimierungsproblemen die Bedingung $\geq$ im Vordergrund.

LP-Modell in Matrixschreibweise

Eine LP-Modell kann auch in **Matrixschreibweise** notiert werden:

$$\text{Optimiere } Z = \vec{c}^T\vec{x} + z_0 \tag{7.4}$$

unter den Nebenbedingungen

$$\underline{A} \cdot \vec{x} \overset{\geq}{\underset{\leq}{=}} \vec{b} \tag{7.5}$$

$$\vec{x} \geq 0 \tag{7.6}$$

Der Zeilenvektor $\vec{c}^T$ der Zielfunktion (7.4) repräsentiert mit n Elementen die Zielfunktionskoeffizienten, der Spaltenvektor $\vec{x}$ mit n Elementen die Entscheidungsvariablen. Die $(m \times n)$-Matrix $\underline{A}$ in (7.5) gibt die Nebenbedingungsfaktoren und der Spaltenvektor $\vec{b}$ mit m Elementen die Zahlenwerte der rechten Seite der Restriktionen an.

Im Folgenden soll die **Vorgehensweise bei der linearen Optimierung** deshalb an einem konkreten Beispiel zur Planung des Produktionsprogramms erfolgen.

Beispiel

Eine Kölner Brauerei braut Kölsch und Malzbier. Aufgrund der Konkurrenzsituation auf dem Biermarkt ist der Absatz begrenzt. In einer Planungsperiode können maximal 400 hl Kölsch und maximal 500 hl Malzbier abgesetzt werden. Das für den Brauprozess zuständige Fachpersonal steht 4.000 Arbeitsstunden zur Verfügung, wobei die Produktion eines Hektoliters Kölsch 8 Arbeitsstunden und die Produktion eines Hektoliters Malzbier 5 Arbeitsstunden beansprucht. Vom Rohstoff Malz stehen insgesamt 15.000 kg zur Verfügung. In einem Hektoliter Kölsch sind 20 kg Malz und in einem Hektoliter Malzbier 25 kg Malz enthalten. Das Unternehmen möchte seinen Gewinn maximieren. Der Stückgewinn beträgt 50 € pro Hektoliter Kölsch und 40 € pro Hektoliter Malzbier. Welche Produktionsmengen sind gewinnoptimal?

Entscheidungsvariablen

Zur Formulierung der Entscheidungssituation als LP-Modell werden zunächst die **Entscheidungsvariablen** definiert:

$x_1 :=$ Produktionsmenge Kölsch (in Hektolitern)

$x_2 :=$ Produktionsmenge Malzbier (in Hektolitern)

Zielfunktion

Die Unternehmensleitung möchte den Gewinn maximieren und stellt deshalb folgende **Zielfunktion** auf:

Maximiere $Z = c_1 x_1 + c_2 x_2 = 50 x_1 + 40 x_2$

Die Variable Z steht für den Gesamtgewinn, der sich aus dem Stückgewinn $c_1 = 50$ für einen Hektoliter Kölsch multipliziert mit der (noch unbekannten) Produktionsmenge x_1 und dem Stückgewinn $c_2 = 40$ für einen Hektoliter Malzbier multipliziert mit der (noch unbekannten) Produktionsmenge x_2 ergibt.

Verschiedene **Restriktionen** beschränken die Zielerfüllung. Aus der Marktsituation ergeben sich die Absatzbeschränkungen mit $b_1 = 400$ und $b_2 = 500$:

Restriktionen

$x_1 \leq 400$

$x_2 \leq 500$

Die Verfügbarkeit des Fachpersonals ist auf $b_3 = 4.000$ Stunden begrenzt und wird unter Berücksichtigung der Produktionskoeffizienten $a_{31} = 8$ und $a_{32} = 5$ in Anspruch genommen:

$8x_1 + 5x_2 \leq 4.000$

Das Malz geht in beide Biersorten mit $a_{41} = 20$ und $a_{42} = 25$ bis zum Maximalbestand $b_4 = 15.000$ ein:

$20x_1 + 25x_2 \leq 15.000$

Schließlich darf es keine negativen Produktionsmengen geben:

$x_1 \geq 0$

$x_2 \geq 0$

Derartige **Nichtnegativitätsbedingungen** müssen bei den meisten ökonomischen Entscheidungsproblemen erfüllt sein.

Nichtnegativitäts-bedingungen

Zusammenfassend erhält man folgendes LP-Modell:

Maximiere $Z = 50x_1 + 40x_2$

unter Beachtung der Restriktionen

Absatz Kölsch: $x_1 \leq 400$

Absatz Malzbier: $x_2 \leq 500$

Facharbeiter: $8x_1 + 5x_2 \leq 4.000$

Malzbestand: $20x_1 + 25x_2 \leq 15.000$

Nichtnegativität: $x_1, x_2 \geq 0$

Der zulässige Lösungsraum für x_1 und x_2 wird durch die Restriktionen des LP-Modells beschrieben. Gesucht ist diejenige Lösung innerhalb des Lösungsraums, die die Zielfunktion Z und damit den Gewinn maximal werden lässt. Im nachfolgenden Abschnitt wird gezeigt, wie der Lösungsraum und die Optimallösung bei zwei Variablen graphisch bestimmt werden kann.

7.2 Bestimmung der Optimallösung

7.2.1 Graphische Lösung

Ist das LP-Modell auf zwei Variablen beschränkt, kann die Lösung graphisch in einem zweidimensionalen Koordinatensystem bestimmt werden. Diese Vorgehensweise wird im Folgenden anhand des obigen Brauereibeispiels erläutert.

Beispiel

Gegeben sei das LP-Modell des vorangegangenen Beispiels. Da die Variablen nur nichtnegative Werte annehmen können, reicht es aus, den ersten Quadranten des Koordinatensystems zu betrachten und darin zunächst sukzessive die Nebenbedingungen einzuzeichnen.

Lösungsraum Die Absatzhöchstmengen $x_1 = 400$ sowie $x_2 = 500$ sind Parallelen zur x_1- bzw. x_2-Achse. Die „$\leq$"-Bedingungen werden durch kurze Striche an den Geraden angedeutet. Da alle Absatzmengen zwischen den Achsen und den Höchstmengen infrage kommen, besteht der **Lösungsraum** zunächst aus einem Rechteck (vgl. Abbildung 7-1).

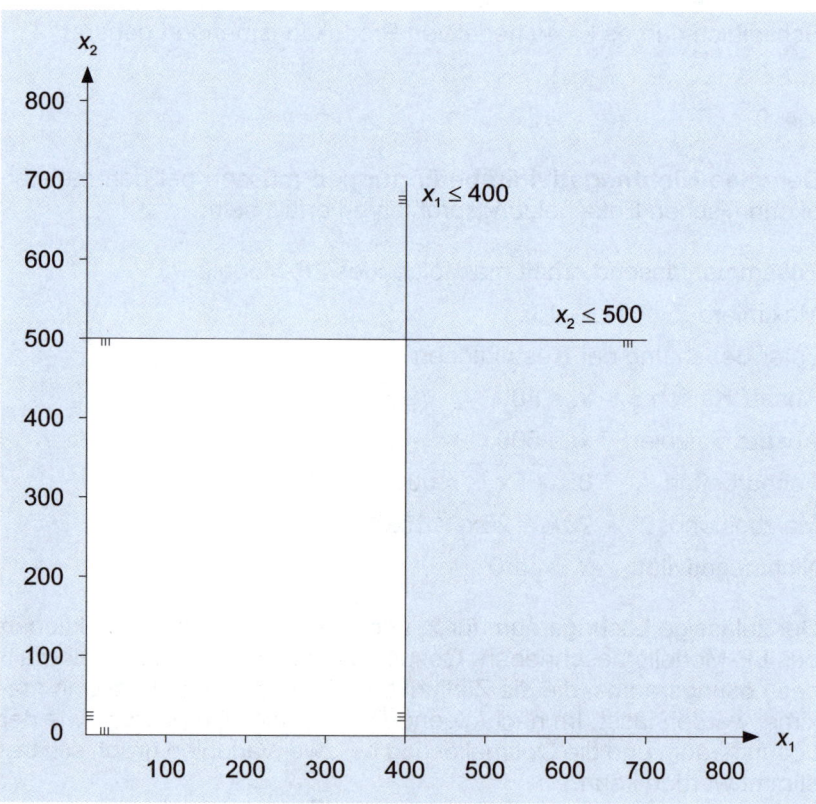

Abb. 7-1: Lösungsraum mit Absatzbeschränkungen

Eine weitere einschränkende Nebenbedingung, die in die Graphik einge-zeichnet werden muss, ist die verfügbare Arbeitszeit des Fachpersonals:

$8x_1 + 5x_2 \leq 4.000$

Angenommen, der Braumeister verzichtet auf die Produktion von Malz-bier. Dann gilt $x_2 = 0$. Würde er nun die volle Arbeitszeit des Personals für die Kölschgewinnung aufwenden, könnte er

$8x_1 + 5 \cdot 0 = 4.000 \Leftrightarrow x_1 = 4.000 \div 8 = 500$

Hektoliter Kölsch brauen. Das ist der Schnittpunkt mit der x_2-Achse.

Dagegen wäre die maximale Menge Malzbier der Schnittpunkt mit der x_1-Achse. Für $x_1 = 0$ gilt:

$8 \cdot 0 + 5x_2 = 4.000 \Leftrightarrow x_2 = 4.000 \div 5 = 800$

Die beiden Achsenabschnitte werden in die Graphik eingezeichnet und miteinander verbunden. Auch bei dieser Nebenbedingung gilt, dass alle Mengen unterhalb der Geraden mit der verfügbaren Arbeitszeit realisierbar sind.

Achsenabschnitt der Restriktionen

Man erkennt, dass die Zeitrestriktion den ursprünglichen Lösungsraum verkleinert, sodass die maximalen Absatzmengen $x_1 = 400$ und $x_2 = 500$ mit der verfügbaren Arbeitszeit des Fachpersonals nicht realisierbar sind.

Schließlich gilt es, die Rohstoffbestände zu berücksichtigen:

$20x_1 + 25x_2 \leq 15.000$

Die Achsenabschnitte lauten:

$x_2 = 0 \Leftrightarrow 20x_1 + 25 \cdot 0 = 15.000 \Leftrightarrow x_1 = 15.000 \div 20 = 750$
$x_1 = 0 \Leftrightarrow 20 \cdot 0 + 25x_2 = 15.000 \Leftrightarrow x_2 = 15.000 \div 25 = 600$

Nun sind alle Restriktionen berücksichtigt, sodass der Lösungsraum feststeht. Er ist in der nachfolgenden Abbildung 7-2 weiß gekennzeichnet.

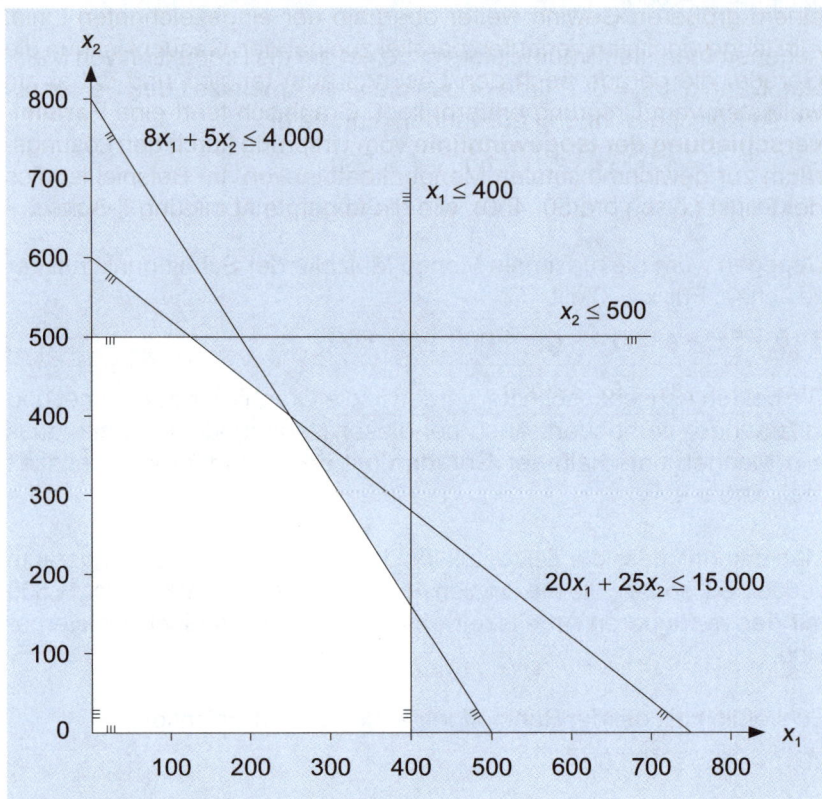

Abb. 7-2: Lösungsraum mit allen Beschränkungen

Optimierung Nun stellt sich die Frage, welcher Punkt des Lösungsraums **gewinn-optimal** ist. Um diese Frage zu beantworten, betrachten wir die Zielfunktion, die maximiert werden soll. Diejenige Mengenkombination von x_1 und x_2 des Lösungsraums, die den größtmöglichen Zielwert Z hervorbringt, ist offensichtlich optimal.

Zunächst sei ein bestimmter Wert für Z angenommen, beispielsweise ein gemeinsames Vielfaches der beiden Stückgewinne:

$$Z = 50x_1 + 40x_2 = 20.000$$

Isogewinnlinie Durch diese Gleichung werden alle Lösungskombinationen für x_1 und x_2 beschrieben, bei denen der Gewinn genau gleich 20.000 € ist. Sie wird deshalb auch als **Isogewinnlinie** bezeichnet. Auch diese Gerade wird nach der bekannten Vorgehensweise in die Graphik eingezeich-
QV net (vgl. Abbildung 7-3):

$$x_2 = 0 \iff 50x_1 + 40 \cdot 0 = 20.000 \iff x_1 = 20.000 \div 50 = 400$$
$$x_1 = 0 \iff 50 \cdot 0 + 40x_2 = 20.000 \iff x_2 = 20.000 \div 40 = 500$$

Der Zielfunktionswert $Z = 20.000$ wurde mehr oder weniger willkürlich gewählt. Hätte man sich für einen kleineren Gewinn entschieden, läge die Isogewinnlinie näher am Ursprung des Koordinatensystems, bei einem größeren Gewinn weiter oberhalb der eingezeichneten Linie. Alle Isogewinnlinien verlaufen parallel zueinander. Gesucht ist nun die Gerade, die gerade noch den Lösungsraum tangiert und dabei am weitesten vom Ursprung entfernt liegt. Graphisch führt eine **Parallelverschiebung der Isogewinnlinie** vom Ursprung durch den Lösungsraum zur gewinnmaximalen Mengenkombination. Im Beispiel ist dies der Punkt $(x_1, x_2) = (250, 400)$, wie die folgende Abbildung 7-3 zeigt.

Parallelverschiebung der Isogewinnlinie

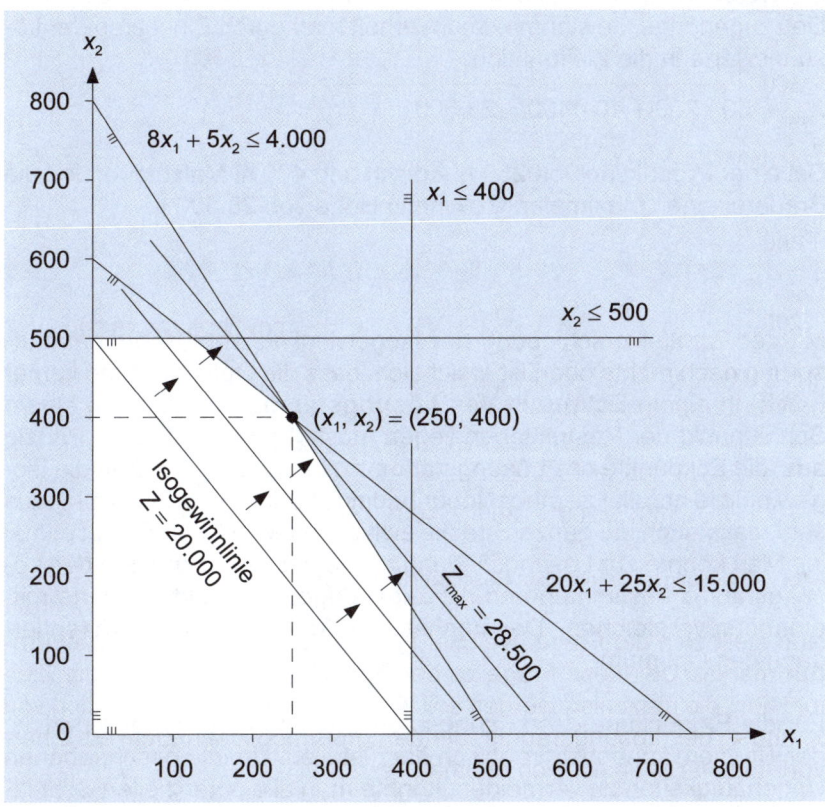

Abb. 7-3: Optimale Lösung durch Parallelverschiebung der Isogewinnlinie

In der graphischen Bestimmung des Optimums liegt immer eine gewisse Ungenauigkeit, die durch eine exakte Zeichnung verringert werden kann. Um die Unschärfe zu vermeiden, sollte die **Lösung analytisch** bestimmt werden. Man erkennt, dass das Optimum im Schnittpunkt der Restriktionen Arbeitszeit und Rohstoffbestand liegt. Die gewinnmaximale Mengenkombination lässt sich also leicht durch Berechnung dieses Schnittpunkts bestimmen:

Analytische Lösung

$$① \quad 8x_1 + 5x_2 = 4.000 \quad | \cdot (-5)$$
$$② \quad 15x_1 + 25x_2 = 15.000$$
$$\overline{③ \quad 20x_1 = 5.000}$$
$$\Leftrightarrow \quad x_1 = 250$$

Einsetzen von $x_1 = 250$ in ① führt zur Lösung von x_2:

$$x_2 = (4.000 - 8 \cdot 250) \div 5 = 400$$

Die Berechnung führt also ebenso zum Optimum $(x_1, x_2) = (250, 400)$. Das zugehörige Gewinnmaximum erhält man durch Einsetzen der Lösungswerte in die Zielfunktion:

$$Z_{max} = 50 \cdot 250 + 40 \cdot 400 = 28.500$$

Bei einer Produktion von 250 hl Kölsch und 400 hl Malzbier erzielt die Brauerei einen maximalen Gewinn in Höhe von 28.500 €.

Optimum im Eckpunkt des Lösungsraums

Mit der Parallelverschiebung der Isogewinnlinie vom Koordinatenursprung nach rechts oben ist ersichtlich, dass die Optimallösung immer (auch) in einem **Eckpunkt des Lösungsraums** und damit in einem Schnittpunkt der Restriktionen liegen muss. Es reicht also im Prinzip aus, die Eckpunkte des Lösungsraums zu betrachten. Verläuft die Isogewinnlinie parallel zu einer Nebenbedingung, kann es darüber hinaus sein, dass auch die ganze Strecke zwischen zwei Eckpunkten optimal ist. Man könnte zur Lösungsfindung also auch alle Eckpunkte des Lösungsraums bestimmen und die zugehörigen Zielfunktionswerte miteinander vergleichen. Der höchste Zielfunktionswert repräsentiert dann das Optimum.

Für die Entdeckung des Lösungsraums ist es allerdings erforderlich, das Problem zunächst graphisch darzustellen. Um die beschriebenen Ungenauigkeiten zu vermeiden, könnte man alle potenziellen Schnittpunkte berechnen, deren Lösungen auf Zulässigkeit prüfen und die zugehörigen Zielfunktionswerte vergleichen. Dieses Verfahren ließe sich auch für mehr als zwei Variablen anwenden – bei drei Variablen ergäben sich die Eckpunkte des Lösungsraums als Schnittpunkte dreier Ebenen, die durch ein lineares Gleichungssystem mit drei Unbekannten gefunden werden könnten (vgl. *Dörsam, 2014, S. 127*). Liegen n Variablen vor, würde die Berechnung aller **Schnittpunkte des Lösungspolytops** von n Hyperebenen und deren Prüfung auf Zulässigkeit und Optimalität zu einem erheblichen Rechenaufwand führen. Deshalb wird im nachfolgenden Abschnitt ein Verfahren erläutert, das diesen Rechenaufwand verringert, indem lediglich die zulässigen Eckpunkte des Lösungsraums bei der Optimierung betrachtet werden.

7.2.2 Simplex-Algorithmus

Zur Lösung von LP-Modellen stehen verschiedene Rechenverfahren zur Verfügung. Das wohl bekannteste ist der sogenannte **Simplex-Algorithmus**, der eine Erweiterung des Gauß-Verfahrens zur Lösung linearer Gleichungssysteme ist und in den 1940er-Jahren von dem amerikanischen Mathematiker *George Dantzig* (1914 - 2005) entwickelt wurde. Der Simplex-Algorithmus beruht auf der bereits genannten Idee, dass die (vorhandene) Lösung eines Optimierungsproblems immer in einem Eckpunkt des Lösungsraums liegt. Falls keine eindeutige Lösung besteht, wird durch das Verfahren die Unlösbarkeit oder Unbeschränktheit des Problems festgestellt. Die formale Logik dieses Verfahrens besteht darin, mögliche Eckpunkte – ausgehend vom Nullpunkt des Lösungsraums – nach bestimmten Kriterien abzuschreiten und auf ihren Zielfunktionswert zu untersuchen. Der Eckpunkt mit dem höchsten (oder bei Minimierungsproblemen mit dem niedrigsten) Zielfunktionswert ist dann das Optimum. Die Vorgehensweise des Simplex-Verfahrens wird im Folgenden zunächst beispielhaft an dem Maximierungsproblem des vorigen Abschnitts erläutert. Hiernach folgt eine allgemeine formale Darstellung.

Erweiterung des Gauß-Verfahrens

Beispiel

Betrachten wir noch einmal das LP-Modell der Brauerei für die Produktionsprogrammplanung von x_1 hl Kölsch und x_2 hl Malzbier:

Maximiere $Z = 50x_1 + 40x_2$

unter Beachtung der Restriktionen

Absatz Kölsch:	$x_1 \leq 400$
Absatz Malzbier:	$x_2 \leq 500$
Facharbeiter:	$8x_1 + 5x_2 \leq 4.000$
Malzbestand:	$20x_1 + 25x_2 \leq 15.000$
Nichtnegativität:	$x_1, x_2 \geq 0$

Im ersten Schritt wird das lineare Programm als Gleichungssystem formuliert und in einem Ausgangstableau, beginnend mit den Nebenbedingungen, erfasst. Wie aber können die Ungleichungen als Gleichungen geschrieben werden? Für die erste Nebenbedingung – die Beschränkung des Kölschabsatzes – gilt: $x_1 \leq 400$. Auf der linken Seite der Ungleichung steht die potenzielle Produktionsmenge, auf der rechten Seite die Absatzhöchstmenge in Hektolitern Kölsch. Die Differenz aus Höchstmenge und tatsächlicher Produktionsmenge ist das restliche Absatzpotenzial Kölsch. Wenn man hierfür explizit eine Variable, z. B. y_1, einführt, kann die Ungleichung zu einer Gleichung umformuliert werden. Die Variable y_1 heißt **Schlupfvariable**, weil die Restkapazität quasi in die Variable „hineinschlüpft". Für die weiteren Nebenbedingungen werden ebenso Schlupfvariablen definiert: y_2 für

Einführung von Schlupfvariablen

das restliche Absatzpotenzial Malzbier, y_3 für die Restkapazität an Facharbeiterstunden und y_4 für den Restbestand des Rohstoffbestandes an Malz. In der letzten Zeile des Ausgangstableaus steht die Zielfunktion. Um sie der Nebenbedingungsstruktur anzupassen, sodass alle Variablen auf der linken Seite stehen, wird sie in die Gleichung $50x_1 + 40x_2 - Z = 0$ umgeformt. Insgesamt lautet das lineare Gleichungssystem nun wie folgt:

$$x_1 + y_1 = 400$$
$$x_2 + y_2 = 500$$
$$8x_1 + 5x_2 + y_3 = 4.000$$
$$20x_1 + 25x_2 + y_4 = 15.000$$
$$50x_1 + 40x_2 - Z = 0$$

Ausgangstableau

Aus diesem linearen Gleichungssystem lässt sich nun das **Ausgangstableau** für die Anwendung des Simplex-Verfahrens erstellen. Es lautet:

Zeile	BV	x_1	x_2	y_1	y_2	y_3	y_4	b
①	y_1	1	0	1	0	0	0	400
②	y_2	0	1	0	1	0	0	500
③	y_3	8	5	0	0	1	0	4.000
④	y_4	20	25	0	0	0	1	15.000
⑤	$-Z$	50	40	0	0	0	0	0

Eine solche Tabelle dient einer klaren Übersicht, da die in den Gleichungen vorkommenden Variablen als Spaltenüberschriften und in den Zellen lediglich die zugehörigen Werte der Koeffizientenmatrix aufgeführt werden. Für das bessere Verständnis des Simplex-Algorithmus werden die Zeilen des Tableaus durchlaufend nummeriert.

Freiheitsgrad

Im Ausgangstableau sind sieben Variablen enthalten: zwei Entscheidungsvariablen x_1 und x_2, vier Schlupfvariablen y_1 bis y_4 sowie der Zielfunktionswert Z. Für die eindeutige Lösbarkeit des Gleichungssystems benötigt man also sieben Gleichungen. Da nur fünf Gleichungen existieren, hat das Gleichungssystem unendlich viele Lösungen und $7 - 5 = 2$ **Freiheitsgrade**. Um eine beliebige Lösung zu generieren, können zwei Variablen mit irgendeinem Wert belegt und die Werte der übrigen Variablen entsprechend ermittelt werden. Wird nichts produziert, dann ist $x_1 = x_2 = 0$ und alle Einträge in den zugehörigen Spalten des Tableaus verschwinden. Dann lässt sich eine zulässige Ausgangslösung des Gleichungssystems unmittelbar ablesen:

$$y_1 = 400, \ y_2 = 500, \ y_3 = 4.000, \ y_4 = 15.000, \ Z = 0$$

Das bedeutet: Es können noch 400 Mengeneinheiten Kölsch und 500 Mengeneinheiten Malzbier abgesetzt werden, und es stehen noch 4.000 Facharbeiterstunden sowie 15.000 Mengeneinheiten Rohstoff zur Verfügung. Da die beiden Entscheidungsvariablen gleich null gesetzt sind, befindet sich diese Lösung im Ursprung des Koordinatensystems. Wird nichts produziert, entsteht auch kein Gewinn. Folglich gilt $Z = 0$. Das ist die Grundidee des Simplex-Verfahrens: Die Freiheitsgrade werden dazu genutzt, um die Eckpunkte des Lösungsraums zu generieren und die Werte der verbleibenden Variablen zu ermitteln. Die Variablen, die mit einer Null vorgegeben werden, heißen **Nicht-Basisvariablen**. Demgegenüber können die Lösungswerte der **Basisvariablen** aus dem Tableau – wie oben geschehen – unmittelbar abgelesen werden. Deshalb steht in der zweiten Spalte der Ausdruck „BV" für Basisvariable.

Basisvariablen und Nicht-Basisvariablen

Wie beim Gauß-Algorithmus zur Lösung von linearen Gleichungssystemen gezeigt, gibt es Rechenoperationen, die den Lösungsraum eines Gleichungssystems nicht verändern (vgl. Abschnitt 3.3.2): das Vertauschen zweier Zeilen, die Multiplikation einer Zeile mit einer Zahl, die ungleich null ist, sowie das Addieren und Subtrahieren von Zeilen. Diese Operationen werden nun auf das Ausgangstableau angewendet.

QV

In der Ausgangslösung ist $x_1 = x_2 = 0$. Bei positivem Stückgewinn ist es natürlich sinnvoller, zumindest eine der beiden Biersorten herzustellen, sodass entweder x_1 oder x_2 ungleich null sein muss und zu einer Basisvariablen wird. Es liegt nahe, Kölsch zu produzieren, da diese Sorte den höheren Stückgewinn aufweist. Dies ist der erste Schritt im Simplex-Algorithmus: Suche die größte positive Zahl in der Zielfunktionszeile, hier die Zahl 50 in der x_1-Spalte. Dies ist die sogenannte **Pivotspalte**. Die Aufnahme der Pivotspaltenvariable in das Produktionsprogramm wird den Zielfunktionswert Z erhöhen.

Pivotspalte

Der Austausch der Basisvariablen führt dazu, dass eine der Schlupfvariablen aus der Basis herausfällt und zur Nicht-Basisvariablen wird. Welche das ist, hängt davon ab, welche der vier Restriktionen zuerst begrenzend auf die Kölschproduktion wirkt. Um dies zu prüfen, wird für jede der vier Zeilen der Quotient aus dem Zahlenwert der rechten Spalte b_i und dem Produktionskoeffizienten a_{ij} gebildet. Das (positive) Minimum der Quotienten ist der begrenzende Faktor und heißt **Pivotzeile**. Im Beispiel ist der Absatz der limitierende Faktor. Pivotspalte und Pivotzeile sind in der nachfolgenden Tabelle dunkelblau unterlegt.

Pivotzeile

Zeile	BV	x_1	x_2	y_1	y_2	y_3	y_4	b	Pivotzeile
①	y_1	1	0	1	0	0	0	400	$400 \div 1 = 400$
②	y_2	0	1	0	1	0	0	500	---
③	y_3	8	5	0	0	1	0	4.000	$4.000 \div 8 = 500$
④	y_4	20	25	0	0	0	1	15.000	$15.000 \div 20 = 750$
⑤	$-Z$	50	40	0	0	0	0	0	

Pivotelement

Das fett markierte Element, das sich aus der Kreuzung von Pivotspalte und Pivotzeile ergibt, heißt **Pivotelement**. Im zweiten Schritt des Simplex-Algorithmus muss das Pivotelement zu einer Eins umgewandelt werden, da die Pivotspalte zur Basis wird. Dazu wird die Pivotzeile durch das Pivotelement dividiert. Im Beispiel verändert sich die erste Zeile nicht, da das Pivotelement bereits den Wert eins annimmt. Nun muss die Pivotzeile von den übrigen Restriktionen entkoppelt werden, indem alle verbleibenden Koeffizienten der Pivotspalte zu null transformiert werden. Dies gelingt durch eine Addition der Restriktionen mit einem Vielfachen der Pivotzeile. Um beispielsweise die Zahl 8 in der dritten Zeile verschwinden zu lassen, wird das Achtfache der Pivotzeile von der dritten Zeile abgezogen. In ähnlicher Weise werden in der vierten und in der fünften Zeile Nullen in der ersten Spalte generiert. Insgesamt ergibt sich nachfolgendes Tableau; die durchgeführten Rechenoperationen sind in der zweiten Tabellenspalte aufgeführt.

Zeile	Operation	BV	x_1	x_2	y_1	y_2	y_3	y_4	b
⑥	①	x_1	1	0	1	0	0	0	400
⑦	②	y_2	0	1	0	1	0	0	500
⑧	③ $- 8 \cdot$ ①	y_3	0	5	-8	0	1	0	800
⑨	④ $- 20 \cdot$ ①	y_4	0	25	-20	0	0	1	7.000
⑩	⑤ $- 50 \cdot$ ①	$-Z$	0	40	-50	0	0	0	-20.000

Iteration

Nach dieser ersten **Iteration** des Simplex-Algorithmus können aufgrund der beiden Freiheitsgrade wiederum für zwei Variablen beliebige Werte vorgegeben werden. Hier entscheiden wir uns für $x_2 = y_1 = 0$. Es handelt sich offensichtlich um den Schnittpunkt der ersten Absatzrestriktion mit der x_1-Achse. Die dazugehörigen Lösungswerte der restlichen Variablen können direkt aus der Tabelle abgelesen werden:

$x_1 = 400$, $y_2 = 500$, $y_3 = 800$, $y_4 = 7.000$, $Z = 20.000$

Aus den Lösungswerten kann Folgendes geschlossen werden: Es werden $x_1 = 400$ hl Kölsch, aber kein Malzbier produziert, da $x_2 = 0$ vorgegeben wurde. Das Absatzpotenzial für Kölsch ist ausgeschöpft, da $y_1 = 0$ gilt. Dafür ist mit $y_2 = 500$ noch das volle Absatzpotenzial für Malzbier vorhanden. Die restliche Facharbeiterkapazität beträgt $y_3 = 800$ Stunden, da $8 \cdot 400 = 3.200$ Stunden für die Kölschproduktion eingesetzt wurde. Vom Rohstoff Malz sind noch 7.000 ME übrig, da $20 \cdot 400$ ME verbraucht wurden. Schließlich entsteht der Brauerei ein Gewinn von $Z = 50 \cdot 400 = 20.000$ GE durch den Bierabsatz. In der Tabelle ist der Gewinn als negative Größe ausgewiesen. Berücksichtigt man jedoch, dass die Basisvariable mit $-Z$ angegeben ist, lässt sich der Gewinn durch Multiplikation mit -1 leicht ermitteln. Graphisch ist der Übergang von der Ausgangslösung auf das zweite Tableau mit einer Bewegung vom Ursprung entlang der x_1-Achse hin zum Schnittpunkt der Geraden, die die erste Nebenbedingung abbildet, erklärbar (vgl. Abbildung 7-4).

Graphische Interpretation

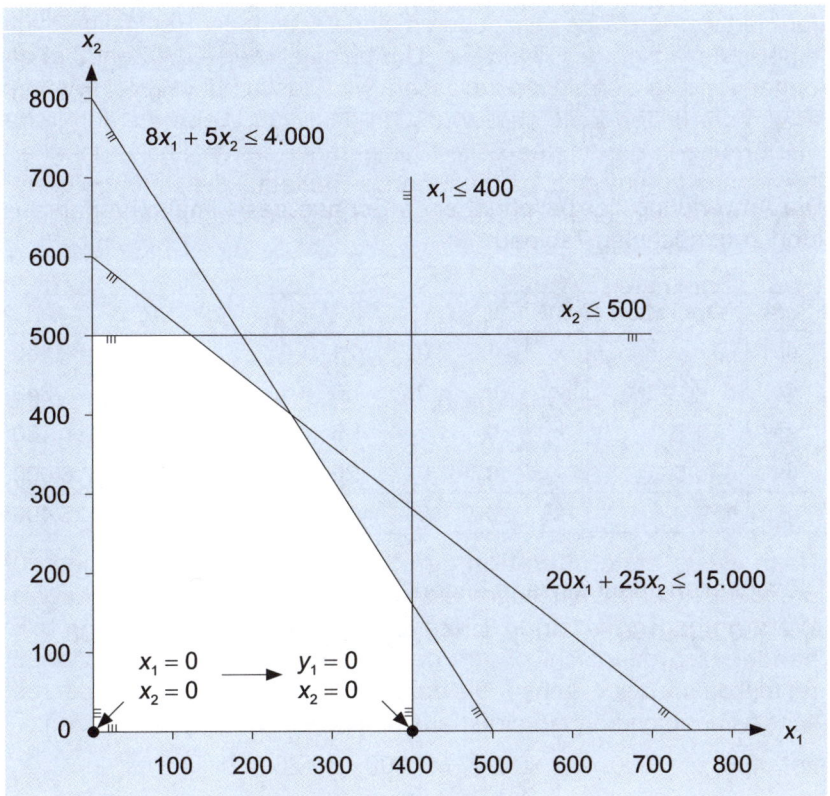

Abb. 7-4: Lösungsraum mit Eckpunkt $y_1 = 0$ und $x_2 = 0$

Lösungsraum Wie in der Abbildung 7-4 ersichtlich, verläuft der **Lösungsraum** – ausgehend vom aktuellen Schnittpunkt – senkrecht nach oben und parallel zur x_2-Achse. Das bedeutet, dass auch Malzbier hergestellt werden kann, ohne den Kölschausstoß zu verringern. Dies allerdings nicht beliebig, sondern nur bis zum Schnittpunkt mit der nächsten Restriktion – den Arbeitsstunden. In der nächsten Simplex-Iteration wird demnach ein Basisaustausch von der Variable x_2 zur Variable y_3 stattfinden. Zur Überprüfung dieser Überlegung wird wieder eine Pivotisierung durchgeführt. Der größte positive Wert in der Zielfunktionszeile ist die Zahl 40, und x_2 wird – wie vermutet – zur Pivotspalte. Die Berechnung der Quotienten in jeder Zeile aus dem Wert von b und dem Koeffizienten der Pivotspalte führt zur Pivotzeile ⑧, sodass y_3 zu einer Nicht-Basisvariablen wird.

Zeile	BV	x_1	x_2	y_1	y_2	y_3	y_4	b	Pivotzeile
⑥	x_1	1	0	1	0	0	0	400	---
⑦	y_2	0	1	0	1	0	0	500	$500 \div 1 = 500$
⑧	y_3	0	5	–8	0	1	0	800	$800 \div 5 = \mathbf{160}$
⑨	y_4	0	25	–20	0	0	1	7.000	$7.000 \div 25 = 280$
⑩	$-Z$	0	**40**	–50	0	0	0	–20.000	

Die Anwendung der beschriebenen Schritte des Simplex-Verfahrens führt zum nächsten Tableau.

Zeile	Operation	BV	x_1	x_2	y_1	y_2	y_3	y_4	b
⑪	⑥	x_1	1	0	1	0	0	0	400
⑫	$5 \cdot ⑦ - ⑧$	y_2	0	0	1,6	1	–0,2	0	340
⑬	$⑧ \div 5$	x_2	0	1	–1,6	0	0,2	0	160
⑭	$⑨ - 5 \cdot ⑧$	y_4	0	0	20	0	–5	1	3.000
⑮	$⑩ - 8 \cdot ⑧$	$-Z$	0	0	14	0	–8	0	–26.400

Die aktuellen Lösungswerte lauten:

$x_1 = 400$, $x_2 = 160$, $y_1 = 0$, $y_2 = 340$, $y_3 = 0$, $y_4 = 3.000$, $Z = 26.400$

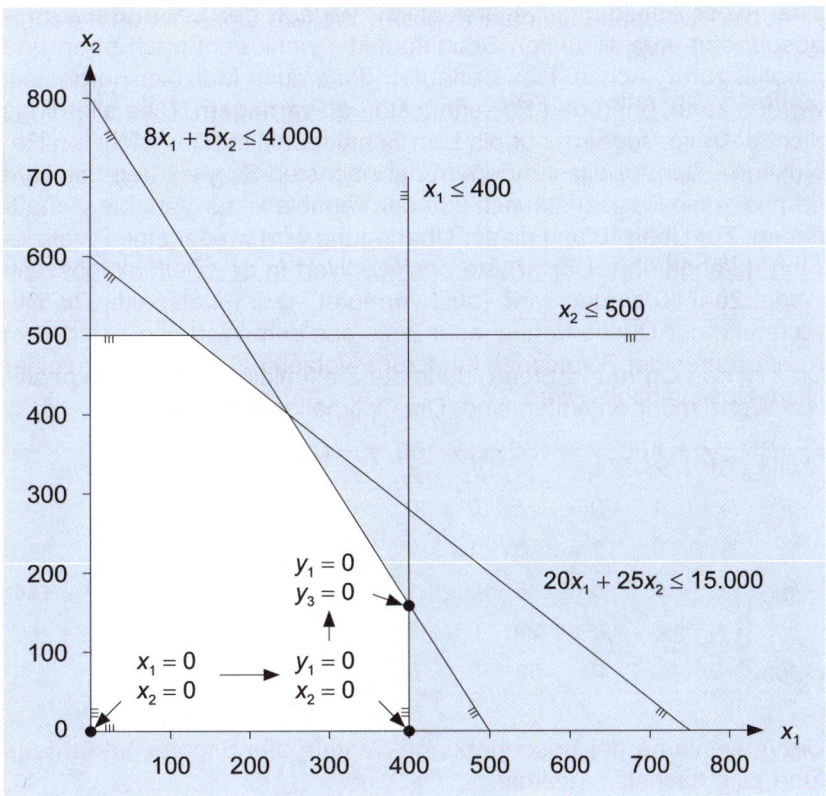

Abb. 7-5: Lösungsraum mit Eckpunkt $y_1 = 0$ und $y_3 = 0$

Offensichtlich wird der Gewinn um $40 \cdot 160 = 6.400$ GE gegenüber der bisherigen Lösung gesteigert. Graphisch befinden wir uns im Schnittpunkt von Kölsch- und Facharbeiterrestriktion (vgl. Abbildung 7-5). Da in der Zielfunktion immer noch ein positiver Wert enthalten ist, handelt es sich noch nicht um das Optimum. Offenbar lohnt sich eine Einschränkung der Kölsch- zugunsten der Malzbierproduktion. Der nächste Simplexschritt wird dies zeigen.

Weitere Iteration

Zeile	BV	x_1	x_2	y_1	y_2	y_3	y_4	b	Pivotzeile
⑪	x_1	1	0	1	0	0	0	400	$400 \div 1 = 400$
⑫	y_2	0	0	1,6	1	−0,2	0	340	$340 \div 1,6 = 212,5$
⑬	x_2	0	1	−1,6	0	0,2	0	160	---
⑭	y_4	0	0	20	0	−5	1	3.000	$3.000 \div 20 = \mathbf{150}$
⑮	$-Z$	0	0	14	0	−8	0	−26.400	

y_1 ist die Pivotspalte, ⑭ die Pivotzeile. Weitere Operationen ergeben folgendes Tableau:

Zeile	Operation	BV	x_1	x_2	y_1	y_2	y_3	y_4	b
⑯	$20 \cdot ⑪ - ⑭$	x_1	1	0	0	0	0,25	-0,05	250
⑰	$20 \cdot ⑫ - 1,6 \cdot ⑭$	y_2	0	0	0	1	0,2	-1,6	100
⑱	$20 \cdot ⑬ + 1,6 \cdot ⑭$	x_2	0	1	0	0	-0,2	1,6	400
⑲	$⑭ \div 20$	y_1	0	0	1	0	-0,25	0,05	150
⑳	$20 \cdot ⑮ - 14 \cdot ⑭$	$-Z$	0	0	0	0	-4,5	-14	-28.500

Optimaltableau

Dies ist das **Optimaltableau**, da in der Zielfunktionszeile keine positiven Werte mehr enthalten sind. Die Optimallösung lautet:

$x_1 = 250$, $x_2 = 400$, $y_1 = 150$, $y_2 = 100$, $y_3 = 0$, $y_4 = 0$, $Z = 28.500$

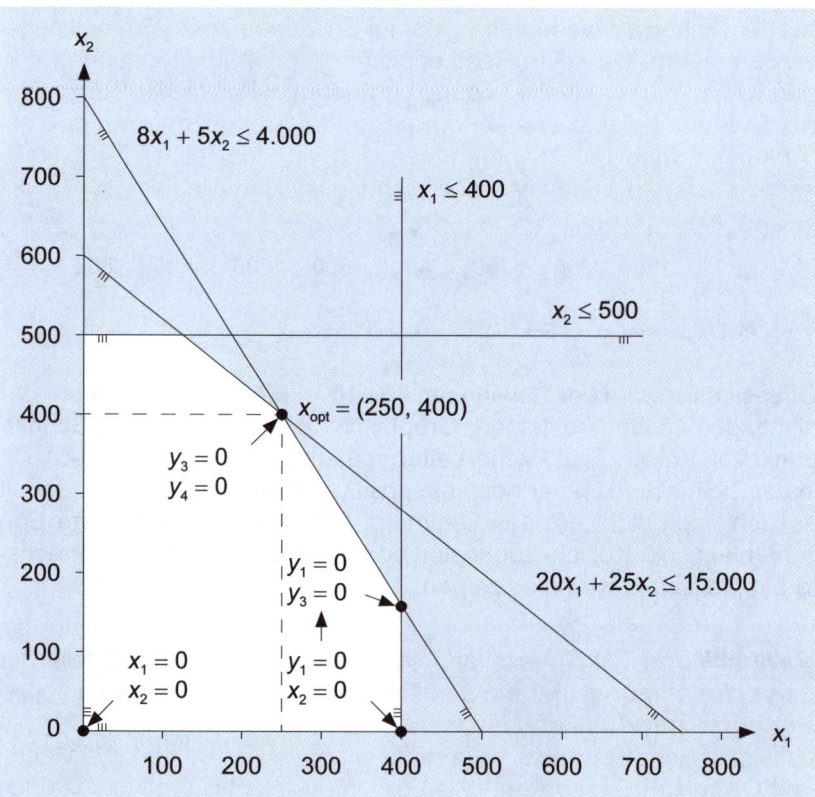

Abb. 7-6: Lösungsraum mit Eckpunkt $y_3 = 0$ und $y_4 = 0$ als Optimum

Die Brauerei sollte $x_1 = 250$ hl Kölsch und $x_2 = 400$ hl Malzbier brauen. Sie wird mit diesen Produktionsmengen $50 \cdot 250 + 40 \cdot 400 = 28.500$ € Gewinn erzielen. Im Optimum sind Facharbeiterkapazität und Rohstoffbestand ausgeschöpft, da $y_3 = y_4 = 0$ gilt (vgl. Abbildung 7-6). Weil das Absatzpotenzial für beide Biersorten nicht ausgeschöpft ist, könnte mit einer Ausweitung der Arbeitszeit und einer Erhöhung des Rohstoffbestandes weiterer Gewinn erzielt werden.

QV

Wie stabil die gefundene Optimallösung bei **Parameteränderung** ist, kann am Endtableau abgelesen werden (vgl. *Berens/Delfmann/Schmitting, 2004, S. 178 ff.*). Im Beispiel ist die Schlupfvariable y_1 in der Basis, d. h. es besteht noch weiteres Absatzpotenzial für Kölsch. Das bedeutet aber auch, dass sich die Optimallösung nicht ändert, solange das Absatzpotenzial nicht um mehr als 150 hl sinkt, da kein Engpass vorliegt. Ebenso blieben $x_1 = 250$ und $x_2 = 400$ unverändert, wenn y_2 nur um maximal 100 hl reduziert würde. Anders verhält es sich mit der Nicht-Basisvariablen y_3, der im Endtableau der Wert null zugewiesen wurde. Da keine Restkapazität an Facharbeiterstunden vorhanden ist, muss sich die Lösung verändern, wenn die Arbeitszeit variiert. Steht beispielsweise eine Stunde Arbeitszeit weniger zur Verfügung, würde $y_3 = 1$ vorgegeben, d. h. es bliebe eine Stunde Restkapazität. Mit $y_4 = 0$ lautet das Gleichungssystem wie folgt:

Stabilität der Optimallösung

⑯ $x_1 + 0{,}25 \cdot 1 - 0{,}05 \cdot 0 = 250 \Leftrightarrow x_1 = 249{,}75$

⑰ $y_2 + 0{,}2 \cdot 1 - 1{,}6 \cdot 0 = 100 \Leftrightarrow y_2 = 99{,}8$

⑱ $x_2 - 0{,}2 \cdot 1 + 1{,}6 \cdot 0 = 400 \Leftrightarrow x_2 = 400{,}2$

⑲ $y_1 - 0{,}25 \cdot 1 + 0{,}05 \cdot 0 = 150 \Leftrightarrow y_1 = 150{,}25$

⑳ $-Z - 4{,}5 \cdot 1 + 14 \cdot 0 = -28.500 \Leftrightarrow Z = 27.495{,}5$

Offensichtlich werden 0,25 hl Kölsch weniger, dafür aber 0,2 hl Malzbier mehr produziert. In gleicher Mengenrelation steigt bzw. sinkt die jeweilige Absatzkapazität. Der Gewinn sinkt um 4,5 GE. Diese Auswirkungen lassen sich auch direkt aus den Koeffizienten der y_3-Spalte ablesen, allerdings mit umgekehrtem Vorzeichen, da die Koeffizientenwerte ja auf die rechte Seite gebracht werden. Man bezeichnet die Koeffizienten einer Schlupfvariable deshalb auch als **Grenzrate der Faktorfreisetzung** und die Koeffizienten einer Strukturvariable als **Nettogrenzproduktivität**. Analog dazu heißt ein Element der Zielfunktionszeile **Schattenpreis**, wenn es unter einer Schlupfvariablen steht, und **Opportunitätskosten**, falls es sich unter einer Strukturvariablen befindet.

Grenzbegriffe

Kehrt man die Betrachtungsweise um und stellt die Frage, ob sich eine Überstunde in der Brauerei ökonomisch lohnt, gibt der Schattenpreis hierüber Auskunft. Um eine Überstunde Arbeitszeit auszudrücken, wird $y_1 = -1$ gesetzt. Dementsprechend würde x_1 um 0,25 ME steigen, x_2 um 0,2 ME sinken und Z um $50 \cdot 0{,}25 - 40 \cdot 0{,}2 = 4{,}5$ GE wachsen.

Dies zeigt der Schattenpreis $-4,5$ in der y_3-Spalte ebenfalls an. Eine Überstunde des Facharbeiterpersonals lohnt sich also nur, falls der Stundenlohn geringer ist als 4,5 GE. In gleicher Weise kann der Schattenpreis der Schlupfvariablen y_4 interpretiert werden. Ein zusätzlicher Rohstoffeinsatz lohnt sich dann, wenn der Malzpreis geringer ist als 14 GE/ME. Diese Sensitivitätsanalyse lässt sich natürlich auch in kombinierter Veränderung der Variablen durchführen.

Iterationsschritte des Simplex-Algorithmus

Die **Iterationsschritte bei der Anwendung des Simplex-Algorithmus** zur Lösung eines Maximierungsproblems können wie folgt zusammengefasst werden (vgl. *Berens/Delfmann/Schmitting, 2004, S. 177 f.*):

1. **Erstellung des Ausgangstableaus:** Das LP-Modell wird in kanonischer Form in eine Tabelle überführt, wobei zeilenweise zunächst alle Nebenbedingungen und zuletzt die Zielfunktion notiert wird. Die Strukturvariablen sind Nicht-Basisvariablen, und die Schlupfvariablen sind Basisvariablen, die durch den Einheitsvektor repräsentiert sind. Auf der rechten Seiten stehen keine Variablen, sondern nur positive Zahlen, damit die Nichtnegativitätsbedingung erfüllt und das Ausgangstableau somit zulässig ist.

2. **Bestimmung der Pivotspalte:** In der Zielfunktionszeile wird der größte Wert gesucht. Ist dieser Zielfunktionswert kleiner oder gleich null, ist die Lösung optimal und der Algorithmus wird abgebrochen. Ist der Zielfunktionswert positiv, wird der nächste Iterationsschritt ausgeführt. Damit ist die Pivotspalte bestimmt.

3. **Bestimmung der Pivotzeile:** Es wird die Zeile mit dem minimalen Quotienten aus rechter Seite und positivem Koeffizienten der Pivotspalte bestimmt. Im Schnittpunkt von Pivotspalte und Pivotzeile liegt das Pivotelement.

4. **Erstellung des optimierten Tableaus:** Das zuvor aufgestellte Tableau wird durch Rechenschritte optimiert. Die Pivotzeile wird durch das Pivotelement dividiert. Für die übrigen Zeilen gilt folgende Rechnung: „Pivotelement" mal „alte Zeile" minus „Koeffizient in Pivotspalte" mal „Pivotzeile".

5. **Weitere Iterationen:** Durchlaufe die Schritte 2 bis 4 solange, bis alle Zielfunktionswerte kleiner oder gleich null sind.

Bei der Durchführung des Simplex-Verfahrens können einige Probleme auftauchen (vgl. *Berens/Delfmann/Schmitting, 2004, S. 190 ff.*). Gibt es mehrere größte Zielkoeffizienten, kann eine dieser Alternativen willkürlich als Pivotspalte festgelegt werden. Ebenso kann mit einer der relevanten Alternativen weitergerechnet werden, falls die Auswahl der Pivotzeile nicht eindeutig ist, weil es mehrere gleiche kleinste Werte bei der Quotientenbildung gibt. Haben mehrere Nicht-Basisvariablen in der Zielfunktion einen Wert von null, gibt es mehrere Optimallösungen. Dann verläuft die Zielfunktion parallel zu einer Nebenbedingung. Ist dagegen die Basislösung unzulässig, müssen verschiedene Maßnahmen durchgeführt werden, um eine zulässige Ausgangslösung zu generieren. Hierzu gehört beispielsweise die Einführung von künstlichen Variablen oder die Dualisierung des linearen Modells. Auf die Dualität wird im folgenden Abschnitt näher eingegangen.

7.3 Dualität

Der im vorangegangenen Abschnitt behandelte Simplex-Algorithmus kann unmittelbar eingesetzt werden, wenn ein Maximierungsproblem vorliegt, auf der rechten Seiten positive Werte stehen und eine Ausgangslösung unmittelbar ablesbar ist.

Maximierung vs. Minimierung

Während Maximierungsprobleme dadurch gekennzeichnet sind, dass bei gegebenem Input ein maximaler Output (z. B. Gewinn oder Deckungsbeitrag) erzielt werden soll, wird bei der Minimierung der kleinstmögliche Zielfunktionswert (z. B. Kosten) unter Einhaltung von Mindestanforderungen angestrebt. So müssen für eine kostenminimale Futtermischung beispielsweise bestimmte Nährstoffanteile im Futter enthalten sein. Soll aus einer Minimierungs- eine Maximierungsaufgabe gemacht werden, muss die Zielfunktion mit −1 multipliziert werden. Graphisch entspricht diese Umkehrung einer Spiegelung der Funktion an der x-Achse. Ebenso können Nebenbedingungen der Form ≥ durch Multiplikation mit −1 in ≤-Bedingungen transformiert werden. Dann ist allerdings auch die rechte Seite des LP-Modells negativ, sodass keine zulässige Ausgangslösung vorliegt. Um solche Probleme dennoch lösen zu können, wird das zugehörige LP-Modell dualisiert.

Das **Konzept der Dualität** besagt, dass sich jedes lineare Optimierungsproblem (Primalproblem) nach bestimmten Regeln in ein Dualproblem überführen lässt, das eine (andere) Lösung mit dem gleichen Zielfunktionswert besitzt. Gegeben sei ein Maximierungsproblem in kanonischer Form:

Primalproblem

$$\text{Maximiere } Z = \sum_{j=1}^{n} c_j x_j \tag{7.7}$$

unter den Nebenbedingungen

$$\sum_{j=1}^{n} a_{ij} x_j \leq b_i \quad \text{für } i = 1, 2, ..., m \tag{7.8}$$

$$x_j \geq 0 \qquad \text{für } j = 1, 2, ..., n \tag{7.9}$$

Dualproblem — Zu diesem Problem existiert ein duales Minimierungsproblem, das mit denselben Parametern – allerdings an anderer Stelle – zur gleichen Lösung führt (vgl. *Berens/Delfmann/Schmitting, 2004, S. 302*):

$$\text{Minimiere } Z^* = \sum_{i=1}^{m} b_i u_i \tag{7.10}$$

unter den Nebenbedingungen

$$\sum_{i=1}^{m} a_{ij} u_i \geq c_j \quad \text{für } j = 1, 2, ..., n \tag{7.11}$$

$$u_i \geq 0 \qquad \text{für } i = 1, 2, ..., n \tag{7.12}$$

Umwandlung des Primalproblems — Die Umwandlung des Primalproblems in das zugehörige Dualproblem geschieht wie folgt:

QV Für jede Nebenbedingung (7.8) des Primalproblems wird eine Variable u_1 bis u_m definiert. Anschließend werden die Koeffizientenmatrix und

QV die rechte Seite aus (7.8) sowie die Zielfunktionszeile (7.7) transponiert, wodurch die Anordnung der Zeilen und Spalten vertauscht wird. Dabei ersetzt man die Variablen x_1 bis x_n durch die Variablen u_1 bis u_m. Die Werte der rechten Seite des Primalproblems b_1 bis b_m tauschen mit den Zielkoeffizienten c_1 bis c_n die Plätze. Die Nebenbedingungen der Form $\leq$ werden zu Restriktionen der Form $\geq$, und die Optimierungsrichtung kehrt sich um. Daher kann jedes Maximierungsproblem durch Dualisierung in ein Minimierungsproblem umgewandelt werden – und umgekehrt.

Beispiel

Auf einer Hühnerfarm sollen vier Futtermittel F_1, F_2, F_3, F_4 so gemischt werden, dass das Hühnerfutter mindestens 35 ME Kohlenhydrate K, 45 ME Eiweiß E sowie 20 ME Fett F enthält und die Mischung kostenminimal ist. Die nachstehende Tabelle gibt die Bestandteile der in den Futtermitteln enthaltenen Inhaltsstoffe sowie deren Preis p in GE pro ME an.

	K	E	F	p_i
F_1	2	2	2	15
F_2	5	4	1	12
F_3	4	3	2	16
F_4	3	2	1	10

Das zugehörige LP-Modell zur Minimierung der Gesamtkosten Z mit $x_i :=$ Menge des Futtermittels F_i lautet:

Minimiere $Z = 15x_1 + 12x_2 + 16x_3 + 10x_4$

unter Beachtung der Restriktionen

Kohlenhydrate: $2x_1 + 5x_2 + 4x_3 + 3x_4 \geq 35$

Eiweiß: $2x_1 + 4x_2 + 3x_3 + 2x_4 \geq 45$

Fett: $2x_1 + x_2 + 2x_3 + x_4 \geq 20$

Nichtnegativität: $x_1, x_2, x_3, x_4 \geq 0$

Für die Nebenbedingungen Kohlenhydrate, Eiweiß und Fett werden die dualen Variablen u_1, u_2, u_3 definiert. Die zugehörigen Beschränkungen werden zu Koeffizienten b_1, b_2, b_3 der neuen zu maximierenden Zielfunktion Z^* transformiert, die Zeilen werden in Spalten umgewandelt und die $\geq$-Zeichen durch $\leq$-Zeichen ersetzt. Also:

Maximiere $Z^* = 35u_1 + 45u_2 + 20u_3$

unter Beachtung der Restriktionen

Futtermittel 1: $2u_1 + 2u_2 + 2u_3 \leq 15$

Futtermittel 2: $5u_1 + 4u_2 + u_3 \leq 12$

Futtermittel 3: $4u_1 + 3u_2 + 2u_3 \leq 16$

Futtermittel 4: $3u_1 + 2u_2 + u_3 \leq 10$

Nichtnegativität: $u_1, u_2, u_3 \geq 0$

Ökonomisch lässt sich das duale Problem wie folgt interpretieren: Der Besitzer der Hühnerfarm möchte für die drei Inhaltsstoffe des Futtermittels (Kohlenhydrate, Eiweiß und Fett) Verrechnungspreise ermitteln, sodass aus den vier Futtermitteln möglichst viele Inhaltsstoffe in die Futtermischung eingehen und die Zielfunktion Z^* somit maximal wird. Bewertet man die Inhaltsstoffe eines Futtermittels mit diesen Preisen, so erhält man einen fiktiven Verrechnungspreis für eine ME des Futtermittels. Beispielsweise gilt für den Verrechnungspreis des dritten Futtermittels $4u_1 + 3u_2 + 2u_3$. Dabei darf dieser Verrechnungspreis nicht höher sein als der Marktpreis des Futtermittels, hier $p_3 = 16$ GE/ME.

Ökonomische Interpretation

Das duale Maximierungsproblem genügt den Anforderungen, die an den Simplex-Algorithmus gestellt werden, und kann deshalb mit diesem Standardverfahren leicht gelöst werden:

Lösung mittels Simplex-Algorithmus

BV	u_1	u_2	u_3	y_1	y_2	y_3	y_4	b
y_1	2	2	2	1	0	0	0	15
y_2	5	4	1	0	1	0	0	12
y_3	4	3	2	0	0	1	0	16
y_4	3	2	1	0	0	0	1	10
$-Z$	35	45	20	0	0	0	0	0

BV	u_1	u_2	u_3	y_1	y_2	y_3	y_4	b
y_1	−0,5	0	1,5	1	−0,5	0	0	9
u_2	1,25	1	0,25	0	0,25	0	0	3
y_3	0,25	0	1,25	0	−0,75	1	0	7
y_4	0,5	0	0,5	0	−0,5	0	1	4
−Z	−21,25	0	8,75	0	−11,25	0	0	−135
BV	u_1	u_2	u_3	y_1	y_2	y_3	y_4	b
y_1	−0,8	0	0	1	0,4	−1,2	0	0,6
u_2	1,2	1	0	0	0,4	−0,2	0	1,6
u_3	0,2	0	1	0	−0,6	0,8	0	5,6
y_4	0,4	0	0	0	−0,2	−0,4	1	1,2
−Z	−23	0	0	0	−6	−7	0	−184

Es ergeben sich die Verrechnungspreise $u_1 = 0$ GE/ME Kohlenhydrate, $u_2 = 1,6$ GE/ME Eiweiß und $u_3 = 5,6$ GE/ME Fett. Für Kohlenhydrate fällt deshalb kein interner Preis an, weil von diesem Inhaltsstoff in der Mischung mehr als benötigt enthalten und dieser deshalb nicht knapp ist. Die Zielfunktionskoeffizienten unter den Schlupfvariablen y_1 bis y_4 des Dualproblems geben die Werte der Strukturvariablen des Primalproblems mit umgekehrten Vorzeichen an. Die Werte der Optimallösung des Minimierungsproblems lauten demnach:

$x_1 = 0$, $x_2 = 6$, $x_3 = 7$, $x_4 = 0$, $Z = 184$

Die Hühnerfarm sollte 6 ME des Futtermittels 2 und 7 ME des Futtermittels 3 mischen. Die minimalen Gesamtkosten betragen 184 GE.

7.4 Optimierung unter Gleichheitsbedingungen

Optimierung unter
Gleichheits-
bedingungen

Wie schon bei der Darstellung der Linearen Optimierung gezeigt, treten bei der Bestimmung von Extrempunkten häufig einschränkende Restriktionen auf, die einzuhalten sind. So sind die zur Verfügung stehenden Kapazitäten an Maschinen, Material, Personal, Kapital usw. gewöhnlich beschränkt oder es müssen bestimmte technische oder qualitätsbedingte Mindestanforderungen eingehalten werden. Diese Nebenbedingungen werden in LP-Modellen durch Ungleichungen (≤ bzw. ≥) angegeben. Liegen dagegen Gleichheitsbedingungen vor, weil die zur Verfügung stehenden Kapazitäten voll ausgeschöpft werden sollen, können auch die im Folgenden dargestellten Methoden zur Extremwertbestimmung angewendet werden.

7.4.1 Einsetzmethode

Die Anwendung des ökonomischen Prinzips führt dazu, dass ein Unternehmer in der Zielfunktion die Optimierungsrichtung festlegt, z. B. die Maximierung des Outputs bei gegebenem Input oder die Minimierung des Inputs, um einen vorgegebenen Output zu erzielen. Die Zielfunktion hängt dabei von den unabhängigen Entscheidungsvariablen ab. Die Nebenbedingungen beschränken durch feste Vorgaben den Entscheidungsbereich. Die Suche nach der sogenannten **Minimalkostenkombination** ist eine solche ökonomische Anwendung (vgl. *Ohse, 2004, S. 254 ff. und S. 311 ff.*).

Minimal-kostenkombination

r_1 und r_2 seien die Mengen zweier Produktionsfaktoren, die substituierbar sind und zu den Preisen p_1 und p_2 beschafft werden können. Der feste, aber zunächst unbekannte Output x folge der Produktionsfunktion $x = r_1 \cdot r_2$. Gesucht ist die Faktorkombination (r_1, r_2), die bei vorgebenem Ertrag x die geringsten Kosten K verursacht. Das zugehörige LP-Modell lautet:

Minimiere $K = p_1 \cdot r_1 + p_2 \cdot r_2$ \hfill (7.13)

unter den Nebenbedingungen

$x = r_1 \cdot r_2$ \hfill (7.14)

$r_1, r_2 \geq 0$ \hfill (7.15)

Dieses Modell kann mit der sogenannten **Einsetzmethode** gelöst werden. Der Name rührt daher, dass die einschränkende Nebenbedingung in die Zielfunktion eingesetzt wird, sodass der Lösungsweg auf eine Extremwertbestimmung für Funktionen mit einer Veränderlichen ohne Nebenbedingung hinausläuft. Diese Methode soll im Folgenden anhand eines Beispiels erläutert werden.

Einsetzmethode

Beispiel

Für den Produktionsertrag $x = r_1 \cdot r_2 = 1.250$ soll die Minimalkostenkombination bestimmt werden. Die Faktorkosten lauten $p_1 = 10$ € pro ME und $p_2 = 20$ € pro ME. Es ergibt sich folgendes LP-Modell:

Minimiere $K(r_1, r_2) = 10r_1 + 20r_2$

unter den Nebenbedingungen

$r_1 \cdot r_2 = 1.250$

$r_1, r_2 \geq 0$

Zur Lösung dieses Minimierungsproblems wird die produktionsbeschränkende Nebenbedingung nach einem Faktor, z. B. nach r_2, aufgelöst:

$$r_2 = \frac{1.250}{r_1}$$

Sodann ersetzt man – unter Vernachlässigung der Nichtnegativitätsbedingung – die entsprechende Variable in der Zielfunktion durch diesen Ausdruck:

$$K(r_1) = 10r_1 + 20 \cdot \frac{1.250}{r_1}$$

Nun kann die notwendige Bedingung für ein Minimum geprüft werden:

$$K'(r_1) = 10 - \frac{25.000}{r_1^2} = 0 \quad \Leftrightarrow \quad r_1^2 = 2.500$$

Da $r_1 \geq 0$ gilt, kommt nur die positive Quadratwurzel als Lösung in Betracht:

$$r_1 = \sqrt{2.500} = 50$$

Die hinreichende Bedingung ist mit

$$K''(r_1) = \frac{50.000}{r_1^3} > 0$$

ebenfalls erfüllt, sodass an der Stelle $r_1 = 50$ ein Minimum vorliegt. Einsetzen führt zur Lösung des zweiten Faktors:

$$r_2 = \frac{1.250}{r_1} = \frac{1.250}{50} = 25$$

Die minimalen Kosten der Kombination $(r_1, r_2) = (50, 25)$ betragen:

$$K(r_1, r_2) = 10 \cdot 50 + 20 \cdot 25 = 1.000$$

7.4.2 Lagrange-Verfahren

Lagrange-Verfahren

Eine weitere Lösungsmethode zur Bestimmung von Extrema unter Gleichheitsnebenbedingungen ist das nach dem französischen Mathematiker *Joseph Louis de Lagrange* benannte **Lagrange-Verfahren**. Es besagt, dass die Extrema der Funktion $Z = f(x, y)$ unter der Nebenbedingung $g(x, y) = 0$ an den Stellen liegen, an denen die Funktion

$$L(x, y, \lambda) = f(x, y) - \lambda \cdot g(x, y) \tag{7.16}$$

ihre Extremwerte annimmt (vgl. *Ohse, 2004, S. 306*). Als notwendige Bedingungen für Extrema werden die ersten partiellen Ableitungen nach den drei unabhängigen Variablen x, y, λ gleich null gesetzt und aufgelöst. Es ergibt sich folgendes Gleichungssystem:

$$\frac{\partial L}{x} = f_x(x,y) - \lambda \cdot g_x(x,y) = 0 \qquad (7.17)$$

$$\frac{\partial L}{y} = f_y(x,y) - \lambda \cdot g_y(x,y) = 0 \qquad (7.18)$$

$$\frac{\partial L}{\lambda} = -g(x,y) = 0 \qquad (7.19)$$

Man beachte, dass Gleichung (7.19) gerade die ursprüngliche Neben- QV
bedingung ist. Aus (7.17) und (7.18) erhält man:

$$\lambda = \frac{f_x}{g_x} \quad \text{und} \quad \lambda = \frac{f_y}{g_y}, \qquad (7.20)$$

sodass für einen Extrempunkt immer die Beziehung gilt:

$$\frac{f_x}{g_x} = \frac{f_y}{g_y} \quad \Rightarrow \quad f_x \cdot g_y - f_y \cdot g_x = 0 \qquad (7.21)$$

Man kann mithilfe der sogenannten Hesseschen Determinante auch   Hessesche
die hinreichenden Bedingungen für die Existenz eines Maximums bzw.   Determinante
Minimums formulieren. Hierauf wird an dieser Stelle verzichtet und stattdessen auf die weiterführende Literatur verwiesen (vgl. *Ohse, 2004, S. 298*).

Das Lagrange-Verfahren soll nun am Beispiel der Minimalkostenkombination verdeutlicht werden.

Beispiel

Es gilt das bereits bekannte LP-Modell:

Minimiere $K(r_1, r_2) = 10r_1 + 20r_2$

unter den Nebenbedingungen

$r_1 \cdot r_2 = 1.250$

$r_1, r_2 \geq 0$

Die zugehörige Lagrange-Funktion lautet:

Minimiere $L(r_1, r_2, \lambda) = 10r_1 + 20r_2 - \lambda \cdot (r_1 r_2 - 1.250)$

Die notwendigen Bedingungen für Extrema führen zum Gleichungssystem:

$$\frac{\partial L}{r_1} = 10 - \lambda r_2 = 0 \quad \Leftrightarrow \quad r_2 = \frac{10}{\lambda}$$

$$\frac{\partial L}{r_2} = 20 - \lambda r_1 = 0 \quad \Leftrightarrow \quad r_1 = \frac{20}{\lambda}$$

$$\frac{\partial L}{\lambda} = -(r_1 r_2 - 1.250) = 0$$

Einsetzen von r_1 und r_2 in die dritte Gleichung ergibt:

$$-\frac{10}{\lambda} \cdot \frac{20}{\lambda} + 1.250 = 0 \quad \Leftrightarrow \quad \frac{200}{\lambda^2} = 1.250$$

$$\Leftrightarrow \quad \lambda^2 = 0{,}16 \quad \Leftrightarrow \quad \lambda = 0{,}4 \quad (\text{da } \lambda > 0)$$

Daraus folgen: $r_1 = 10 \div 0{,}4 = 25$ und $r_2 = 20 \div 0{,}4 = 50$

Ökonomische Interpretation

Der **Lagrange-Multiplikator** nimmt im Beispiel den Wert $\lambda = 0{,}4$ an. Ökonomisch interpretiert entspricht dieser Wert den Grenzkosten des Ertrags im Kostenminimum. Erhöht sich der Ertrag Δx um eine Einheit, erhöhen sich die minimalen Kosten um $\Delta K = \lambda = 0{,}4$.

QV
QV

Setzt man in (7.21) die partiellen Ableitungen des LP-Modells der Minimalkostenkombination (7.13) und (7.14) ein, erhält man folgende Beziehung:

$$\frac{f_x}{g_x} = \frac{f_y}{g_y} \quad \Leftrightarrow \quad \frac{p_1}{r_2} = \frac{p_2}{r_1} \quad \Leftrightarrow \quad \frac{r_1}{r_2} = \frac{p_2}{p_1} \tag{7.22}$$

Die Faktormengen für die minimale Kombination verhalten sich umgekehrt proportional zu den Faktorpreisen. Die Minimalkostenkombination ist also dann erreicht, wenn sich die Grenzerträge der Produktionsfaktoren so verhalten wie ihre Preise.

Das Lagrange-Verfahren kann auf Probleme mit n Variablen und m Nebenbedingungen ausgedehnt werden. Man erhält dann eine Lagrange-Funktion mit $m + n$ Variablen und einem entsprechend großen zu lösenden Gleichungssystem. Der einzelne Lagrange-Multiplikator λ_i gibt wiederum den partiellen Grenznutzen (bzw. die Grenzkosten) der i-ten Nebenbedingung an.

Arrenberg, J., Wirtschaftsmathematik für Bachelor, 4. Auflage, Konstanz 2017

Arrenberg, J./Kiy, M./Knobloch, R./Lange, W., Vorkurs in Wirtschaftsmathematik, 4. Auflage, München 2013

Berens, W./Delfmann, W./Schmitting, W., Quantitative Planung, 5. Auflage, Stuttgart 2004

Beutelspacher, A., Zahlen. Geschichte, Gesetze, Geheimnisse, 2. Auflage, München 2015

Brin, S./Page, L., The anatomy of a large-scale hypertextual Web search engine, in: Computer Networks and ISDN Systems, Band 30, 1998, S. 107 - 117

Cobb, C. W./Douglas, P. H., A Theory of Production, in: The American Economic Review, Band 18, Heft 1, März 1928, S. 139 - 165

Cramer, E./Nešlehová, J., Vorkurs Mathematik, 6. Auflage, Berlin 2015

Dambeck, H., Numerator. Mathematik für jeden, 3. Auflage, München 2009

Dörsam, P., Mathematik anschaulich dargestellt für Studierende der Wirtschaftswissenschaften, 16. Auflage, Heidenau 2014

Eichholz, W./Vilkner, E., Taschenbuch der Wirtschaftsmathematik, 5. Auflage, München 2009

Eisenführ, F./Foit, K./Kastner, M., Investitionsrechnung, 14. Auflage, Aachen 2009

Eisenführ, F./Theuvsen, L., Einführung in die Betriebswirtschaftslehre, 4. Auflage, Stuttgart 2004

Gottwald, S./Kästner, H./Rudolph, H. (Hrsg.), Meyers kleine Enzyklopädie Mathematik, 14. Auflage, Mannheim 1995

Haack, B./Tippe, U./Stobernack, M./Wendler, T., Mathematik für Wirtschaftswissenschaftler, Berlin 2017

Helm, W./Pfeifer, A./Ohser, J., Mathematik für Wirtschaftswissenschaftler, 2. Auflage, München 2015

Hoffmann, S./Krause, H., Mathematische Grundlagen für Betriebswirte, 9. Auflage, Herne 2013

Kastner, M., Statistik. Lehrbuch mit Online-Lernumgebung, Herne 2016

Kathöfer, U./Müller-Funk, U., Operations Research, 2. Auflage, Konstanz 2008

Kluge, F., Etymologisches Wörterbuch der deutschen Sprache, 25. Auflage, Berlin 2011

Kruschwitz, L., Finanzmathematik, 5. Auflage, München 2010

Kurz, S./Rambau, J., Mathematische Grundlagen für Wirtschaftswissenschaftler, Stuttgart 2009

Luderer, B./Würker, U., Einstieg in die Wirtschaftsmathematik, 9. Auflage, Berlin 2015

Mania, H., Gauß – Eine Biographie, Reinbek 2009

Merz, M./Wüthrich, M. V., Mathematik für Wirtschaftswissenschaftler, München 2013

Ohse, D., Mathematik für Wirtschaftswissenschaftler I – Analysis, 6. Auflage, München 2004

Ohse, D., Mathematik für Wirtschaftswissenschaftler II – Lineare Wirtschaftsalgebra, 5. Auflage, München 2005

Röpcke, H./Wessler, M., Wirtschaftsmathematik, München 2012

Stark, J./Kamphaus, A./Kemmler, B./Reinhardt, U./Schatz, T., Lambacher Schweizer 12/13 – Mathematik für berufliche Gymnasien, Stuttgart 2014

Steven, M., Handbuch Produktion, Stuttgart 2007

Tittmann, P., Einführung in die Kombinatorik, 2. Auflage, Berlin 2014

Walter, L., Mathematik in der Betriebswirtschaft, 4. Auflage, München 2013

Wolik, N., Wirtschaftsmathematik, Stuttgart 2015

Wöhe, G./Döring, U./Brösel, G., Einführung in die Allgemeine Betriebswirtschaftslehre, 26. Auflage, München 2016

Marc Kastner

Prof. Dr. rer. pol., Dipl.-Kfm.

Marc Kastner studierte nach der Berufsausbildung zum Industriekaufmann Betriebswirtschaftslehre an der Universität zu Köln mit den Schwerpunkten Industriebetriebslehre, Planung und Logistik sowie Statistik. Nach seiner Promotion an der dortigen Wirtschafts- und Sozialwissenschaftlichen Fakultät war er einige Jahre in leitender Funktion in der Industrie tätig. 2006 wurde er zum Professor ernannt. Seit 2014 ist er am Schmalenbach Institut für Wirtschaftswissenschaften der TH Köln Professor für Quantitative Methoden des Managements. Bevorzugte Forschungs- und Beratungsgebiete: Entscheidungstheorie, Investitionsrechnung, Operations Research und Statistik.